선형대수학

Linear Algebra

유원석 지음

KYOWOO

머리말

선형대수학은 원래 연립일차방정식을 푸는 문제와 행렬식을 계산하는 문제에 기초를 두고 탄생된 학문이지만, 엄밀한 이론전개 과정의 발전을 거쳐 현재는 여러 수학분야의 기본이 되고 있을 뿐 아니라 자연과학, 정보과학, 공학, 인문·사회과학 등의 연구에 유용하게 응용되고 있다.

이 책의 주된 목적은 선형대수학의 기본 개념을 정확히 이해하고 응용할 수 있는 능력을 가지도록 하는데 있다. 이를 위하여 이론적인 전개과정을 상세히 논하고 이에 대한 많은 예제를 제시하였다.

제 1장에서는 선형대수학을 공부하는데 기초가 되는 행렬에 대한 개념과 연립일차방정식을 다룬다. 특히 행렬식을 귀납적으로 정의함으로써 보다 쉽게 이해할 수 있도록 하였다.

제 2장에서는 벡터공간을 정의하고 생성과 일차독립성, 기저와 차원, 행공간과 열공간 등을 다루며, 특히 초심자들에게는 어려울 수 있는 추상적인 개념을 정확히 이해할 수 있도록 충분한 보기를 들었다.

제 3장에서는 선형변환의 개념을 설명하고 1장에서 다룬 행렬의 개념이 어떻게 활용되는가를 다루었다.

제 4장에서는 내적공간에 대해 논하고 여러 분야에 유용하게 응용되는 정규직교기저에 대해 다루었다.

제 5장에서는 행렬의 고윳값과 고유벡터, 대각화 문제와 대칭행렬의 직교대각화를 다루었으며, 선형변환의 대각화 개념에 대해서도 설명하였다.

제 6장에서는 직교변환을 설명하고 대칭행렬의 직교대각화에 대한 응용으로 2차형식에 대해 다루었다.

저자는 독자들이 강의에 전적으로 매달리지 않고 교수의 도움을 최소한도로 받아서 이 책을 자습함으로써 선형대수학에 대한 이해의 폭을 넓히고 응용력을 기를 수 있는 계기가 되기를 바라는 마음이 간절하다.

끝으로, 이 책을 나오게 한 여러분들의 노고에 심심한 감사를 드리며, 특히 출판을 맡아주신 교우사 직원 여러분의 노고에 진심으로 감사를 드립니다.

저 자

contents

제 1 장 행렬

1.1 행렬과 연산

영국의 대수학자 A. Cayley(1821~1895)에 의해서 처음으로 도입된 행렬은 자연과학을 비롯하여 공학, 경영학, 경제학 등 많은 분야에서 이용되고 있다.

행렬(matrix)이란 수 또는 문자를 직사각형 모양으로 배열하고 괄호로 묶어 놓은 것을 말한다. 예를 들어,

$$\begin{bmatrix} 7 & 1 & 3 \\ 5 & 6 & 0 \end{bmatrix}, \quad \begin{bmatrix} 1 & 3 & 4 \\ 2 & 7 & 1 \\ 3 & -1 & 5 \end{bmatrix}, \quad [a \ \ b \ \ c], \quad \begin{bmatrix} 3 \\ -3 \\ 5 \\ 9 \end{bmatrix}$$

와 같은 것이다. 이 때 가로줄에 놓이는 수의 배열을 **행**(row)이라 하고, 세로줄에 놓이는 수의 배열을 **열**(column)이라 하며, 행의 개수가 m이고 열의 개수가 n인 행렬을 $m\times n$행렬 또는 **크기**가 $m\times n$인 행렬이라 한다. 위의 행렬들은 왼쪽부터 2×3행렬, 3×3행렬, 1×3행렬, 4×1행렬이다.

행렬은 일반적으로 대문자를 이용하여 나타내며, i행과 j열의 교점에 있는 수를 (i,j)-**성분**(entry)이라 한다. A를 크기가 $m\times n$인 행렬이라 하고 $(i,\ j)$-성분을 a_{ij}라 할 때,

$$A = \begin{bmatrix} a_{11} & a_{12} & \cdots & a_{1n} \\ a_{21} & a_{22} & \cdots & a_{2n} \\ \vdots & \vdots & \cdots & \vdots \\ a_{m1} & a_{m2} & \cdots & a_{mn} \end{bmatrix}$$

으로 나타내며, 이를 간단히 $A=[a_{ij}]$ 또는 $A=[a_{ij}]_{m\times n}$으로 나타내기도 한다. 또한 모든 성분이 0인 행렬을 **영행렬**(zero matrix)이라 하고 O 또는 $O_{m\times n}$으로 나타낸다.

예제 1.1.1

$A=\begin{bmatrix} 1 & -3 \\ 2 & 5 \end{bmatrix}$이면 $a_{11}=1,\ \ a_{12}=-3,\ \ a_{21}=2,\ a_{22}=5$이다.

행렬은 간단한 용법으로 다음과 같이 수치자료를 정리하는 데 사용하기도 한다.

예제 1.1.2

다음은 어떤 과일산지에서 4년간 생산한 과일의 양을 행렬로 나타낸 것이다.

(단위 : 1,000상자)

	사과	배	복숭아	포도
1년차	134	68	326	274
2년차	132	79	312	324
3년차	143	86	298	310
4년차	169	92	332	331

$m \times n$행렬 $A=[a_{ij}]$에서 $m=n$인 경우, 즉 행의 개수와 열의 개수가 같은 행렬을 n차 **정사각행렬**(square matrix)이라 하며, 이 경우 $a_{ii}(1 \leq i \leq n)$를 지나는 선을 **주대각선**(main diagonal)이라 한다. 또한 n차 정사각행렬 A에 대하여 주대각선 위의 성분을 제외한 모든 성분이 0인 행렬을 **대각행렬**(diagonal matrix)이라 한다. 그리고 $i>j$인 모든 i, j에 대하여 $a_{ij}=0$이면, 즉 주대각선 밑의 모든 성분이 0인 행렬을 **상삼각행렬**(upper triangular matrix)이라 하고, $i<j$인 모든 i, j에 대하여 $a_{ij}=0$이면 **하삼각행렬**(lower triangular matrix)이라 한다. 특히 주대각선 위의 성분이 모두 1이고 나머지 성분은 모두 0인 행렬을 **단위행렬**(identity matrix)이라 하고 I 또는 I_n으로 나타낸다.

정의 1.1.1

두 행렬 $A=[a_{ij}]$, $B=[b_{ij}]$의 크기가 같고 대응하는 성분이 모두 같을 때, 즉 $a_{ij}=b_{ij}$일 때, 두 행렬은 **같다**(equal)고 하고 $A=B$로 나타낸다.

두 행렬의 크기가 같으면 대응하는 성분을 각각 더해서 같은 크기의 새로운 행렬을 만들 수 있으며, 이를 두 행렬의 합이라 한다. 따라서 두 행렬의 크기가 다르면 그 행렬들을 합할 수 없다. 즉, 행렬의 합에 대해서는 다음과 같이 정의한다.

정의 1.1.2

$A=[a_{ij}]$, $B=[b_{ij}]$가 $m\times n$행렬일 때, 행렬

$$C=[c_{ij}],\quad c_{ij}=a_{ij}+b_{ij}\,(1\leqq i\leqq m,\ 1\leqq j\leqq n)$$

를 A, B의 **합**(sum)이라 하고 $A+B$로 나타낸다.

예제 1.1.3

두 행렬 $A=\begin{bmatrix}2&3&1\\3&2&3\end{bmatrix}$과 $B=\begin{bmatrix}-1&2&0\\3&2&5\end{bmatrix}$에 대하여

$$A+B=\begin{bmatrix}2+(-1)&3+2&1+0\\3+3&2+2&3+5\end{bmatrix}=\begin{bmatrix}1&5&1\\6&4&8\end{bmatrix}$$

정의 1.1.3

행렬 $A=[a_{ij}]$와 상수 c에 대하여 A의 모든 성분에 c를 곱하여 얻어지는 행렬을 A에 대한 **상수 c배**(scalar product)로 정의하고 cA로 나타낸다. 즉, $cA=[ca_{ij}]$이다.

예제 1.1.4

행렬 $A=\begin{bmatrix}-2&1&3\\5&7&1\end{bmatrix}$에 대하여

$$3A=\begin{bmatrix}-6&3&9\\15&21&3\end{bmatrix},\quad (-2)A=\begin{bmatrix}4&-2&-6\\-10&-14&-2\end{bmatrix}$$

행렬 $(-1)A$는 물론 한 행렬 A에 대해 상수 배를 한 특수한 경우이고, 이를 간단히 $-A$라고 나타낸다. 또한 $A+(-B)$를 $A-B$로 나타내고, 이를 두 행렬의 **차**(difference)로 정의한다.

예제 1.1.5

두 행렬 $A=\begin{bmatrix}2&3&1\\3&2&3\end{bmatrix}$과 $B=\begin{bmatrix}-1&2&0\\3&2&5\end{bmatrix}$에 대하여

$$A-B=A+(-B)=\begin{bmatrix}3&1&1\\0&0&-2\end{bmatrix}$$

정리 1.1.4

임의의 $m\times n$ 행렬 A, B, C와 상수 α, β에 대하여 다음이 성립한다.

(1) $(A+B)+C=A+(B+C)$ (2) $A+B=B+A$

(3) $A+O=O+A=A$ (4) $A+(-A)=O$

(5) $\alpha(A+B)=\alpha A+\alpha B$ (6) $(\alpha+\beta)A=\alpha A+\beta A$

(7) $\alpha(\beta A)=(\alpha\beta)A=\beta(\alpha A)$ (8) $1A=A$

정의 1.1.5

크기 $m\times p$인 행렬 $A=[a_{ij}]$와 $p\times n$인 행렬 $B=[b_{ij}]$에 대하여 두 행렬의 **곱** (product) AB는 다음과 같은 성분을 갖는 크기 $m\times n$인 행렬 $C=[c_{ij}]$로 정의하며, $C=AB$로 나타낸다. 여기서

$$c_{ij}=a_{i1}b_{1j}+\cdots+a_{ip}b_{pj}=\sum_{k=1}^{p}a_{ik}b_{kj}\ \ (1\le i\le m,\ 1\le j\le n)$$

위 정의에 의하여 행렬 A의 열의 개수와 행렬 B의 행의 개수가 같은 경우에만 두 행렬의 곱 AB가 정의되며, 그 결과로 나타나는 행렬 AB는 A의 행의 수와 B의 열의 수를 각각 행과 열의 개수로 갖는 행렬이다.

예제 1.1.6

(1) $A=\begin{bmatrix}2&1\\3&4\end{bmatrix}$이고 $B=\begin{bmatrix}1&-2\\5&3\end{bmatrix}$일 때,

$$AB=\begin{bmatrix}2&1\\3&4\end{bmatrix}\begin{bmatrix}1&-2\\5&3\end{bmatrix}=\begin{bmatrix}2\times1+1\times5&2\times(-2)+1\times3\\3\times1+4\times5&3\times(-2)+4\times3\end{bmatrix}=\begin{bmatrix}7&-1\\23&6\end{bmatrix}$$

$$BA=\begin{bmatrix}1&-2\\5&3\end{bmatrix}\begin{bmatrix}2&1\\3&4\end{bmatrix}=\begin{bmatrix}1\times2+(-2)\times3&1\times1+(-2)\times4\\5\times2+3\times3&5\times1+3\times4\end{bmatrix}=\begin{bmatrix}-4&-7\\19&17\end{bmatrix}$$

(2) $A=\begin{bmatrix}0&1\\0&2\end{bmatrix}$, $B=\begin{bmatrix}1&2\\3&4\end{bmatrix}$, $C=\begin{bmatrix}2&5\\3&4\end{bmatrix}$에 대하여 $AB=AC=\begin{bmatrix}3&4\\6&8\end{bmatrix}$이고 $A\neq0$이지만, $B\neq C$이다.

(3) $A=\begin{bmatrix}1&2&1\\0&-2&3\end{bmatrix}$, $B=\begin{bmatrix}2&0&1&3\\1&-1&2&1\\3&2&1&0\end{bmatrix}$이면, $AB=\begin{bmatrix}7&0&6&5\\7&8&-1&-2\end{bmatrix}$이지만 BA는 정의되지 않는다.

위 예제 1.1.6 (1)에서 보는 바와 같이 일반적으로 행렬의 곱에서는 교환법칙이 성립하지 않으며, (2)와 같이 실수에서 성립하는 소약법칙도 행렬에서는 성립하지 않음을 알 수 있다.

그러나 다음 정리에서와 같이 행렬에 대한 분배법칙과 결합법칙은 성립한다.

정리 1.1.6

행렬 A, B, C와 임의의 상수 c에 대하여 다음이 성립한다. 단, 행렬의 합 및 곱이 정의됨을 가정한다.

(1) $A(B+C) = AB + AC$　　(2) $(A+B)C = AC + BC$

(3) $(AB)C = A(BC)$　　(4) $c(AB) = (cA)B = A(cB)$

위에서 언급한 바와 같이 행렬의 곱에 대해서는 일반적으로 교환법칙이 성립하지 않으나, 같은 크기의 정사각행렬 A와 단위행렬 I 그리고 영행렬 O에 대하여

$$AI = IA = A, \quad AO = OA = O$$

이 성립한다. 또한 정사각행렬 A에 대하여 AA도 정사각행렬이 되며 이것을 간단히 A^2으로 나타낸다. 같은 방법으로 A를 k번 거듭하여 곱한 행렬을 A^k으로 나타내며

$$A^k = \overbrace{(AA\cdots A)}^{k-1\text{개}}A$$

와 같이 귀납적으로 정의한다. 또한, $A^0 = I$로 정의하면 음이 아닌 정수 r, s에 대하여

$$A^r A^s = A^{r+s}, \quad (A^r)^s = A^{rs}$$

가 성립한다.

정의 1.1.7

행렬 A의 행과 열을 바꾸어 배열한 새로운 행렬을 A의 **전치행렬**(transpose matrix)이라 하고 A^t로 표시한다. 즉, $m \times n$ 행렬 $A = [a_{ij}]$에 대한 전치행렬은 $n \times m$ 행렬

$$A^t = [b_{ij}], \quad b_{ij} = a_{ji} \ (1 \leq i \leq n, \ 1 \leq j \leq m)$$

이다.

예제 1.1.7

$A=\begin{bmatrix}1&2&3\\4&5&6\\7&8&9\end{bmatrix}$ 이면 $A^t=\begin{bmatrix}1&4&7\\2&5&8\\3&6&9\end{bmatrix}$ 이다.

전치행렬에 대하여 다음 성질이 성립한다.

정리 1.1.8

행렬 A, B와 임의의 상수 c에 대하여 다음이 성립한다. 단, A, B는 두 행렬의 합이 정의되거나 곱이 정의되는 크기임을 가정한다.

(1) $(A^t)^t = A$

(2) $(A+B)^t = A^t + B^t$

(3) $(AB)^t = B^t A^t$

(4) $(cA)^t = cA^t$

예제 1.1.8

행렬 $A=\begin{bmatrix}1&2\\3&4\end{bmatrix}$, $B=\begin{bmatrix}-3&1\\2&5\end{bmatrix}$ 에 대하여 $(AB)^t$ 와 $B^t A^t$ 를 각각 구하고, 두 행렬을 비교하여라.

풀이 $AB=\begin{bmatrix}1&2\\3&4\end{bmatrix}\begin{bmatrix}-3&1\\2&5\end{bmatrix}=\begin{bmatrix}1&11\\-1&23\end{bmatrix}$ 이므로

$$(AB)^t=\begin{bmatrix}1&-1\\11&23\end{bmatrix}$$

이다. 한편 $A^t=\begin{bmatrix}1&3\\2&4\end{bmatrix}$, $B^t=\begin{bmatrix}-3&2\\1&5\end{bmatrix}$ 이므로

$$B^t A^t=\begin{bmatrix}-3&2\\1&5\end{bmatrix}\begin{bmatrix}1&3\\2&4\end{bmatrix}=\begin{bmatrix}1&-1\\11&23\end{bmatrix}$$

이다. 따라서 $(AB)^t = B^t A^t$ 이다.

예제 1.1.9

행렬 $A=\begin{bmatrix}4&-6&0\\8&2&0\\0&2&4\end{bmatrix}$ 에 대하여 $A+B^t=(A-B)^t$ 를 만족하는 행렬 B를 구하여라.

풀이 주어진 식 $A+B^t=(A-B)^t$의 양변에 전치를 취하면

$$A^t+B=A-B$$

이다. 따라서 이 식을 정리하여 B를 구하면,

$$B=\frac{1}{2}(A-A^t)=\frac{1}{2}\left(\begin{bmatrix}4&-6&0\\8&2&0\\0&2&4\end{bmatrix}-\begin{bmatrix}4&8&0\\-6&2&2\\0&0&4\end{bmatrix}\right)$$

$$=\begin{bmatrix}0&-7&0\\7&0&-1\\0&1&0\end{bmatrix}$$

정사각행렬 $A=[a_{ij}]$에 대하여 $A^t=A$, 즉 $a_{ij}=a_{ji}$인 행렬 A를 **대칭행렬**(symmetric matrix)이라 하고, $A^t=-A$, 즉 $a_{ij}=-a_{ji}$인 행렬 A를 **교대행렬**(alternating matrix)이라 한다. 예를 들어,

$$A=\begin{bmatrix}1&2&3\\2&-1&0\\3&0&1\end{bmatrix},\quad B=\begin{bmatrix}0&2&-3\\-2&0&5\\3&-5&0\end{bmatrix}$$

이라 하면, A는 대칭행렬이고 B는 교대행렬이다.

한편, 임의의 정사각행렬 A는 다음과 같이 대칭행렬 $\frac{1}{2}(A+A^t)$와 교대행렬 $\frac{1}{2}(A-A^t)$의 합으로 나타낼 수 있다.

$$A=\frac{1}{2}(A+A^t)+\frac{1}{2}(A-A^t)$$

예제 1.1.10

$A=\begin{bmatrix}1&2&3\\4&5&6\\7&8&9\end{bmatrix}$를 대칭행렬과 교대행렬의 합으로 나타내어라.

풀이 $A^t=\begin{bmatrix}1&4&7\\2&5&8\\3&6&9\end{bmatrix}$이므로

$$\frac{1}{2}(A+A^t)=\begin{bmatrix}1&3&5\\3&5&7\\5&7&9\end{bmatrix},\quad \frac{1}{2}(A-A^t)=\begin{bmatrix}0&-1&-2\\1&0&-1\\2&1&0\end{bmatrix}$$

따라서

$$A = \begin{bmatrix} 1 & 3 & 5 \\ 3 & 5 & 7 \\ 5 & 7 & 9 \end{bmatrix} + \begin{bmatrix} 0 & -1 & -2 \\ 1 & 0 & -1 \\ 2 & 1 & 0 \end{bmatrix}$$

연습문제 1.1

1. 다음 공식에 의하여 정의되는 행렬 A, B, C를 각각 구하여라.

(1) $A = [\,(i+1)(j-2)\,]_{3\times 3}$

(2) $B = [\,|i-j|\,]_{3\times 5}$

(3) $C = [\,i+j\,]_{3\times 5}$

2. $A = \begin{bmatrix} 0 & -3 & 5 \\ -1 & 4 & 2 \end{bmatrix}$, $B = \begin{bmatrix} 2 & -1 & 1 \\ 7 & 5 & 0 \end{bmatrix}$에 대하여 $A+B$, $A-B$, $3A-5B$를 각각 구하여라.

3. A, B, C를 문제 1번의 행렬이라고 하자. 다음 행렬이 정의되는지를 밝히고, 정의되는 경우 그 행렬을 구하여라.

(1) $A+B$ (2) $A+0B$ (3) $B+2C$ (4) $2A-C$

4. A, B를 문제 2번의 행렬이라고 하자. 이 때 $2X^t+3A=B$를 만족하는 행렬 X를 구하여라.

5. 행렬 $A = \begin{bmatrix} 1 \\ -2 \end{bmatrix}$, $B = \begin{bmatrix} 1 & 5 \\ 3 & -2 \end{bmatrix}$, $C = \begin{bmatrix} 2 & -3 & 5 \\ 3 & 1 & 7 \end{bmatrix}$, $D = \begin{bmatrix} 1 & 4 & -2 \\ 2 & 3 & 5 \\ 1 & -2 & 2 \end{bmatrix}$에 대하여 다음 문제에 주어진 행렬의 곱이 정의되는지 알아보고, 곱이 정의되는 경우 그 곱을 구하여라.

(1) AB (2) BA (3) CB (4) CD

6. $A=\begin{bmatrix} 2 & 1 \\ -1 & 0 \\ 0 & 2 \end{bmatrix}$, $B=\begin{bmatrix} 2 & 3 & 1 \\ 1 & 0 & -1 \end{bmatrix}$, $C=\begin{bmatrix} -2 & 0 & -1 \\ 3 & 4 & -2 \end{bmatrix}$에 대하여 정리 1.1.6(1)과 정리 1.1.8 (3)이 성립하는 것을 확인하여라.

7. 같은 크기의 정사각행렬 A, B가 $AB=BA$일 때, 다음 관계식이 성립함을 보여라.

(1) $(A+B)^2=A^2+2AB+B^2$ (2) $(A+B)(A-B)=A^2-B^2$

8. $A=[a_{ij}]_{m\times n}$일 때

(1) BA가 A의 i행이 되는 행렬 B를 구하여라.

(2) AC가 A의 j열이 되는 행렬 C를 구하여라.

9. $A^2=O$을 만족하는 영이 아닌 2×2 행렬 A의 예를 들어라.

10. $A=\begin{bmatrix} 0 & 1 \\ -1 & 1 \end{bmatrix}$이라 하자.

(1) $A^2,\ A^3, \cdots, A^7$을 계산하여라.

(2) A^{2020}은 무엇인가?

11. 모든 x, y, z에 대해서 다음 조건을 만족하는 3×3 행렬 A는 몇 개나 있나?

$$A\begin{bmatrix} x \\ y \\ z \end{bmatrix} \doteq \begin{bmatrix} x+y \\ x-y \\ 0 \end{bmatrix}$$

12. 3×3 행렬 A가 모든 3×3 행렬 B에 대하여 $AB=BA$를 만족하면, 적당한 상수 k에 대하여 $A=kI_3$임을 증명하여라.

13. $y=f(x)$는 2×1행렬 x와 $A=\begin{bmatrix} 1 & 1 \\ 0 & 1 \end{bmatrix}$에 의하여 $y=Ax$로 표현된다. x가 다음과 같을 때 $f(x)$를 구하여라.

(1) $x=\begin{bmatrix} 1 \\ 1 \end{bmatrix}$ (2) $x=\begin{bmatrix} 4 \\ 3 \end{bmatrix}$

14. A는 $m\times n$ 행렬, O는 모든 원소가 0인 $m\times n$ 행렬이라고 하자. $kA=O$이면 $k=0$ 또는 $A=O$임을 증명하여라.

15. 다음 (1) ~ (7)에 주어진 명제가 참인지 거짓인지 밝히고, 이유를 설명하여라.

(1) $AB=BA$이면 A와 B는 같다.

(2) 행렬 A, B, C는 크기가 같고 $A-C=B-C$이면 $A=B$이다.

(3) A는 6×4 행렬이고 B는 B^tA^t가 2×6 행렬이 되는 $m\times n$ 행렬이면 $m=4,\ n=2$이다.

(4) A와 B가 같은 크기의 정사각행렬이면 $(AB)^t=A^tB^t$이다.

(5) B가 0으로만 이루어진 열을 가지고 있다면 그것의 곱인 AB도 0으로만 이루어진 열을 갖는다.

(6) B가 0으로만 이루어진 열을 가지고 있다면 그것의 곱인 BA도 0으로만 이루어진 열을 갖는다.

(7) $AB+BA$가 정의되면 A와 B는 같은 크기의 정사각행렬이다.

1.2 연립일차방정식과 행렬

방정식의 연구 중에서 연립일차방정식의 해법을 아는 것은 매우 중요하며, 특히 미지수의 개수와 방정식의 개수가 동일한 동차 연립일차방정식의 해법을 아는 일은 더욱 중요하다.

이 절에서는 행렬을 이용하여 연립일차방정식의 일반적인 해를 구하는 방법에 대해서 알아보자. 우선 연립일차방정식

$$\begin{cases} a_{11}x_1 + a_{12}x_2 + \cdots + a_{1n}x_n = b_1 \\ a_{21}x_1 + a_{22}x_2 + \cdots + a_{2n}x_n = b_2 \\ \quad\vdots \\ a_{m1}x_1 + a_{m2}x_2 + \cdots + a_{mn}x_n = b_m \end{cases} \qquad (*)$$

에 대하여 미지수의 계수와 미지수 그리고 상수항을 분리하여

$$A=\begin{bmatrix} a_{11} & a_{12} & \cdots & a_{1n} \\ a_{21} & a_{22} & \cdots & a_{2n} \\ \vdots & \vdots & \ddots & \vdots \\ a_{m1} & a_{m2} & \cdots & a_{mn} \end{bmatrix}, \quad \mathbf{x}=\begin{bmatrix} x_1 \\ x_2 \\ \vdots \\ x_n \end{bmatrix}, \quad \mathsf{b}=\begin{bmatrix} b_1 \\ b_2 \\ \vdots \\ b_m \end{bmatrix}$$

이라 하면, A와 $\mathbf{x}$의 곱 $A\mathbf{x}$는 연립방정식 (*)의 좌변의 식을 차례대로 행에 놓은 행렬이다. 따라서 두 행렬의 상등에 대한 정의로부터 연립방정식 (*)를

$$A\mathbf{x}=\mathsf{b}$$

와 같이 행렬을 이용하여 나타낼 수 있다. 이 때 A를 연립방정식 (*)의 **계수행렬**(coefficient matrix)이라 하고, $\mathbf{x}$를 **미지수행렬** 그리고 b를 **상수행렬**이라 한다. 또한 계수행렬의 마지막 열에 상수행렬 b를 추가한 $m\times(n+1)$행렬을 **확장된 계수행렬**(augmented coefficient matrix)이라 하며 $[A:\mathsf{b}]$로 나타낸다. 즉, 확장된 계수행렬은 다음과 같이 정의되는 행렬이다.

$$[A:\mathsf{b}]=\begin{bmatrix} a_{11} & a_{12} & \cdots & a_{1n} & b_1 \\ a_{21} & a_{22} & \cdots & a_{2n} & b_2 \\ \vdots & \vdots & \ddots & \vdots & \vdots \\ a_{m1} & a_{m2} & \cdots & a_{mn} & b_m \end{bmatrix}$$

예제 1.2.1

연립방정식 $\begin{cases} 2x+3y=5 \\ x-\ y=1 \end{cases}$의 계수행렬은 $A=\begin{bmatrix} 2 & 3 \\ 1 & -1 \end{bmatrix}$이고, 확장된 계수행렬은 $[A:\mathsf{b}]=\begin{bmatrix} 2 & 3 & 5 \\ 1 & -1 & 1 \end{bmatrix}$이다.

정리 1.2.1

임의의 연립일차방정식 $A\mathbf{x}=\mathsf{b}$는 단 하나의 해를 갖거나, 무수히 많은 해를 갖거나 또는 해를 갖지 않는다.

증명 연립일차방정식 $A\mathbf{x}=\mathsf{b}$는 해를 갖거나 또는 해를 갖지 않는 경우로 나눌 수 있으며, 해를 갖는 경우도 단 하나의 해를 갖거나 또는 두 개 이상의 서로 다른 해를 갖는 경우로 나눌 수 있다.

따라서 위 정리를 증명하기 위해서 $A\mathbf{x}=\mathsf{b}$가 두 개 이상의 서로 다른 해를 가질

때에는 무수히 많은 해를 가짐을 보이면 된다.

이제 $\mathbf{x}_1, \mathbf{x}_2$를 $A\mathbf{x}=\mathbf{b}$의 서로 다른 해라 하고, $\mathbf{x}_0=\mathbf{x}_1-\mathbf{x}_2$라고 하자. 그러면 $\mathbf{x}_0 \neq \mathbf{0}$이고,

$$A\mathbf{x}_0 = A(\mathbf{x}_1-\mathbf{x}_2) = A\mathbf{x}_1 - A\mathbf{x}_2 = \mathbf{b}-\mathbf{b}=\mathbf{0}$$

이다. 그러므로 임의의 실수 k에 대하여

$$A(\mathbf{x}_1+k\mathbf{x}_0) = A\mathbf{x}_1 + k(A\mathbf{x}_0) = \mathbf{b}-\mathbf{0}=\mathbf{b}$$

가 되어 $\mathbf{x}_1+k\mathbf{x}_0$도 $A\mathbf{x}=\mathbf{b}$의 해이다. 더욱이 $k \neq l$이면 $\mathbf{x}_1+k\mathbf{x}_0 \neq \mathbf{x}_1+l\mathbf{x}_0$이므로 연립일차방정식 $A\mathbf{x}=\mathbf{b}$는 무수히 많은 해를 갖는다. ■

예제 1.2.2

연립일차방정식의 확장된 계수행렬이 각각 아래와 같을 때 그에 대응하는 방정식의 해를 구하여라.

(1) $\begin{bmatrix} 1 & 0 & 0 & 2 \\ 0 & 1 & 0 & 3 \\ 0 & 0 & 1 & 5 \end{bmatrix}$ (2) $\begin{bmatrix} 1 & 0 & 0 & 0 & 2 \\ 0 & 0 & 1 & 0 & 1 \\ 0 & 0 & 0 & 0 & 0 \end{bmatrix}$ (3) $\begin{bmatrix} 1 & 0 & 0 & 2 \\ 0 & 1 & 0 & 1 \\ 0 & 0 & 0 & 1 \end{bmatrix}$

풀이

(1) 대응하는 연립일차방정식은

$$\begin{cases} x_1 \qquad\quad = 2 \\ \quad x_2 \qquad = 3 \\ \qquad\quad x_3 = 5 \end{cases}$$

이다. 따라서 이 방정식은 단 하나의 해

$$x_1=2,\ x_2=3,\ x_3=5$$

를 갖는다.

(2) 대응하는 연립일차방정식은

$$\begin{cases} x_1 \qquad\qquad\qquad\qquad = 2 \\ \qquad\qquad x_3 \qquad\quad = 1 \\ 0x_1+0x_2+0x_3+0x_4 = 0 \end{cases}$$

이다. 따라서 x_2와 x_4는 어떤 수이어도 좋으며, 이 방정식은 무수히 많은 해

$$x_1=2,\ x_2=s,\ x_3=1,\ x_4=t\ (s,\ t \in \mathbb{R})$$

를 갖는다.

(3) 대응하는 연립일차방정식은

$$\begin{cases} x_1 \qquad\qquad = 2 \\ \qquad x_2 \qquad = 1 \\ 0x_1 + 0x_2 + 0x_3 = 1 \end{cases}$$

이다. 따라서 세 번째 식을 만족하는 수는 없으므로, 이 방정식은 해를 갖지 않는다.

이제 행렬을 이용한 연립방정식의 해법을 알아보기 위하여 다음과 같은 연립방정식의 풀이 과정을 살펴보자.

예제 1.2.3

다음 연립방정식을 풀어라.

$$\begin{cases} y + 2z = -2 & ① \\ x + y + z = 0 & ② \\ 2x + z = 1 & ③ \end{cases}$$

풀이 식 ①과 ②의 순서를 교환한다.

$$\begin{cases} x + y + z = 0 & ④ \\ y + 2z = -2 & ⑤ \\ 2x + z = 1 & ⑥ \end{cases}$$

식 ④에 -2를 곱하여 식 ⑥에 더한다.

$$\begin{cases} x + y + z = 0 & ⑦ \\ y + 2z = -2 & ⑧ \\ -2y - z = 1 & ⑨ \end{cases}$$

식 ⑧에 2를 곱하여 식 ⑨에 더한다.

$$\begin{cases} x + y + z = 0 & ⑩ \\ y + 2z = -2 & ⑪ \\ 3z = -3 & ⑫ \end{cases}$$

식 ⑫에 $\frac{1}{3}$을 곱한다.

$$\begin{cases} x + y + z = 0 & ⑬ \\ y + 2z = -2 & ⑭ \\ z = -1 & ⑮ \end{cases}$$

식 ⑮에 -2를 곱하여 식 ⑭에 더하고, 식 ⑮에 -1을 곱하여 식 ⑬에 더한다.

$$\begin{cases} x+y \quad\quad = 1 & ⑯ \\ \quad\; y \quad\quad = 0 & ⑰ \\ \quad\quad\quad z = -1 & ⑱ \end{cases}$$

식 ⑰에 -1을 곱하여 식 ⑯에 더한다.

$$\begin{cases} x \quad\quad\quad = 1 \\ \quad y \quad\quad = 0 \\ \quad\quad\quad z = -1 \end{cases}$$

따라서 주어진 연립일차방정식의 해는 $(x,\ y,\ z) = (1,\ 0,\ -1)$ 이다.

위 예제 1.2.3의 풀이에서 보는 바와 같이, 주어진 연립일차방정식의 해를 구하기 위하여 연립방정식의 두 방정식을 서로 맞바꾸거나, 한 방정식에 상수 배를 하거나, 또는 한 방정식의 상수 배를 다른 방정식에 더하는 변형을 유한 번 시행하였으며, 이러한 변형을 통하여 마지막 연립방정식과 같은 간단한 모양으로부터 해를 쉽게 구할 수 있다.

한편 연립일차방정식에 이러한 세 가지 유형의 변형을 시행한다는 것은 이 연립방정식의 확장된 계수행렬 $C = [A : \mathbf{b}]$에 대하여

- i 번째 행과 j 번째 행을 교환 $(R_{i,j})$
- i 번째 행에 0이 아닌 상수 k를 곱함 (kR_i)
- i 번째 행에 상수 k를 곱하여 j 번째 행에 더함 $(kR_i + R_j)$

와 같은 행 변형을 시행한다는 것과 같다.

이와 같이, 어떤 행렬에 대하여 두 행을 교환하거나, 한 행에 0이 아닌 상수를 곱하거나, 한 행의 상수 배를 다른 행에 곱하는 것과 같은 행 변형을 **기본 행 연산** (elementary row operation)이라 한다.

예제 1.2.4

예제 1.2.3에 주어진 연립일차방정식에 대응하는 행렬 A, $\mathbf{b}$, $[A : \mathbf{b}]$를 각각 구하면

$$A = \begin{bmatrix} 0 & 1 & 2 \\ 1 & 1 & 1 \\ 2 & 0 & 1 \end{bmatrix}, \quad \mathbf{b} = \begin{bmatrix} -2 \\ 0 \\ 1 \end{bmatrix}, \quad [A : \mathbf{b}] = \begin{bmatrix} 0 & 1 & 2 & -2 \\ 1 & 1 & 1 & 0 \\ 2 & 0 & 1 & 1 \end{bmatrix}$$

이다. 따라서 예제 1.2.3의 풀이 과정에 있는 연립일차방정식의 변형을 이에 대응하는 확장된 계수행렬의 변형으로 나타내면

$$\begin{bmatrix} 0 & 1 & 2 & -2 \\ 1 & 1 & 1 & 0 \\ 2 & 0 & 1 & 1 \end{bmatrix} \to \begin{bmatrix} 1 & 1 & 1 & 0 \\ 0 & 1 & 2 & -2 \\ 2 & 0 & 1 & 1 \end{bmatrix} \qquad R_{1,2}$$

$$\to \begin{bmatrix} 1 & 1 & 1 & 0 \\ 0 & 1 & 2 & -2 \\ 0 & -2 & -1 & 1 \end{bmatrix} \qquad (-2)R_1 + R_3$$

$$\to \begin{bmatrix} 1 & 1 & 1 & 0 \\ 0 & 1 & 2 & -2 \\ 0 & 0 & 3 & -3 \end{bmatrix} \qquad 2R_2 + R_3$$

$$\to \begin{bmatrix} 1 & 1 & 1 & 0 \\ 0 & 1 & 2 & -2 \\ 0 & 0 & 1 & -1 \end{bmatrix} \qquad \left(\frac{1}{3}\right)R_3$$

$$\to \begin{bmatrix} 1 & 1 & 0 & 1 \\ 0 & 1 & 0 & 0 \\ 0 & 0 & 1 & -1 \end{bmatrix} \qquad (-2)R_3 + R_2,\ (-1)R_3 + R_1$$

$$\to \begin{bmatrix} 1 & 0 & 0 & 1 \\ 0 & 1 & 0 & 0 \\ 0 & 0 & 1 & -1 \end{bmatrix} \qquad (-1)R_2 + R_1$$

그러므로 마지막으로 얻은 행렬은 3차 단위행렬 $A' = \begin{bmatrix} 1 & 0 & 0 \\ 0 & 1 & 0 \\ 0 & 0 & 1 \end{bmatrix}$ 을 계수행렬로 가지고 $\mathbf{b}' = \begin{bmatrix} 1 \\ 0 \\ -1 \end{bmatrix}$ 을 상수행렬로 가지는 연립방정식 $A'\mathbf{x} = \mathbf{b}'$의 확장된 계수행렬이다. 따라서

$$\begin{bmatrix} 1 & 0 & 0 \\ 0 & 1 & 0 \\ 0 & 0 & 1 \end{bmatrix} \begin{bmatrix} x \\ y \\ z \end{bmatrix} = \begin{bmatrix} x \\ y \\ z \end{bmatrix} = \begin{bmatrix} 1 \\ 0 \\ -1 \end{bmatrix}$$

이 되어, 예제 1.2.3에서 구한 해 $(x, y, z) = (1, 0, -1)$과 같다.

위 예제 1.2.4의 풀이에서 본 바와 같이 연립일차방정식 $A\mathbf{x} = \mathbf{b}$의 해를 구하기 위해서 확장된 계수행렬 $[A : \mathbf{b}]$에 기본행연산을 시행하여 특별한 조건을 만족하는 간단한 행렬 $[A' : \mathbf{b}']$을 구한 뒤 이 행렬로부터 연립방정식 $A\mathbf{x} = \mathbf{b}$의 해를 바로 구할 수 있다. 여기서 $[A' : \mathbf{b}']$과 같은 행렬을 **기약행 사다리꼴**(reduced row echelon form)이라고

한다. 즉, 다음 네 가지 성질을 만족하는 행렬을 기약행 사다리꼴이라 한다. 여기서 모든 성분이 0으로 이루어진 행을 O행이라고 하자.

(1) O이 아닌 행의 0이 아닌 첫 성분은 1이다. 이를 **첫 성분 1**(leading 1)이라고 한다.
(2) O행들은 O행이 아닌 행의 밑 부분에 함께 모여 있다.
(3) O행이 아닌 두 행에서는 아래 행의 첫 성분 1은 위 행의 첫 성분 1보다 오른쪽이 있다.
(4) 첫 성분 1을 포함하고 있는 열의 첫 성분 1을 제외한 나머지 성분은 모두 0이다.

행렬 중에서 위의 (1), (2), (3)만을 만족하는 것을 **사다리꼴**(row echelon form)이라고 한다.

예제 1.2.5

다음 행렬에서 처음 두 행렬은 기약행 사다리꼴이고 세 번째의 행렬은 사다리꼴이며 나머지 두 개는 이러한 꼴이 아니다

$$\begin{bmatrix} 1&0&0&0 \\ 0&1&0&2 \\ 0&0&1&1 \end{bmatrix}, \quad \begin{bmatrix} 1&0&0&0&2 \\ 0&0&1&0&1 \\ 0&0&0&1&2 \\ 0&0&0&0&0 \end{bmatrix}, \quad \begin{bmatrix} 1&2&3&2&7 \\ 0&1&0&3&2 \\ 0&0&1&5&1 \end{bmatrix}, \quad \begin{bmatrix} 1&0&0&0&1 \\ 0&0&1&0&2 \\ 0&1&0&1&1 \\ 0&0&0&0&0 \end{bmatrix}, \quad \begin{bmatrix} 0&1&0&5 \\ 0&1&2&3 \\ 0&0&1&1 \end{bmatrix}$$

앞에서 언급했듯이, 위 예제 1.2.4의 확장된 계수행렬의 변형에서 나타난 마지막 행렬은 기약행 사다리꼴이고, 이와 같이 확장된 계수행렬을 기약행 사다리꼴 행렬로 변형하면 연립일차방정식의 해를 쉽게 얻을 수 있다.

그러므로 주어진 연립일차방정식의 해를 구하기 문제는 이 연립방정식의 확장된 계수행렬에 유한 번의 기본행연산을 시행하여 이를 기약행 사다리꼴로 변형함으로써 해결할 수 있으며, 이러한 방법을 **가우스·조르단 소거법**(Gauss·Jordan elimination)이라 한다.

일반적으로 가우스·조르단 소거법을 이용하여 기약행 사다리꼴로 변형할 때에는 다음과 같은 단계를 시행한다.

- 단계 1 : 성분이 모두는 0이 아닌 가장 왼쪽에 있는 열을 찾는다.
- 단계 2 : 필요하다면 행을 서로 바꾸어 제 1단계에서 찾은 열의 가장 위에 있는 성분이 0이 되지 않도록 한다. (R_{ij})
- 단계 3 : 제 2단계에서 찾는 열의 가장 위에 있는 성분이 a이면 제1행에 $\frac{1}{a}$을 곱하여 첫 성분 1을 만든다. $(\frac{1}{a}R_i)$
- 단계 4 : 제 3단계에서 얻은 첫 성분 1을 포함하고 있는 행에 적당한 상수를 곱해서 그 아래 행들에 더함으로써 첫 성분 1이 있는 열의 첫 성분 1 아래에 있는 성분을 모두 0으로 만든다. $(kR_i + R_j)$
- 단계 5 : 제 4단계에서 얻은 행렬의 제 1행을 뺀 부분행렬에 다시 제 1단계부터 반복하고, 이러한 과정을 반복 시행하여 사다리꼴을 만든다.
- 단계 6 : 가장 아래에 있는 첫 성분 1을 포함하고 있는 행에 적당한 상수를 곱해서 그 위에 있는 행에 더함으로써 첫 성분 1이 있는 열의 첫 성분 1을 제외한 모든 성분을 0으로 만든다. 그런 뒤, 가장 아래의 첫 성분 1을 포함하고 있는 행과 그 아랫부분에 있는 행들을 뺀 부분행렬에 다시 제 6단계를 반복하여 기약행 사다리꼴을 만든다.

예제 1.2.6

다음 연립방정식의 해를 가우스·조르단 소거법으로 구하여라.

$$\begin{cases} y - 3z = -7 \\ 2x + 4y - 12z = -26 \\ -2x - 2y + 7z = 15 \end{cases}$$

풀이

$$\begin{bmatrix} 0 & 1 & -3 & -7 \\ 2 & 4 & -12 & -26 \\ -2 & -2 & 7 & 15 \end{bmatrix} \to \begin{bmatrix} 2 & 4 & -12 & -26 \\ 0 & 1 & -3 & -7 \\ -2 & -2 & 7 & 15 \end{bmatrix} \qquad R_{1,2}$$

$$\to \begin{bmatrix} 1 & 2 & -6 & -13 \\ 0 & 1 & -3 & -7 \\ -2 & -2 & 7 & 15 \end{bmatrix} \qquad \frac{1}{2}R_1$$

$$\to \begin{bmatrix} 1 & 2 & -6 & -13 \\ 0 & 1 & -3 & -7 \\ 0 & 2 & -5 & -11 \end{bmatrix} \qquad 2R_1 + R_3$$

$$\rightarrow \begin{bmatrix} 1 & 2 & -6 & -13 \\ 0 & 1 & -3 & -7 \\ 0 & 0 & 1 & 3 \end{bmatrix} \qquad (-2)R_2 + R_3$$

$$\rightarrow \begin{bmatrix} 1 & 2 & -6 & -13 \\ 0 & 1 & 0 & 2 \\ 0 & 0 & 1 & 3 \end{bmatrix} \qquad 3R_3 + R_2$$

$$\rightarrow \begin{bmatrix} 1 & 2 & 0 & 5 \\ 0 & 1 & 0 & 2 \\ 0 & 0 & 1 & 3 \end{bmatrix} \qquad 6R_3 + R_1$$

$$\rightarrow \begin{bmatrix} 1 & 0 & 0 & 1 \\ 0 & 1 & 0 & 2 \\ 0 & 0 & 1 & 3 \end{bmatrix} \qquad (-2)R_2 + R_1$$

여기서 마지막 기약행 사다리꼴 행렬은 연립방정식

$$\begin{cases} x & & & = 1 \\ & y & & = 2 \\ & & z & = 3 \end{cases}$$

을 의미하므로 $x = 1,\ y = 2,\ z = 3$ 이다.

예제 1.2.7

다음 연립방정식의 해를 가우스·조르단 소거법으로 구하여라.

$$\begin{cases} 2x + 3y - z = 0 \\ x - y + 2z = 0 \\ x + 2y - z = 0 \end{cases}$$

풀이

$$\begin{bmatrix} 2 & 3 & -1 & 0 \\ 1 & -1 & 2 & 0 \\ 1 & 2 & -1 & 0 \end{bmatrix} \rightarrow \begin{bmatrix} 1 & -1 & 2 & 0 \\ 2 & 3 & -1 & 0 \\ 1 & 2 & -1 & 0 \end{bmatrix} \qquad R_{1,2}$$

$$\rightarrow \begin{bmatrix} 1 & -1 & 2 & 0 \\ 0 & 5 & -5 & 0 \\ 1 & 2 & -1 & 0 \end{bmatrix} \qquad (-2)R_1 + R_2$$

$$\rightarrow \begin{bmatrix} 1 & -1 & 2 & 0 \\ 0 & 5 & -5 & 0 \\ 0 & 3 & -3 & 0 \end{bmatrix} \qquad (-1)R_1 + R_3$$

$$\rightarrow \begin{bmatrix} 1 & -1 & 2 & 0 \\ 0 & 1 & -1 & 0 \\ 0 & 3 & -3 & 0 \end{bmatrix} \qquad \frac{1}{5}R_2$$

$$\rightarrow \begin{bmatrix} 1 & -1 & 2 & 0 \\ 0 & 1 & -1 & 0 \\ 0 & 0 & 0 & 0 \end{bmatrix} \qquad (-3)R_2+R_3$$

$$\rightarrow \begin{bmatrix} 1 & 0 & 1 & 0 \\ 0 & 1 & -1 & 0 \\ 0 & 0 & 0 & 0 \end{bmatrix} \qquad R_2+R_1$$

여기서 마지막 기약행 사다리꼴 행렬은 연립방정식

$$\begin{cases} x \quad + z = 0 \\ \quad y - z = 0 \end{cases}$$

을 의미하므로 $x=-z,\ y=z$이다. 여기서 z는 임의의 수로 가정할 수 있으므로 $z=t$라 두면, $x=-t,\ y=z=t$이다. 즉,

$$(x,\ y,\ z)=t(-1,\ 1,\ 1)\ \ (t\text{는 실수})$$

이다.

정리 1.2.2

연립일차방정식 $A\mathbf{x}=\mathbf{b}$의 확장된 계수행렬 $[A:\mathbf{b}]$에 기본행연산을 적용하여 기약행 사다리꼴 행렬 $[A':\mathbf{b}']$으로 변형되었다고 하자. 이 때

(1) $A\mathbf{x}=\mathbf{b}$가 해를 갖지 않기 위한 필요충분조건은 행렬 $[A':\mathbf{b}']$의 마지막 열에 첫 성분 1이 나타나는 것이다.

(2) $A\mathbf{x}=\mathbf{b}$가 해를 갖는다고 하자. 이 때

(i) $A\mathbf{x}=\mathbf{b}$가 유일한 해를 갖기 위한 필요충분조건은,

행렬 $[A':\mathbf{b}']$의 첫 성분의 개수 = 방정식 $A\mathbf{x}=\mathbf{b}$의 미지수의 개수

(ii) $A\mathbf{x}=\mathbf{b}$가 무수히 많은 해를 갖기 위한 필요충분조건은,

행렬 $[A':\mathbf{b}']$의 첫 성분의 개수 $<$ 방정식 $A\mathbf{x}=\mathbf{b}$의 미지수의 개수

이다.

예제 1.2.8

연립일차방정식 $\begin{cases} x + \qquad\quad y = 1 \\ x + (a^2-3)y = a-1 \end{cases}$ 은 a 의 값에 따라 해가 어떻게 되는지 조사하여라.

풀이

주어진 연립일차방정식의 확장된 계수행렬에 기본행연산을 적용하여 변형을 하면 다음과 같다.

$$\begin{bmatrix} 1 & 1 & 1 \\ 1 & a^2-3 & a-1 \end{bmatrix} \quad \rightarrow \quad \begin{bmatrix} 1 & 1 & 1 \\ 0 & a^2-4 & a-2 \end{bmatrix}$$

따라서

$a \neq \pm 2$ 일 때, 단 하나의 해

$a = 2$ 일 때, 무수히 많은 해

$a = -2$ 일 때, 해를 갖지 않음

이다.

정의 1.2.3

연립일차방정식 $A\mathbf{x} = 0$ 을 **동차 연립일차방정식**(homogeneous linear equation)이라 하며, $\mathbf{x} = 0$ 을 **자명한 해**(trivial solution)라고 한다.

동차 연립일차방정식에 대해서는 정리 1.2.2에 의해 다음이 성립한다.

정리 1.2.4

동차 연립일차방정식 $A\mathbf{x} = \mathbf{0}$ 에서

방정식의 개수 < 미지수의 개수

이면, 이 방정식은 무수히 많은 해를 갖는다.

연립일차방정식은 매우 다양하게 활용되고 있으나, 아래 예제를 통해 몇 가지 예를 소개한다.

예제 1.2.9

암모니아(NH_3)와 산소(O_2)가 결합하여 질소(N_2)와 물(H_2O)을 생산하는 화학반응이 일어날 때, 암모니아와 산소, 질소, 물의 분자의 수를 각각 a, b, c, d라고 하면 화학방정식

$$a\mathrm{NH}_3 + b\mathrm{O}_2 \rightarrow c\mathrm{N}_2 + d\mathrm{H}_2\mathrm{O}$$

가 성립한다. 이 식을 만족하는 가장 작은 양의 정수 a, b, c, d의 값을 구하여라.

풀이 화살표 왼쪽의 반응물과 오른쪽 생성물의 질소, 수소, 산소 원자의 수를 비교하여 다음 3개의 일차방정식을 얻는다.

$$\text{질소} : a = 2c, \quad \text{수소} : 3a = 2d, \quad \text{산소} : 2b = d$$

이 3개의 방정식을 연립하여 동차 연립일차방정식으로 나타내면 다음과 같다.

$$\begin{cases} a \quad\quad - 2c \quad\quad = 0 \\ 3a \quad\quad\quad\quad - 2d = 0 \\ \quad\quad 2b \quad\quad\quad - d = 0 \end{cases}$$

따라서 이 연립일차방정식의 확장된 계수행렬에 가우스·조르단 소거법을 이용하여 기약행 사다리꼴로 변형하면

$$\begin{bmatrix} 1 & 0 & -2 & 0 & 0 \\ 3 & 0 & 0 & -2 & 0 \\ 0 & 2 & 0 & -1 & 0 \end{bmatrix} \rightarrow \begin{bmatrix} 1 & 0 & 0 & -\frac{2}{3} & 0 \\ 0 & 1 & 0 & -\frac{1}{2} & 0 \\ 0 & 0 & 1 & -\frac{1}{3} & 0 \end{bmatrix}$$

를 얻는다. 그러므로 $a = \frac{2}{3}d,\ b = \frac{1}{2}d,\ c = \frac{1}{3}d$ 이다. 따라서 4개의 변수를 모두 양의 정수로 만드는 d의 가장 작은 양의 정수의 값은 6이고, 이 때 $a = 4,\ b = 3,\ c = 2$ 이다. 그러므로 구하는 화학방정식은

$$4\mathrm{NH}_3 + 3\mathrm{O}_2 \rightarrow 2\mathrm{N}_2 + 6\mathrm{H}_2\mathrm{O}$$

예제 1.2.10

아래 그림 1.1과 같은 모양의 수도관을 통해 물이 들어오고 나가고 있다. CD 수도관을 통과하는 유량 x_4를 조절할 때, 다른 수도관을 통과하는 유량 x_1, x_2, x_3의 값을 분석하여라.

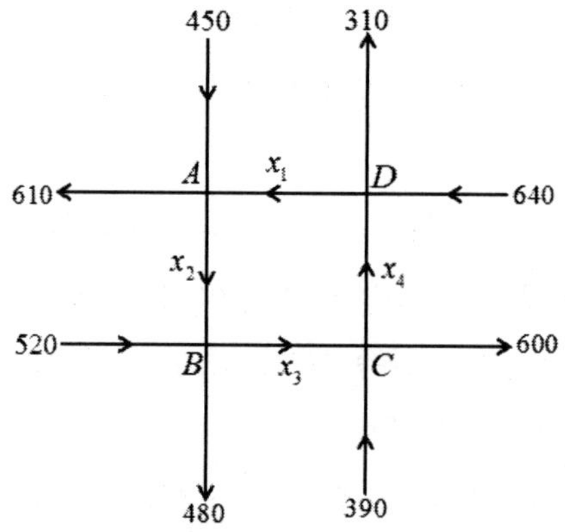

그림 1.1

풀이 각 교차점에 들어오는 유량과 나가는 유량은 다음과 같다.

A 교차점에 들어오는 유량 : $x_1 + 450$

A 교차점에 나가는 유량 : $x_2 + 610$

B 교차점에 들어오는 유량 : $x_2 + 520$

B 교차점에 나가는 유량 : $x_3 + 480$

C 교차점에 들어오는 유량 : $x_3 + 390$

C 교차점에 나가는 유량 : $x_4 + 600$

D 교차점에 들어오는 유량: $x_4 + 640$

D 교차점에 나가는 유량 : $x_1 + 310$

여기서, 각 교차점에 유입되는 유량과 나가는 유량은 같으므로 각 교차점에서 식을 세우면

$$x_1 + 450 = x_2 + 610 \ \text{(교차점 } A\text{)}$$

$$x_2 + 520 = x_3 + 480 \ \text{(교차점 } B\text{)}$$

$$x_3 + 390 = x_4 + 600 \ \text{(교차점 } C\text{)}$$

$$x_4 + 640 = x_1 + 310 \ \text{(교차점 } D\text{)}$$

를 얻는다. 그러므로 이것을 연립일차방정식을 나타내고, 이 연립일차방정식의 확장된 계수행렬에 가우스·조르단 소거법을 이용하여 기약행 사다리꼴로 변형하면 다음과 같다.

$$\begin{cases} x_1 - x_2 \qquad\qquad = 160 \\ \qquad x_2 - x_3 \qquad = -40 \\ \qquad\qquad x_3 - x_4 = 210 \\ x_1 \qquad\qquad - x_4 = 330 \end{cases}$$

$$\begin{bmatrix} 1 & -1 & 0 & 0 & 160 \\ 0 & 1 & -1 & 0 & -40 \\ 0 & 0 & 1 & -1 & 210 \\ 1 & 0 & 0 & -1 & 330 \end{bmatrix} \to \begin{bmatrix} 1 & 0 & 0 & -1 & 30 \\ 0 & 1 & 0 & -1 & 170 \\ 0 & 0 & 1 & -1 & 210 \\ 0 & 0 & 0 & 0 & 0 \end{bmatrix}$$

따라서 CD 수도관을 통과하는 유량을 $x_4 = t$라 두고 x_1, x_2, x_3를 t의 식으로 나타내면

$$x_1 = 30 + t, \quad x_2 = 170 + t, \quad x_3 = 210 + t$$

이 식으로부터 모든 가능한 유량을 알 수 있고 네트워크를 분석할 수 있다. 예를 들어, 만약 $t = 30$이 되도록 CD 수도관을 통과하는 유량을 제어하면 다른 수도관을 통과하는 유량은

$$x_1 = 60, \quad x_2 = 200, \quad x_3 = 240$$

이다.

연습문제 1.2

1. 다음 행렬들이 기약행 사다리꼴인지, 사다리꼴인지, 아니면 둘 다 아닌지를 판단하여라.

(1) $\begin{bmatrix} 1 & 0 & 0 \\ 0 & 1 & 0 \\ 0 & 0 & 0 \end{bmatrix}$ (2) $\begin{bmatrix} 1 & 0 & 0 \\ 0 & 1 & 0 \\ 0 & 2 & 0 \end{bmatrix}$ (3) $\begin{bmatrix} 1 & 1 & 0 \\ 0 & 1 & 0 \\ 0 & 0 & 0 \end{bmatrix}$ (4) $\begin{bmatrix} 0 & 1 & 0 \\ 1 & 0 & 0 \\ 0 & 0 & 0 \end{bmatrix}$

(5) $\begin{bmatrix} 1 & 0 & 2 \\ 0 & 1 & 3 \\ 0 & 0 & 0 \end{bmatrix}$ (6) $\begin{bmatrix} 1 & 5 & 3 & 2 \\ 0 & 1 & 7 & 2 \end{bmatrix}$ (7) $\begin{bmatrix} 0 & 0 & 1 \\ 0 & 0 & 0 \\ 0 & 0 & 0 \end{bmatrix}$ (8) $\begin{bmatrix} 1 & 0 & 0 \\ 0 & 1 & 0 \\ 0 & 1 & 0 \end{bmatrix}$

2. 가우스·조르단 소거법을 이용하여 다음 연립일차방정식을 풀어라.

(1) $\begin{cases} x + y + 2z = 8 \\ -x - 2y + 3z = 1 \\ 3x - 7y + 4z = 10 \end{cases}$ (2) $\begin{cases} 5x - 2y + 6z = 0 \\ -2x + y + 3z = 1 \end{cases}$

(3) $\begin{cases} -2y + 3z = 1 \\ 3x + 6y - 3z = -2 \\ 6x + 6y + 3z = 5 \end{cases}$ (4) $\begin{cases} x - y + 2z - w = -1 \\ 2x + y - 2z - 2w = -2 \\ -x + 2y - 4z + w = 1 \\ 3x - 3w = -3 \end{cases}$

(5) $\begin{cases} x - 2y + z - 4w = 1 \\ x + 3y + 7z + 2w = 2 \\ x - 12y - 11z - 16w = 5 \end{cases}$ (6) $\begin{cases} 3x + 2y - z = -15 \\ 5x + 3y + 2z = 0 \\ 3x + y + 3z = 11 \\ -6x - 4y + 2z = 30 \end{cases}$

3. 연립일차방정식 $\begin{cases} x + ky = 3 \\ (k-1)x + 2y = 3 \end{cases}$ 이 단 하나의 해를 갖는 경우, 무수히 많은 해를 갖는 경우, 해를 갖지 않는 경우의 상수 k의 값을 각각 구하여라.

4. 다음 연립일차방정식이 $x = y = 0$ 이외의 해를 갖기 위한 상수 a의 값을 구하여라.

$$\begin{cases} (a-3)x + y = 0 \\ x + (a-3)y = 0 \end{cases}$$

5. 연립일차방정식 $\begin{cases} x + y + 2z = a \\ x + z = b \\ 2x + y + 3z = c \end{cases}$ 가 해를 가지면 $c = a + b$ 가 성립함을 증명하여라.

6. 연립일차방정식 $\begin{cases} x + 2y - 3z = 4 \\ 3x - y + 5z = 2 \\ 4x + y + (a^2 - 14)z = a + 2 \end{cases}$ 는 a의 값에 따라 해가 어떻게 되는지 조사하여라.

7. 동차 연립일차방정식

$$\begin{cases} a_1x + b_1y + c_1z = 0 \\ a_2x - b_2y + c_2z = 0 \\ a_3x + b_3y - c_3z = 0 \end{cases}$$

이 자명한 해 밖에 갖지 않는다면 아래 연립방정식의 해는 어떻다고 말할 수 있는가?

$$\begin{cases} a_1x + b_1y + c_1z = 3 \\ a_2x - b_2y + c_2z = 7 \\ a_3x + b_3y - c_3z = 11 \end{cases}$$

8. 동차 연립일차방정식

$$\begin{cases} a_1x + b_1y + c_1z = 0 \\ a_2x + b_2y + c_2z = 0 \\ a_3x + b_3y + c_3z = 0 \end{cases}$$

이 무수히 많은 해를 갖는다면 아래 연립방정식의 해는 어떻다고 말할 수 있는가?

$$\begin{cases} a_1x + b_1y + c_1z = 1 \\ a_2x + b_2y + c_2z = 2 \\ a_3x + b_3y + c_3z = 3 \end{cases}$$

9. 다음 행렬을 가우스·조르단 소거법을 이용하여 서로 다른 두 개의 사다리꼴로 변형하여라.

$$\begin{bmatrix} 1 & 3 \\ 2 & 7 \end{bmatrix}$$

10. 다음 행렬을 중간 단계에서 분수가 나타나지 않게 하면서 기약행 사다리꼴로 변형하여라.

$$A = \begin{bmatrix} 2 & 1 & 3 \\ 0 & -2 & -29 \\ 3 & 4 & 5 \end{bmatrix}$$

11. 미지수가 일차가 아닌 다음 연립방정식을 풀어라.

$$\begin{cases} x^2 + y^2 + z^2 = 6 \\ x^2 - y^2 + 2z^2 = 2 \\ 2x^2 + y^2 - z^2 = 3 \end{cases}$$

12. 다음 연립일차방정식이 해를 갖게 되는 b_i들의 조건을 구하여라.

$$\begin{cases} x + y + 2z = b_1 \\ x + z = b_2 \\ 2x + y + 3z = b_3 \end{cases}$$

13. 다음 (1)~(3)에 주어진 행렬에 기본행연산을 시행하여 ① 사다리꼴과 ② 기약행 사다리꼴로 고쳐라.

(1) $\begin{bmatrix} 0 & 0 & 1 \\ 0 & 1 & 1 \\ 1 & 1 & 1 \end{bmatrix}$ (2) $\begin{bmatrix} 3 & 5 \\ 5 & -2 \\ 2 & 4 \end{bmatrix}$ (3) $\begin{bmatrix} 3 & -2 & -1 \\ 2 & -1 & -1 \\ 4 & -3 & -1 \end{bmatrix}$

14. 적어도 두 개의 행을 가지는 행렬에서 다음과 같은 세 가지 기본행연산을 순서대로 시행할 때 얻어지는 결과는 무엇인가?

$$R_1 + R_2, \quad (-1)R_2 + R_1, \quad R_1 + R_2, \quad (-1)R_1$$

15. 학생들 중에는 가끔 행렬의 성분을 0으로 만들기 위해서 다음과 같은 계산을 하기도 한다.

$$\begin{bmatrix} 3 & 1 \\ 2 & 4 \end{bmatrix} \xrightarrow{(-2)R_1 + 3R_2} \begin{bmatrix} 3 & 1 \\ 0 & 10 \end{bmatrix}$$

그렇지만 $(-2)R_1 + 3R_2$는 기본행연산이 아니다. 그 이유를 설명하여라.

16. 다음 전기 회로망의 전류 I_1, I_2, I_3을 구하여라.

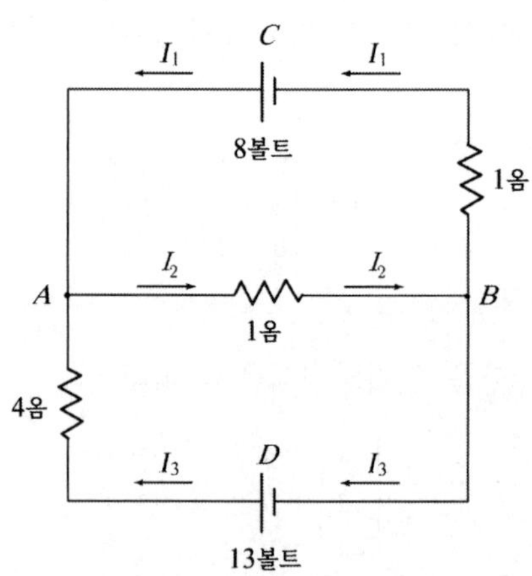

그림 1.2

17. 다음 그림과 같은 도로망에서 교통흐름을 나타내는 일차연립방정식을 만들어라. 모든 도로는 표시된 방향으로의 일방통행이며, 숫자는 시간 당 차량 수이다. 또한,

AD를 통과하는 차량의 수 x_4를 조절할 때, 다른 도로를 통과하는 차량의 수 x_1, x_2, x_3의 값을 분석하여라.

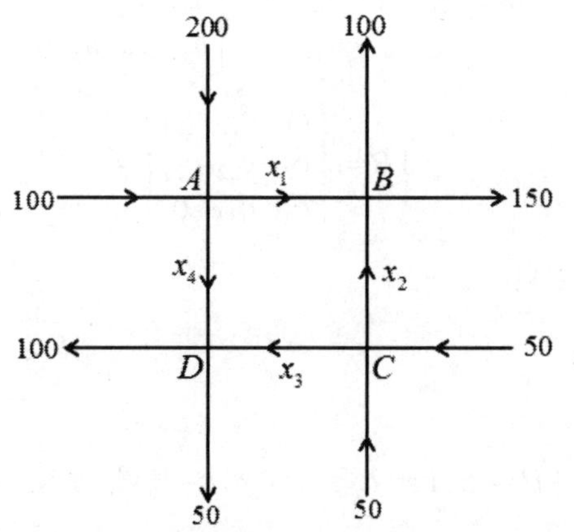

그림 1.3

1.3 역행렬

이 절에서는 역행렬에 대해서 알아보자.

정의 1.3.1

정사각행렬 A에 대하여

$$AB = BA = I$$

를 만족하는 정사각행렬 B가 존재할 때 A를 **정칙행렬**(nonsingular matrix)이라 한다.

예제 1.3.1

$A = \begin{bmatrix} 6 & 4 & 3 \\ 4 & 3 & 4 \\ 3 & 2 & 2 \end{bmatrix}$ 이고 $B = \begin{bmatrix} -2 & -2 & 7 \\ 4 & 3 & -12 \\ -1 & 0 & 2 \end{bmatrix}$ 일 때,

$$AB = \begin{bmatrix} 6 & 4 & 3 \\ 4 & 3 & 4 \\ 3 & 2 & 2 \end{bmatrix} \begin{bmatrix} -2 & -2 & 7 \\ 4 & 3 & -12 \\ -1 & 0 & 2 \end{bmatrix} = \begin{bmatrix} 1 & 0 & 0 \\ 0 & 1 & 0 \\ 0 & 0 & 1 \end{bmatrix} = BA$$

이므로 A는 정칙행렬이다.

예제 1.3.2

행렬 $A=\begin{bmatrix}1&4&2\\2&3&5\\0&0&0\end{bmatrix}$은 어떤 3×3행렬 $B=\begin{bmatrix}b_{11}&b_{12}&b_{13}\\b_{21}&b_{22}&b_{23}\\b_{31}&b_{32}&b_{33}\end{bmatrix}$에 대해서도

$$AB=\begin{bmatrix}c_{11}&c_{12}&c_{13}\\c_{21}&c_{22}&c_{23}\\c_{31}&c_{32}&0\end{bmatrix}\neq I_3$$

이므로 정칙행렬이 아니다.

정리 1.3.2

행렬 A에 대하여 $AB=BA=I$를 만족하는 행렬 B는 유일하다.

증명 $AB=BA=I,\ AC=CA=I$ 라고 하자. 그러면

$$B=BI=B(AC)=(BA)C=IC=C$$ ■

정의 1.3.3

위 정리 1.3.2에 의하여 A가 정칙행렬일 때 $AB=BA=I$를 만족하는 행렬 B는 유일하며, 이 행렬 B를 A의 **역행렬**(inverse matrix)이라 하고 $B=A^{-1}$로 나타낸다.

예제 1.3.3

$A=\begin{bmatrix}a&b\\c&d\end{bmatrix}$의 역행렬은 $A^{-1}=\dfrac{1}{ad-bc}\begin{bmatrix}d&-b\\-c&a\end{bmatrix}$임을 보여라. 단, $ad-bc\neq 0$이다.

풀이

$$A\cdot A^{-1}=\begin{bmatrix}a&b\\c&d\end{bmatrix}\cdot\frac{1}{ad-bc}\begin{bmatrix}d&-b\\-c&a\end{bmatrix}$$

$$=\frac{1}{ad-bc}\begin{bmatrix}a&b\\c&d\end{bmatrix}\begin{bmatrix}d&-b\\-c&a\end{bmatrix}$$

$$=\frac{1}{ad-bc}\begin{bmatrix}ad-bc&0\\0&ad-bc\end{bmatrix}=\begin{bmatrix}1&0\\0&1\end{bmatrix}$$

같은 방법으로 $A^{-1} \cdot A = \begin{bmatrix} 1 & 0 \\ 0 & 1 \end{bmatrix}$ 임을 보일 수 있다.

다음은 정칙행렬에 대한 성질이다.

정리 1.3.4

정칙행렬 A, B에 대하여 다음이 성립한다.

(1) AB도 정칙이고, $(AB)^{-1} = B^{-1}A^{-1}$이다. 단, A, B는 같은 크기이다.

(2) A^{-1}도 정칙이고, $(A^{-1})^{-1} = A$이다.

(3) A^t도 정칙이고, $(A^t)^{-1} = (A^{-1})^t$이다.

(4) 양의 정수 n에 대하여 A^n도 정칙이고, $(A^n)^{-1} = (A^{-1})^n$이다.

(5) 임의의 상수 $k(\neq 0)$에 대하여 kA도 정칙이고, $(kA)^{-1} = \frac{1}{k}A^{-1}$이다.

(6) $A\mathbf{x} = A\mathbf{y}$이면, $\mathbf{x} = \mathbf{y}$이다.

정리 1.3.4(1)과 수학적 귀납법에 의해 다음 정리가 성립한다.

정리 1.3.5

크기가 같은 정칙행렬 $A_1, A_2, \cdots, A_k$에 대하여 다음이 성립한다.

$$(A_1 A_2 \cdots A_k)^{-1} = A_k^{-1} A_{k-1}^{-1} \cdots A_2^{-1} A_1^{-1}$$

역행렬을 구하는 방법은 여러 가지가 있으나 이 절에서는 기본행연산에 의해서 역행렬을 구하는 방법을 소개한다. 먼저 다음 예를 보자.

예제 1.3.4

행렬 $A = \begin{bmatrix} 2 & 5 \\ 1 & 3 \end{bmatrix}$의 역행렬을 $\begin{bmatrix} a & b \\ c & d \end{bmatrix}$라고 하자. 그러면

$$\begin{bmatrix} 2 & 5 \\ 1 & 3 \end{bmatrix}\begin{bmatrix} a & b \\ c & d \end{bmatrix} = \begin{bmatrix} 1 & 0 \\ 0 & 1 \end{bmatrix}$$

이고, 따라서 다음이 성립한다.

$$\begin{bmatrix}2&5\\1&3\end{bmatrix}\begin{bmatrix}a\\c\end{bmatrix}=\begin{bmatrix}1\\0\end{bmatrix},\qquad \begin{bmatrix}2&5\\1&3\end{bmatrix}\begin{bmatrix}b\\d\end{bmatrix}=\begin{bmatrix}0\\1\end{bmatrix}$$

이제 $\begin{bmatrix}a\\c\end{bmatrix}$와 $\begin{bmatrix}b\\d\end{bmatrix}$를 구하기 위해서 확장된 계수행렬

$$[A:\mathbf{e}_1]=\begin{bmatrix}2&5&1\\1&3&0\end{bmatrix},\qquad [A:\mathbf{e}_2]=\begin{bmatrix}2&5&0\\1&3&1\end{bmatrix}$$

에 각각 가우스·조르단 소거법을 적용하면

$$\begin{bmatrix}2&5&1\\1&3&0\end{bmatrix}\xrightarrow{R_{1,2}}\begin{bmatrix}1&3&0\\2&5&1\end{bmatrix}\xrightarrow{(-2)R_1+R_2}\begin{bmatrix}1&3&0\\0&-1&1\end{bmatrix}\xrightarrow{(-1)R_2}\begin{bmatrix}1&3&0\\0&1&-1\end{bmatrix}\xrightarrow{(-3)R_2+R_1}\begin{bmatrix}1&0&3\\0&1&-1\end{bmatrix} \quad ①$$

$$\begin{bmatrix}2&5&0\\1&3&1\end{bmatrix}\xrightarrow{R_{1,2}}\begin{bmatrix}1&3&1\\2&5&0\end{bmatrix}\xrightarrow{(-2)R_1+R_2}\begin{bmatrix}1&3&1\\0&-1&-2\end{bmatrix}\xrightarrow{(-1)R_2}\begin{bmatrix}1&3&1\\0&1&2\end{bmatrix}\xrightarrow{(-3)R_2+R_1}\begin{bmatrix}1&0&-5\\0&1&2\end{bmatrix} \quad ②$$

이고, 이로부터

$$\begin{bmatrix}a\\c\end{bmatrix}=\begin{bmatrix}3\\-1\end{bmatrix},\qquad \begin{bmatrix}b\\d\end{bmatrix}=\begin{bmatrix}-5\\2\end{bmatrix}$$

이다. 그러므로 A의 역행렬은

$$A^{-1}=\begin{bmatrix}a&b\\c&d\end{bmatrix}=\begin{bmatrix}3&-5\\-1&2\end{bmatrix}$$

위 예제 1.3.4의 ①, ②에서 위, 아래 대응되는 두 과정이 모두 같으므로 다음과 같이 함께 묶어 계산할 수 있다.

$$\begin{bmatrix}2&5&1&0\\1&3&0&1\end{bmatrix}\ \rightarrow\ \begin{bmatrix}1&0&3&-5\\0&1&-1&2\end{bmatrix}$$

그러므로 주어진 행렬 A의 역행렬을 구하기 위해서는 행렬 $[A:I_2]$에 기본행연산을 적용하여 $[I_2:A^{-1}]$를 구함으로써 얻을 수 있다.

일반적으로 이러한 방법을 이용하면 역행렬을 구할 수 있다. 즉, A를 $n\times n$ 크기의 정칙행렬이라 하고 A^{-1}를 $B=[\mathbf{b}_1:\mathbf{b}_2:\cdots:\mathbf{b}_n]$이라고 하자. 그러면 $AB=I_n$이고 따라서

$$A\mathbf{b}_1=\mathbf{e}_1,\quad A\mathbf{b}_2=\mathbf{e}_2,\quad \cdots,\quad A\mathbf{b}_n=\mathbf{e}_n$$

이다. 여기서 $\mathbf{e}_k=[0\ 0\cdots\ 0\ 1_{(k)}\ 0\ 0]^t$이다.

이제 $\mathbf{b}_1, \mathbf{b}_2, \cdots, \mathbf{b}_n$을 구하기 위해 행렬

$$[A : \mathbf{e}_1 : \mathbf{e}_2 : \cdots : \mathbf{e}_n] = [A : I_n] = \begin{bmatrix} a_{11} & a_{12} & \cdots & a_{1n} & 1 & 0 & \cdots & 0 \\ a_{21} & a_{22} & \cdots & a_{2n} & 0 & 1 & \cdots & 0 \\ & & \vdots & & & & \vdots & \\ a_{n1} & a_{n2} & \cdots & a_{nn} & 0 & 0 & \cdots & 1 \end{bmatrix}$$

에 기본행연산을 적용하여

$$[I_n : B] = \begin{bmatrix} 1 & 0 & \cdots & 0 & b_{11} & b_{12} & \cdots & b_{1n} \\ 0 & 1 & \cdots & 0 & b_{21} & b_{22} & \cdots & b_{2n} \\ & & \vdots & & & & \vdots & \\ 0 & 0 & \cdots & 1 & b_{n1} & b_{n2} & \cdots & b_{nn} \end{bmatrix}$$

으로 변형되었다고 하자. 그러면 행렬 $[I_n : B]$의 오른쪽에 있는 행렬 B가 A의 역행렬이다. 물론, A가 정칙행렬인 경우에만 기본행연산에 의하여 I_n으로 변형될 수 있으며, 이에 대한 자세한 증명은 1.4절에서 다루기로 하자.

예제 1.3.5

$A = \begin{bmatrix} 1 & 1 & 2 \\ 0 & 1 & 3 \\ 4 & 2 & 1 \end{bmatrix}$ 의 역행렬을 구하여라.

풀이 다음과 같은 방법으로 기본행연산을 이용하여 행렬 $[A : I_3]$을 변형한다.

$$[A : I_3] = \begin{bmatrix} 1 & 1 & 2 & 1 & 0 & 0 \\ 0 & 1 & 3 & 0 & 1 & 0 \\ 4 & 2 & 1 & 0 & 0 & 1 \end{bmatrix}$$

$$\rightarrow \begin{bmatrix} 1 & 1 & 2 & 1 & 0 & 0 \\ 0 & 1 & 3 & 0 & 1 & 0 \\ 0 & -2 & -7 & -4 & 0 & 1 \end{bmatrix} \quad (-4)R_1 + R_3$$

$$\rightarrow \begin{bmatrix} 1 & 1 & 2 & 1 & 0 & 0 \\ 0 & 1 & 3 & 0 & 1 & 0 \\ 0 & 0 & -1 & -4 & 2 & 1 \end{bmatrix} \quad 2R_2 + R_3$$

$$\rightarrow \begin{bmatrix} 1 & 1 & 2 & 1 & 0 & 0 \\ 0 & 1 & 3 & 0 & 1 & 0 \\ 0 & 0 & 1 & 4 & -2 & -1 \end{bmatrix} \quad (-1)R_3$$

$$\rightarrow \begin{bmatrix} 1 & 1 & 0 & -7 & 4 & 2 \\ 0 & 1 & 0 & -12 & 7 & 3 \\ 0 & 0 & 1 & 4 & -2 & -1 \end{bmatrix} \quad (-3)R_3 + R_2, \quad (-2)R_3 + R_1$$

$$\rightarrow \begin{bmatrix} 1 & 0 & 0 & 5 & -3 & -1 \\ 0 & 1 & 0 & -12 & 7 & 3 \\ 0 & 0 & 1 & 4 & -2 & -1 \end{bmatrix} \quad (-1)R_2 + R_1$$

따라서 A의 역행렬은 $A^{-1} = \begin{bmatrix} 5 & -3 & -1 \\ -12 & 7 & 3 \\ 4 & -2 & -1 \end{bmatrix}$이다.

1.2절의 연립일차방정식 (*)에서 $m = n$이고 계수행렬 A가 정칙이면, 다음 정리와 같이 A의 역행렬을 이용하여 이 연립방정식의 해를 쉽게 구할 수 있다.

정리 1.3.6

A가 n차 정칙행렬이면, 임의의 $n \times 1$ 행렬 $\mathbf{b}$에 대하여 연립방정식 $A\mathbf{x} = \mathbf{b}$는 유일한 해 $\mathbf{x} = A^{-1}\mathbf{b}$를 갖는다.

증명 $\mathbf{x} = A^{-1}\mathbf{b}$라 하면,

$$A\mathbf{x} = A(A^{-1}\mathbf{b}) = (AA^{-1})\mathbf{b} = I_n\mathbf{b} = \mathbf{b}$$

이므로 $\mathbf{x} = A^{-1}\mathbf{b}$는 $A\mathbf{x} = \mathbf{b}$의 해이다.

한편, $\mathbf{y}$를 $A\mathbf{x} = \mathbf{b}$의 해라 하면 $A\mathbf{y} = \mathbf{b}$가 성립한다. 따라서 $A\mathbf{x} = \mathbf{b} = A\mathbf{y}$이고 더욱이 A가 정칙행렬이므로 $A\mathbf{x} = A\mathbf{y}$의 양변의 좌측에 A^{-1}를 곱하면 $\mathbf{x} = \mathbf{y}$가 되어 $A\mathbf{x} = \mathbf{b}$의 해는 유일하다. ■

예제 1.3.6

다음 연립일차방정식의 해를 역행렬을 이용하여 구하여라.

$$\begin{cases} x + y + 2z = 1 \\ \quad\;\; y + 3z = 2 \\ 4x + 2y + z = 2 \end{cases}$$

풀이

앞의 예제 1.3.5에서 구한 A^{-1}를 이용한다. 즉,

$$A\mathbf{x} = \begin{bmatrix} 1 & 1 & 2 \\ 0 & 1 & 3 \\ 4 & 2 & 1 \end{bmatrix} \begin{bmatrix} x \\ y \\ z \end{bmatrix} = \begin{bmatrix} 1 \\ 2 \\ 2 \end{bmatrix} = \mathbf{b}$$

이므로, 구하고자 하는 해는 다음과 같다.

$$\mathbf{x} = A^{-1}\mathbf{b} = \begin{bmatrix} 5 & -3 & -1 \\ -12 & 7 & 3 \\ 4 & -2 & -1 \end{bmatrix} \begin{bmatrix} 1 \\ 2 \\ 2 \end{bmatrix} = \begin{bmatrix} -3 \\ 8 \\ -2 \end{bmatrix}$$

연습문제 1.3

1. 다음 각 행렬에 대한 역행렬을 구하여라.

(1) $\begin{bmatrix} 2 & 6 & 6 \\ 2 & 7 & 6 \\ 2 & 7 & 7 \end{bmatrix}$ (2) $\begin{bmatrix} 2 & 5 & 5 \\ -1 & -1 & 0 \\ 2 & 4 & 3 \end{bmatrix}$

(3) $\begin{bmatrix} 2 & -3 & 5 \\ 0 & 1 & -3 \\ 0 & 0 & 2 \end{bmatrix}$ (4) $\begin{bmatrix} 1 & 6 & 4 \\ 2 & 4 & -1 \\ -1 & 2 & 5 \end{bmatrix}$

(5) $\begin{bmatrix} 1 & 0 & 0 & 0 \\ 1 & 3 & 0 & 0 \\ 1 & 3 & 5 & 0 \\ 1 & 3 & 5 & 7 \end{bmatrix}$ (6) $\begin{bmatrix} 1 & 3 & 1 & 1 \\ 2 & 5 & 2 & 2 \\ 1 & 3 & 8 & 9 \\ 1 & 3 & 2 & 2 \end{bmatrix}$

2. 다음 각 경우에 맞는 행렬 A를 구하여라.

(1) $A^{-1} = \begin{bmatrix} 2 & -1 \\ 2 & 4 \end{bmatrix}$ (2) $(7A)^{-1} = \begin{bmatrix} -3 & 7 \\ 1 & -2 \end{bmatrix}$

(3) $(5A^t)^{-1} = \begin{bmatrix} -3 & -1 \\ 5 & 2 \end{bmatrix}$ (4) $(I + 2A)^{-1} = \begin{bmatrix} 1 & 2 \\ 2 & 6 \end{bmatrix}$

3. 행렬 $A = \begin{bmatrix} 3 & 1 \\ 5 & 2 \end{bmatrix}$, $B = \begin{bmatrix} 4 & 6 \\ 2 & 4 \end{bmatrix}$, $C = \begin{bmatrix} -1 & 0 \\ 0 & 1 \end{bmatrix}$에 대하여 다음이 성립함을 확인하여라.

(1) $(AB)^{-1} = B^{-1}A^{-1}$ (2) $(ABC)^{-1} = C^{-1}B^{-1}A^{-1}$

4. 역행렬을 이용하여 다음 연립방정식을 풀어라.

(1) $\begin{cases} 4x - 3y = -3 \\ 2x - 5y = 9 \end{cases}$ (2) $\begin{cases} x + 3y + z = 4 \\ 2x + 2y + z = -1 \\ 2x + 3y + z = 3 \end{cases}$

(3) $\begin{cases} 5x+3y+2z=4 \\ 3x+3y+2z=2 \\ \quad\;\; y+\;z=5 \end{cases}$ (4) $\begin{cases} -x-2y-3z \quad\; =0 \\ x+4y+4z+w\;=7 \\ 3x+7y+9z+w\;=4 \\ -2x-4y-6z-w\;=6 \end{cases}$

5. 행렬 $A=\begin{bmatrix} 2 & 1 & 2 \\ 2 & 2 & -2 \\ 3 & 1 & 1 \end{bmatrix}$, $\mathbf{x}=\begin{bmatrix} x_1 \\ x_2 \\ x_3 \end{bmatrix}$에 대하여 다음 물음에 답하여라.

(1) 방정식 $A\mathbf{x}=\mathbf{x}$는 $(A-I)\mathbf{x}=O$으로 나타낼 수 있음을 보이고, 이 사실을 이용하여 $A\mathbf{x}=\mathbf{x}$의 해를 구하여라.

(2) $A\mathbf{x}=4\mathbf{x}$의 해를 구하여라.

6. 다음에 주어진 행렬방정식을 X에 관하여 풀되 가능하면 간단하게 답하여라. 단, 모든 행렬은 정칙행렬임을 가정한다.

(1) $XA^2=A^{-1}$ (2) $AXB=(BA)^2$

(3) $(A^{-1}X)^{-1}=A(B^{-2}A)^{-1}$ (4) $ABXA^{-1}B^{-1}=I+A$

7. A가 $A^2-2A+I=O$을 만족하는 정사각행렬이면, $A^{-1}=2I-A$임을 보여라.

8. 대칭행렬이 정칙행렬이면 그 역행렬도 대칭행렬임을 보여라.

9. (1) 반례를 들어, 일반적으로 $(AB)^{-1}\neq A^{-1}B^{-1}$ 임을 보여라.

(2) $(AB)^{-1}=A^{-1}B^{-1}$가 성립하도록 하는 A와 B의 조건은 무엇인가?

10. $A=\begin{bmatrix} 1 & 2 \\ 2 & 6 \end{bmatrix}$, $\mathbf{b}_1=\begin{bmatrix} 3 \\ 5 \end{bmatrix}$, $\mathbf{b}_2=\begin{bmatrix} -1 \\ 2 \end{bmatrix}$, $\mathbf{b}_3=\begin{bmatrix} 2 \\ 0 \end{bmatrix}$이라 하자.

(1) A^{-1}를 구하고, 이를 이용하여 $A\mathbf{x}=\mathbf{b}_1$, $A\mathbf{x}=\mathbf{b}_2$, $A\mathbf{x}=\mathbf{b}_3$의 해를 구하여라.

(2) 가우스·조르단 소거법을 이용하여 확장된 계수행렬 $[A:\mathbf{b}_1:\mathbf{b}_2:\mathbf{b}_3]$를 기약행 사다리꼴로 변형하여 문제 (1)의 세 방정식을 동시에 풀어라.

11. 정칙행렬 A에 대하여 $(A^t)^{-1}=(A^{-1})^t$임을 보여라.

12. 같은 크기의 정사각행렬 A, B가 $AB=I$를 만족하면 $BA=I$이다. 연습문제 3번의 행렬 A와 그 역행렬 $A^{-1}=B$를 이용하여 이 사실을 확인하여라.

13. (1) 0으로만 이루어진 행을 갖는 행렬은 역행렬이 존재하지 않는다는 것을 보여라.
(2) 0으로만 이루어진 열을 갖는 행렬은 역행렬이 존재하지 않는다는 것을 보여라.

14. 정사각행렬 A가 $A^2=A$를 만족하면 이를 **멱등원**(idempotent)이라 한다. A가 멱등원이면 다음이 성립함을 보여라.
(1) $I-A$도 멱등원이다.
(2) $2A-I$는 정칙행렬이고 그것의 역행렬은 자기 자신이다.

15. 다음 (1) ~ (4)에 주어진 명제가 참인지 거짓인지 밝히고, 이유를 설명하여라.
(1) A와 B가 크기가 같은 정칙행렬일 때 AB도 정칙행렬이고 $(AB)^{-1}=B^{-1}A^{-1}$이다.
(2) $A=\begin{bmatrix} a & b \\ c & d \end{bmatrix}$가 정칙행렬이기위한 필요충분조건은 $ad-bc\neq 0$이다.
(3) 크기가 같은 정칙행렬들의 합은 항상 정칙행렬이다.
(4) A, B, $A+B$가 같은 크기의 정칙행렬이면 $(A+B)^{-1}=A(A^{-1}+B^{-1})B$이다.

1.4 기본행렬

이 절에서는 다음과 같이 정의되는 기본행렬에 대해 공부하자.

정의 1.4.1

단위행렬 I에 기본행연산을 단 한 번만 시행하여 얻은 행렬을 **기본행렬**(elementary matrix)이라 한다.

예제 1.4.1

다음 행렬은 모두 기본행렬이다.

$$\begin{bmatrix} 0 & 1 \\ 1 & 0 \end{bmatrix}, \quad \begin{bmatrix} 3 & 0 \\ 0 & 1 \end{bmatrix}, \quad \begin{bmatrix} 1 & 0 \\ 5 & 1 \end{bmatrix}, \quad \begin{bmatrix} 0 & 0 & 1 \\ 0 & 1 & 0 \\ 1 & 0 & 0 \end{bmatrix}, \quad \begin{bmatrix} 2 & 0 & 0 \\ 0 & 1 & 0 \\ 0 & 0 & 1 \end{bmatrix}, \quad \begin{bmatrix} 1 & 0 & 0 \\ 3 & 1 & 0 \\ 0 & 0 & 1 \end{bmatrix}$$

정리 1.4.2

E를 기본행렬이라 하고, A를 곱 EA가 정의되는 행렬이라고 하자. 이 때 행렬 EA는 기본행렬 E를 얻기 위해 시행한 기본행연산을 행렬 A에 적용한 결과와 같다.

증명 기본행연산은 세 가지 종류가 있지만, 여기에서는 한 행의 상수 배를 다른 행에 더하는 기본행연산의 경우에 대해서만 증명한다.

행렬 B를 $m \times n$행렬 A의 i번째 행에 k를 곱하여 j번째 행에 더해서 얻어지는 행렬이라 하고, A, B, EA의 (s, t)-성분을 각각

$$a_{st},\ b_{st},\ c_{st}\ (1 \le s \le m, 1 \le t \le n)$$

이라고 하자. 이 때 모든 s와 t에 대하여 $b_{st} = c_{st}$임을 보이면 된다.

먼저 $s \neq j$인 경우를 생각하자. $s \neq j$이므로 s행의 성분은 변하지 않으며 따라서 $b_{st} = a_{st}$이다. 또한 c_{st}는 행렬의 곱의 정의에 의해 E의 s행과 A의 t열의 곱인데, E의 s번째 행의 s번째 성분만 1이고 나머지는 0이므로

$$c_{st} = a_{st}$$

이다. 따라서 $s \neq j$일 때 $b_{st} = c_{st}$이다.

이제 $s = j$일 때 $b_{st} = c_{st}$임을 보이자. B의 정의에 의하여

$$b_{jt} = ka_{it} + a_{jt}$$

이다. E의 j번째 행은 i와 j번째 성분이 각각 k와 1이고 나머지 성분은 모두 0이므로 행렬의 곱의 정의에 의해

$$c_{jt} = ka_{it} + a_{jt}$$

이다. 따라서 $s = j$일 때에도 $b_{st} = c_{st}$이다. ■

예제 1.4.2

정리 1.4.2에 의하여 다음과 같이 기본행렬에 의한 행렬의 곱이 계산된다.

$$\begin{bmatrix} 0 & 0 & 1 \\ 0 & 1 & 0 \\ 1 & 0 & 0 \end{bmatrix}\begin{bmatrix} 2 & 4 & 1 \\ 1 & 3 & 0 \\ 1 & 0 & -1 \end{bmatrix} = \begin{bmatrix} 1 & 0 & -1 \\ 1 & 3 & 0 \\ 2 & 4 & 1 \end{bmatrix}, \quad \begin{bmatrix} 1 & 0 & 0 \\ 0 & -3 & 0 \\ 0 & 0 & 1 \end{bmatrix}\begin{bmatrix} 2 & 1 \\ 1 & 3 \\ 2 & 4 \end{bmatrix} = \begin{bmatrix} 2 & 1 \\ -3 & -9 \\ 2 & 4 \end{bmatrix},$$

$$\begin{bmatrix} 1 & 0 & 0 \\ -2 & 1 & 0 \\ 0 & 0 & 1 \end{bmatrix}\begin{bmatrix} b_1 \\ b_2 \\ b_3 \end{bmatrix} = \begin{bmatrix} b_1 \\ b_2 - 2b_1 \\ b_3 \end{bmatrix}$$

다음 두 정리는 기본행연산 및 기본행렬의 정의에 의해 성립함을 쉽게 알 수 있다.

정리 1.4.3

행렬 A에 기본행연산을 시행하여 기약행 사다리꼴 행렬 B로 변형할 수 있을 때, 행렬 B는 기본행렬의 곱인 P에 대하여 $PA = B$로 표현될 수 있다.

정리 1.4.4

모든 기본행렬은 역행렬을 가지고 그 역행렬 또한 기본행렬이다. 실제로, E를 기본행렬이라 하고, E를 얻기 위해 시행한 기본행연산의 역연산을 단위행렬에 적용해 얻은 행렬을 E'이라고 하자. 그러면 E는 정칙행렬이고 $E^{-1} = E'$이다.

예제 1.4.3

$$E_1 = \begin{bmatrix} 0 & 0 & 1 \\ 0 & 1 & 0 \\ 1 & 0 & 0 \end{bmatrix} \text{이면,} \quad E_1^{-1} = \begin{bmatrix} 0 & 0 & 1 \\ 0 & 1 & 0 \\ 1 & 0 & 0 \end{bmatrix}$$

$$E_2 = \begin{bmatrix} 1 & 0 & 0 \\ 0 & c & 0 \\ 0 & 0 & 1 \end{bmatrix} \ (c \neq 0)\text{이면,} \quad E_2^{-1} = \begin{bmatrix} 1 & 0 & 0 \\ 0 & \frac{1}{c} & 0 \\ 0 & 0 & 1 \end{bmatrix}$$

$$E_3 = \begin{bmatrix} 1 & 0 & 0 \\ 0 & 1 & 0 \\ 3 & 0 & 1 \end{bmatrix} \text{이면,} \quad E_3^{-1} = \begin{bmatrix} 1 & 0 & 0 \\ 0 & 1 & 0 \\ -3 & 0 & 1 \end{bmatrix}$$

예제 1.4.4

가우스·조르단 소거법을 적용하여 $A=\begin{bmatrix}2&5\\1&3\end{bmatrix}$의 역행렬을 구하고, 그 과정을 살펴 A를 기본행렬의 곱으로 나타내어라.

풀이

먼저 1.3절 예제 1.3.4에서와 같이 A^{-1}를 구하면

$$\begin{bmatrix}2&5&1&0\\1&3&0&1\end{bmatrix}\xrightarrow{R_{1,2}}\begin{bmatrix}1&3&0&1\\2&5&1&0\end{bmatrix}\xrightarrow{(-2)R_1+R_2}\begin{bmatrix}1&3&0&1\\0&-1&1&-2\end{bmatrix}\xrightarrow{(-1)R_2}\begin{bmatrix}1&3&0&1\\0&1&-1&2\end{bmatrix}$$

$$\xrightarrow{(-3)R_2+R_1}\begin{bmatrix}1&0&3&-5\\0&1&-1&2\end{bmatrix}\text{으로부터 } A^{-1}=\begin{bmatrix}3&-5\\-1&2\end{bmatrix}\text{이다.}$$

이제 위에서 적용한 기본행연산을 기본행렬로 나타낸 후 행렬 A의 왼쪽에 순서대로 곱해주면 다음과 같다.

$$\begin{bmatrix}1&-3\\0&1\end{bmatrix}\begin{bmatrix}1&0\\0&-1\end{bmatrix}\begin{bmatrix}1&0\\-2&1\end{bmatrix}\begin{bmatrix}0&1\\1&0\end{bmatrix}A=\begin{bmatrix}1&0\\0&1\end{bmatrix}$$

그러므로

$$A=\begin{bmatrix}0&1\\1&0\end{bmatrix}^{-1}\begin{bmatrix}1&0\\-2&1\end{bmatrix}^{-1}\begin{bmatrix}1&0\\0&-1\end{bmatrix}^{-1}\begin{bmatrix}1&-3\\0&1\end{bmatrix}^{-1}=\begin{bmatrix}0&1\\1&0\end{bmatrix}\begin{bmatrix}1&0\\2&1\end{bmatrix}\begin{bmatrix}1&0\\0&-1\end{bmatrix}\begin{bmatrix}1&3\\0&1\end{bmatrix}$$

정리 1.4.5

A가 n차 정사각행렬일 때 다음 명제 (1)~(6)은 모두 동치이다.

(1) 행렬 A는 정칙이다.

(2) 임의의 $n\times 1$행렬 $\mathbf{c}$에 대하여 $A\mathbf{x}=\mathbf{c}$는 단 하나의 해를 갖는다.

(3) 행렬 A는 기본행연산에 의하여 I_n으로 변형된다.

(4) 행렬 A는 기본행렬의 곱으로 나타낼 수 있다.

(5) 적당한 $n\times n$행렬 B에 대하여 $BA=I_n$이다.

(6) 적당한 $n\times n$행렬 B에 대하여 $AB=I_n$이다.

증명 (1) ⇒ (2) 임의의 $n\times 1$행렬 $\mathbf{c}$에 대하여 $A\mathbf{x}=\mathbf{c}$라고 하자. 그러면

$$A^{-1}(A\mathbf{x})=A^{-1}\mathbf{c}$$

이고, 이로부터 $\mathbf{x}=A^{-1}\mathbf{c}$이다. 따라서 $A\mathbf{x}=\mathbf{c}$는 단 하나의 해 $\mathbf{x}=A^{-1}\mathbf{c}$를 갖는다.

(2) $\Rightarrow$ (3) 임의의 $n\times 1$행렬 $\mathbf{c}$ 에 대하여 $A\mathbf{x}=\mathbf{c}$가 단 하나의 해 $\mathbf{x}_0=\begin{bmatrix}\alpha_1\\ \alpha_2\\ \vdots\\ \alpha_n\end{bmatrix}$을 갖는다 하자. 즉,

$$\begin{cases} x_1 \qquad\qquad = \alpha_1 \\ \quad x_2 \qquad\quad = \alpha_2 \\ \qquad\quad \ddots \\ \qquad\qquad x_n = \alpha_n \end{cases}$$

이 주어진 연립일차방정식의 해라고 하자. 그러면 가우스·조르단 소거법에 의하여 행렬 $[A:\mathbf{c}]$가 행렬 $\begin{bmatrix}1 & 0 & \cdots & 0 & \alpha_1\\ 0 & 1 & \cdots & 0 & \alpha_2\\ & & \ddots & & \\ 0 & 0 & \cdots & 1 & \alpha_n\end{bmatrix}$으로 변형될 수 있음을 의미한다. 그러므로 행렬 A는 기본행연산에 의하여 I_n으로 변형된다.

(3) $\Rightarrow$ (4) 행렬 A가 기본행연산에 의하여 I_n으로 변형된다고 가정하면, 적당한 기본행렬 $E_1, E_2,\cdots,E_k$에 대하여 $E_kE_{k-1}\cdots E_2E_1A=I_n$으로 나타낼 수 있다. 그러므로

$$A=E_1^{-1}E_2^{-1}\cdots E_k^{-1}$$

(4) $\Rightarrow$ (1) 모든 기본행렬은 정칙행렬이므로 (1)이 성립한다.

위 결과에 의하여 (1) $\Leftrightarrow$ (2) $\Leftrightarrow$ (3) $\Leftrightarrow$ (4)가 성립한다.

(5) $\Rightarrow$ (1) 적당한 $n\times n$행렬 B에 대하여 $BA=I_n$이라고 가정하면, 임의의 $n\times 1$행렬 $\mathbf{c}$에 대하여 $A\mathbf{x}=\mathbf{c}$는 단 하나의 해 $\mathbf{x}=B\mathbf{c}$를 갖는다. 그러므로 행렬 A는 명제 (2)를 만족하고, 따라서 (1)이 성립한다.

(1) $\Rightarrow$ (5)는 자명하다. 그러므로 (1) $\Leftrightarrow$ (5)가 성립한다.

(6) $\Rightarrow$ (1) 적당한 $n\times n$행렬 B에 대하여 $AB=I_n$이면, (5) $\Rightarrow$ (1)에 의하여 행렬 B는 정칙이다. 그러므로 $A=B^{-1}$이고, A는 정칙이다.

(1) $\Rightarrow$ (6)은 자명하다. ■

연습문제 1.4

1. 다음 중 기본행렬인 것은?

(1) $\begin{bmatrix} 1 & 0 \\ -5 & 1 \end{bmatrix}$ (2) $\begin{bmatrix} -5 & 1 \\ 1 & 0 \end{bmatrix}$ (3) $\begin{bmatrix} 1 & 0 \\ 0 & \sqrt{3} \end{bmatrix}$ (4) $\begin{bmatrix} 0 & 0 & 1 \\ 0 & 1 & 0 \\ 1 & 0 & 0 \end{bmatrix}$

(5) $\begin{bmatrix} 1 & 1 & 0 \\ 0 & 0 & 1 \\ 0 & 0 & 0 \end{bmatrix}$ (6) $\begin{bmatrix} 1 & 0 & 0 \\ 0 & 1 & 3 \\ 0 & 0 & 1 \end{bmatrix}$ (7) $\begin{bmatrix} 2 & 0 & 0 & 2 \\ 0 & 1 & 0 & 0 \\ 0 & 0 & 1 & 0 \\ 0 & 0 & 0 & 1 \end{bmatrix}$ (8) $\begin{bmatrix} 1 & 0 & 0 & 0 \\ 0 & 1 & 0 & 0 \\ 0 & 0 & 1 & 0 \\ 3 & 0 & 0 & 1 \end{bmatrix}$

2. 다음 세 행렬 A, B, C 에 대하여 아래 (1) ~ (3)을 만족하는 기본행렬 E_1, E_2, E_3 를 각각 구하여라.

$$A = \begin{bmatrix} 3 & 4 & 1 \\ 2 & -7 & -1 \\ 8 & 1 & 5 \end{bmatrix}, \quad B = \begin{bmatrix} 8 & 1 & 5 \\ 2 & -7 & -1 \\ 3 & 4 & 1 \end{bmatrix}, \quad C = \begin{bmatrix} 3 & 4 & 1 \\ 2 & -7 & -1 \\ 2 & -7 & 3 \end{bmatrix}$$

(1) $E_1A = B$ (2) $E_2B = A$ (3) $E_3C = A$

3. 문제 2의 행렬 B, C에 대하여 $EB = C$를 만족하는 기본행렬 E가 있는가?

4. 행렬 $A = \begin{bmatrix} 1 & 0 \\ -5 & 2 \end{bmatrix}$에 대하여

(1) $E_2E_1A = I_2$ 를 만족하는 기본행렬 E_1, E_2를 구하여라.

(2) A^{-1}를 두 개의 기본행렬의 곱으로 나타내어라.

(3) A를 두 개의 기본행렬의 곱으로 나타내어라.

5. 행렬 $A = \begin{bmatrix} 1 & 0 & 0 \\ 0 & 1 & 0 \\ a & b & c \end{bmatrix}$가 기본행렬이면 a, b 중 적어도 하나는 0임을 증명하여라.

6. 행렬 $A = \begin{bmatrix} 0 & 1 & 7 & 8 \\ 1 & 3 & 3 & 8 \\ -2 & -5 & 1 & -8 \end{bmatrix}$을 네 개의 행렬의 곱 $A = EFGR$로 나타내어라. 여기서 E, F, G는 기본행렬이고 R은 사다리꼴 행렬이다.

7. 다음에 주어진 기본행렬을 단위행렬로 다시 돌아가게 하는 행연산과 그와 관련된 기본행렬을 구하여라.

(1) $\begin{bmatrix} 1 & 0 \\ -3 & 1 \end{bmatrix}$ (2) $\begin{bmatrix} 1 & 0 & 0 \\ 0 & 1 & 0 \\ 0 & 0 & 3 \end{bmatrix}$ (3) $\begin{bmatrix} 0 & 0 & 0 & 1 \\ 0 & 1 & 0 & 0 \\ 0 & 0 & 1 & 0 \\ 1 & 0 & 0 & 0 \end{bmatrix}$ (4) $\begin{bmatrix} 1 & 0 & -\frac{1}{7} & 0 \\ 0 & 1 & 0 & 0 \\ 0 & 0 & 1 & 0 \\ 0 & 0 & 0 & 1 \end{bmatrix}$

8. 기본행렬 E와 행렬 A가 다음과 같이 주어졌을 때, E와 연관된 행연산을 말하고 곱 EA는 A에 행연산을 적용한 것과 같음을 보여라.

(1) $E = \begin{bmatrix} 0 & 1 \\ 1 & 0 \end{bmatrix}$, $A = \begin{bmatrix} -1 & -2 & 5 & -1 \\ 3 & -6 & -6 & -6 \end{bmatrix}$ (2) $E = \begin{bmatrix} 1 & 0 & 4 \\ 0 & 1 & 0 \\ 0 & 0 & 1 \end{bmatrix}$, $A = \begin{bmatrix} 1 & 4 \\ 2 & 5 \\ 3 & 6 \end{bmatrix}$

9. 행렬 $A = \begin{bmatrix} 1 & 0 \\ -1 & -2 \end{bmatrix}$와 A^{-1}를 각각 기본행렬들의 곱으로 나타내어라.

10. 다음에 주어진 행렬이 기본행렬들의 곱으로 나타낼 수 있는지 알아보고, 이것을 이용하여 (만일 역행렬이 존재한다면) 역행렬을 구하여라.

(1) $\begin{bmatrix} 2 & 1 & 3 \\ 4 & -1 & 3 \\ -2 & 5 & 5 \end{bmatrix}$ (2) $\begin{bmatrix} -1 & 3 & -4 \\ 2 & 4 & 1 \\ -4 & 2 & -9 \end{bmatrix}$

1.5 LU분해

자연수를 서로 다른 자연수의 곱으로 분해하는 것과 같이 하나의 행렬을 서로 다른 행렬의 곱으로 분해하는 것이 때때로 유용한 경우가 있다. 이 절에서는 이러한 행렬의 분해에 대해 알아보자.

정의 1.5.1

정사각행렬 A를 하삼각행렬 L과 상삼각행렬 U의 곱으로 나타내어

$$A = LU$$

로 표현할 수 있을 때, 이를 행렬 A의 ***LU*분해**(decomposition)라고 한다.

예제 1.5.1

$$A=\begin{bmatrix}2&1&3\\4&-1&3\\-2&5&5\end{bmatrix}=LU=\begin{bmatrix}1&0&0\\2&1&0\\-1&-2&1\end{bmatrix}\begin{bmatrix}2&1&3\\0&-3&-3\\0&0&2\end{bmatrix}$$ 이다.

예제 1.5.2

행렬 $\begin{bmatrix}2&1\\4&7\end{bmatrix}$은 LU분해 가능한가?

풀이

$$\begin{bmatrix}2&1\\4&7\end{bmatrix}=\begin{bmatrix}a&0\\b&c\end{bmatrix}\begin{bmatrix}d&e\\0&f\end{bmatrix}$$

라 하면 행렬의 상등으로부터

$$ad=2,\ ae=1,\ bd=4,\ be+cf=7$$

이 된다. 이 때,

$$a=1,\ b=2,\ c=1,\ d=2,\ e=1,\ f=5$$

는 연립방정식을 만족한다. 그러므로 $\begin{bmatrix}2&1\\4&7\end{bmatrix}=\begin{bmatrix}1&0\\2&1\end{bmatrix}\begin{bmatrix}2&1\\0&5\end{bmatrix}$로 LU분해된다.

예제 1.5.2의 풀이에서 연립방정식을 만족하는 값은 유일하지 않다. 실제로

$$a=-1,\ b=-2,\ c=-1,\ d=-2,\ e=1,\ f=5$$

도 주어진 조건의 식을 만족한다. 따라서 행렬의 LU분해 결과는 유일하지 않다. 또한, 모든 행렬이 반드시 LU분해되지 않는다는 것은 다음의 예제로 확인할 수 있다.

예제 1.5.3

행렬 $\begin{bmatrix}0&1\\1&0\end{bmatrix}$은 LU분해 가능한가?

풀이

$$\begin{bmatrix}0&1\\1&0\end{bmatrix}=\begin{bmatrix}a&0\\b&c\end{bmatrix}\begin{bmatrix}d&e\\0&f\end{bmatrix}$$

라 하면 행렬의 상등으로부터

$$ad=0,\ ae=1,\ bd=1,\ be+cf=0$$

이 된다. 그런데 $ad=0$에서 $a=0$이거나 $d=0$이어야 한다. 만일 $a=0$이면 $ae=1$이 될 수 없다. 만일 $d=0$이면 $bd=1$이 될 수 없다. 따라서 행렬 $\begin{bmatrix}0&1\\1&0\end{bmatrix}$은 LU분해 가능하지 않다.

이제, 다음 예제를 통해 기본행렬을 이용하여 LU분해하는 방법에 대해 알아보자.

예제 1.5.4

$$A=\begin{bmatrix}2&1&3\\4&-1&3\\-2&5&5\end{bmatrix}\qquad (-2)R_1+R_2\qquad \text{대응행렬 } E_1=\begin{bmatrix}1&0&0\\-2&1&0\\0&0&1\end{bmatrix}$$

$$\to\begin{bmatrix}2&1&3\\0&-3&-3\\-2&5&5\end{bmatrix}\qquad R_1+R_3,\qquad \text{대응행렬 } E_2=\begin{bmatrix}1&0&0\\0&1&0\\1&0&1\end{bmatrix}$$

$$\to\begin{bmatrix}2&1&3\\0&-3&-3\\0&6&8\end{bmatrix}\qquad 2R_2+R_3,\qquad \text{대응행렬 } E_3=\begin{bmatrix}1&0&0\\0&1&0\\0&2&1\end{bmatrix}$$

$$\to\begin{bmatrix}2&1&3\\0&-3&-3\\0&0&2\end{bmatrix}=U$$

따라서 $E_3E_2E_1A=U$가 성립하고, 이로부터

$$A=(E_1^{-1}E_2^{-1}E_3^{-1})U=\begin{bmatrix}1&0&0\\2&1&0\\0&0&1\end{bmatrix}\begin{bmatrix}1&0&0\\0&1&0\\-1&0&1\end{bmatrix}\begin{bmatrix}1&0&0\\0&1&0\\0&-2&1\end{bmatrix}U$$

$$=\begin{bmatrix}1&0&0\\2&1&0\\-1&-2&1\end{bmatrix}U=\begin{bmatrix}1&0&0\\2&1&0\\-1&-2&1\end{bmatrix}\begin{bmatrix}2&1&3\\0&-3&-3\\0&0&2\end{bmatrix}\ :\ LU\text{분해}$$

예제 1.5.4와 같이 어떤 행렬 A를 LU분해하려면, 먼저 행렬 A를 상삼각행렬 U로 변형하고 이 때 대응된 기본행렬의 역행렬을 각각 구하여 곱함으로써 행렬 L을 구할 수 있다.

그런데 예제 1.5.4의 예와 같이 행 교환 없이 상삼각행렬로 변형할 수 있는 행렬의

경우에는 행렬 U를 얻기 위해 각 행에 곱했던 상수의 부호를 바꾼 수를 해당 위치에 넣음으로써 행렬 L을 쉽게 구할 수 있다. 즉, 위 예제 1.5.4의 과정을 다시 한 번 나타내면 다음과 같다.

$$A=\begin{bmatrix}2&1&3\\4&-1&3\\-2&5&5\end{bmatrix}\xrightarrow{(-2)R_1+R_2}\begin{bmatrix}2&1&3\\0&-3&-3\\-2&5&5\end{bmatrix}$$

$$\xrightarrow{(1)R_1+R_3}\begin{bmatrix}2&1&3\\0&-3&-3\\-2&5&5\end{bmatrix}\xrightarrow{(2)R_2+R_3}\begin{bmatrix}2&1&3\\0&-3&-3\\0&0&2\end{bmatrix}=U$$

그러므로 행렬 L을 구하기 위해서 처음 과정에서부터 곱한 괄호 안의 상수의 부호를 바꾼 수 $2, -1, -2$를 단위행렬의 a_{21}, a_{31}, a_{32} 자리에 차례대로 넣으면 된다. 따라서

$$A=\begin{bmatrix}2&1&3\\4&-1&3\\-2&5&5\end{bmatrix}=\begin{bmatrix}1&0&0\\2&1&0\\-1&-2&1\end{bmatrix}\begin{bmatrix}2&1&3\\0&-3&-3\\0&0&2\end{bmatrix}$$

이다.

LU분해의 결과는, 연립일차방정식을 풀거나 역행렬을 구할 때 또는 다음 절에서 다룰 행렬식을 구할 때 등에 활용할 수 있다.

행렬 A의 LU분해의 결과를 이용하여 연립일차방정식 $A\mathbf{x}=\mathsf{b}$의 해를 구할 때에는

$$A=LU,\quad L(U\mathbf{x})=\mathsf{b}$$

라 놓고, 먼저 $L\mathbf{y}=\mathsf{b}$의 해 $\mathbf{y}$를 구한 뒤 $U\mathbf{x}=\mathbf{y}$의 해를 구하면 된다.

예제 1.5.5

$A=\begin{bmatrix}2&1&3\\4&-1&3\\-2&5&5\end{bmatrix}=LU=\begin{bmatrix}1&0&0\\2&1&0\\-1&-2&1\end{bmatrix}\begin{bmatrix}2&1&3\\0&-3&-3\\0&0&2\end{bmatrix}$임을 이용하여 연립일차방정식

$\begin{bmatrix}2&1&3\\4&-1&3\\-2&5&5\end{bmatrix}\begin{bmatrix}x_1\\x_2\\x_3\end{bmatrix}=\begin{bmatrix}13\\11\\23\end{bmatrix}$의 해를 구하여라.

풀이

방정식 $L\mathbf{y}=\mathsf{b}$ 즉, $\begin{bmatrix}1&0&0\\2&1&0\\-1&-2&1\end{bmatrix}\mathbf{y}=\begin{bmatrix}13\\11\\23\end{bmatrix}$을 풀면 $\mathbf{y}=\begin{bmatrix}13\\-15\\6\end{bmatrix}$이다.

따라서 $U\mathbf{x}=\mathbf{y}$ 즉, $\begin{bmatrix} 2 & 1 & 3 \\ 0 & -3 & -3 \\ 0 & 0 & 2 \end{bmatrix}\mathbf{x} = \begin{bmatrix} 13 \\ -15 \\ 6 \end{bmatrix}$을 풀면 $\mathbf{x}=\begin{bmatrix} 1 \\ 2 \\ 3 \end{bmatrix}$이고, 이것이 주어진 연립일차방정식 해이다.

행렬 A의 LU분해의 결과를 이용하여 A의 역행렬 구할 때에는

$$A^{-1} = U^{-1}L^{-1}$$

에서 먼저 각 $\mathbf{e}_k = [0\,0 \cdots\ 0\,1_{(k)}\,0\,0]^t\ \ (k=1,2,\cdots,n)$에 대해서 방정식

$$U\mathbf{b}_1 = \mathbf{e}_1,\ \ U\mathbf{b}_2 = \mathbf{e}_2,\ \cdots\ ,U\mathbf{b}_n = \mathbf{e}_n,$$

$$L\mathbf{c}_1 = \mathbf{e}_1,\ \ L\mathbf{c}_2 = \mathbf{e}_2,\ \cdots\ ,L\mathbf{c}_n = \mathbf{e}_n$$

을 각각 풀은 뒤, $A^{-1} = [\mathbf{b}_1 : \mathbf{b}_2 : \cdots : \mathbf{b}_n]\,[\mathbf{c}_1 : \mathbf{c}_2 : \cdots : \mathbf{c}_n]$을 계산한다.

예제 1.5.6

행렬 $A=\begin{bmatrix} 1 & 0 & 0 \\ 2 & 1 & 2 \\ -1 & 3 & 5 \end{bmatrix}$는 두 행렬 $L=\begin{bmatrix} 1 & 0 & 0 \\ 2 & 1 & 0 \\ -1 & 3 & 1 \end{bmatrix}$, $U=\begin{bmatrix} 1 & 0 & 0 \\ 0 & 1 & 2 \\ 0 & 0 & -1 \end{bmatrix}$에 의하여 LU분해된다. 이를 이용하여 A의 역행렬을 구하여라.

풀이

$A=LU$ 일 때, $A^{-1}=U^{-1}L^{-1}$이다. 이제

$$U^{-1} = [\mathbf{b}_1 : \mathbf{b}_2 : \mathbf{b}_3],\quad \mathbf{e}_1 = \begin{bmatrix} 1 \\ 0 \\ 0 \end{bmatrix},\ \mathbf{e}_2 = \begin{bmatrix} 0 \\ 1 \\ 0 \end{bmatrix},\ \mathbf{e}_3 = \begin{bmatrix} 0 \\ 0 \\ 1 \end{bmatrix}$$

이라 놓고

$$U\mathbf{b}_1 = \mathbf{e}_1,\quad U\mathbf{b}_2 = \mathbf{e}_2,\quad U\mathbf{b}_3 = \mathbf{e}_3$$

를 각각 풀면 다음과 같다.

$$\mathbf{b}_1 = \begin{bmatrix} 1 \\ 0 \\ 0 \end{bmatrix},\quad \mathbf{b}_2 = \begin{bmatrix} 0 \\ 1 \\ 0 \end{bmatrix},\quad \mathbf{b}_3 = \begin{bmatrix} 0 \\ 2 \\ -1 \end{bmatrix}$$

따라서

$$U^{-1} = [\mathbf{b}_1 : \mathbf{b}_2 : \mathbf{b}_3] = \begin{bmatrix} 1 & 0 & 0 \\ 0 & 1 & 2 \\ 0 & 0 & -1 \end{bmatrix}$$

마찬가지로

$$L^{-1} = [\mathbf{c}_1 : \mathbf{c}_2 : \mathbf{c}_3], \quad \mathbf{e}_1 = \begin{bmatrix} 1 \\ 0 \\ 0 \end{bmatrix}, \ \mathbf{e}_2 = \begin{bmatrix} 0 \\ 1 \\ 0 \end{bmatrix}, \ \mathbf{e}_3 = \begin{bmatrix} 0 \\ 0 \\ 1 \end{bmatrix}$$

이라 놓고

$$L\mathbf{c}_1 = \mathbf{e}_1, \quad L\mathbf{c}_2 = \mathbf{e}_2, \quad L\mathbf{c}_3 = \mathbf{e}_3$$

를 각각 풀면 다음과 같다.

$$\mathbf{c}_1 = \begin{bmatrix} 1 \\ -2 \\ 7 \end{bmatrix}, \quad \mathbf{c}_2 = \begin{bmatrix} 0 \\ 1 \\ -3 \end{bmatrix}, \quad \mathbf{c}_3 = \begin{bmatrix} 0 \\ 0 \\ 1 \end{bmatrix}$$

따라서

$$L^{-1} = [\mathbf{c}_1 : \mathbf{c}_2 : \mathbf{c}_3] = \begin{bmatrix} 1 & 0 & 0 \\ -2 & 1 & 0 \\ 7 & -3 & 1 \end{bmatrix}$$

그러므로 $A^{-1} = U^{-1}L^{-1} = \begin{bmatrix} 1 & 0 & 0 \\ 0 & 1 & 2 \\ 0 & 0 & -1 \end{bmatrix} \begin{bmatrix} 1 & 0 & 0 \\ -2 & 1 & 0 \\ 7 & -3 & 1 \end{bmatrix} = \begin{bmatrix} 1 & 0 & 0 \\ 12 & -5 & 2 \\ -7 & 3 & -1 \end{bmatrix}$

연습문제 1.5

1. 다음 LU분해를 이용하여 연립일차방정식 $\begin{cases} 3x - 6y = 0 \\ -2x + 5y = 1 \end{cases}$을 풀어라.

$$\begin{bmatrix} -3 & -6 \\ -2 & 5 \end{bmatrix} = \begin{bmatrix} 3 & 0 \\ -2 & 1 \end{bmatrix} \begin{bmatrix} 1 & -2 \\ 0 & 1 \end{bmatrix}$$

2. 다음 LU 분해를 이용하여 연립일차방정식 $\begin{cases} 3x - 6y - 3z = -3 \\ 2x \qquad\ + 6z = -22 \\ -4x + 7y + 4z = 3 \end{cases}$을 풀어라.

$$\begin{bmatrix} 3 & -6 & -3 \\ 2 & 0 & 6 \\ -4 & 7 & 4 \end{bmatrix} = \begin{bmatrix} 3 & 0 & 0 \\ 2 & 4 & 0 \\ -4 & -1 & 2 \end{bmatrix} \begin{bmatrix} 1 & -2 & -1 \\ 0 & 1 & 2 \\ 0 & 0 & 1 \end{bmatrix}$$

3. 다음 각 문제에 주어진 계수행렬의 LU분해를 구하고, 이를 이용하여 해를 구하여라.

(1) $\begin{bmatrix} -5 & -10 \\ 6 & 5 \end{bmatrix} \begin{bmatrix} x \\ y \end{bmatrix} = \begin{bmatrix} -10 \\ 19 \end{bmatrix}$ (2) $\begin{bmatrix} 2 & -2 & -2 \\ 0 & -2 & 2 \\ -1 & 5 & 2 \end{bmatrix} \begin{bmatrix} x \\ y \\ z \end{bmatrix} = \begin{bmatrix} -4 \\ -2 \\ 6 \end{bmatrix}$

(3) $\begin{bmatrix} -1 & 0 & 1 & 0 \\ 2 & 3 & -2 & 6 \\ 0 & -1 & 2 & 0 \\ 0 & 0 & 1 & 5 \end{bmatrix} \begin{bmatrix} x \\ y \\ z \\ w \end{bmatrix} = \begin{bmatrix} 5 \\ -1 \\ 3 \\ 7 \end{bmatrix}$

4. 행렬 $A = \begin{bmatrix} 3 & -3 & -1 \\ 6 & -5 & -3 \\ -2 & 2 & 1 \end{bmatrix}$에 대하여 다음 물음에 답하여라.

(1) 행렬 A를 LU분해하여라.

(2) 위 (1)의 결과를 이용하여 A의 역행렬을 구하여라.

5. 행렬 $A = \begin{bmatrix} 6 & -2 \\ 12 & 8 \end{bmatrix}$의 서로 다른 두 가지 LU분해를 구하여라.

6. 다음에 주어진 행렬의 LU분해를 구하여라.

(1) $\begin{bmatrix} 1 & 2 \\ -3 & -1 \end{bmatrix}$ (2) $\begin{bmatrix} 2 & -4 \\ 3 & 1 \end{bmatrix}$ (3) $\begin{bmatrix} 1 & 2 & 3 \\ 4 & 5 & 6 \\ 8 & 7 & 9 \end{bmatrix}$

7. 행렬 $A = \begin{bmatrix} 3 & 1 & 3 & -4 \\ 6 & 4 & 8 & -10 \\ 3 & 2 & 5 & -1 \\ -9 & 5 & -2 & -4 \end{bmatrix}$는 행 교환 없이 상삼각행렬로 변형할 수 있다. 실제로, 행렬 A에 행 교환 없이 기본 행 연산

$(-2)R_1 + R_3$, $(-1)R_1 + R_2$, $3R_1 + R_4$, $(-\frac{1}{2})R_2 + R_3$, $(-4)R_2 + R_4$, $R_3 + R_4$

를 순서대로 시행하면 상삼각행렬

$$U=\begin{bmatrix}3&1&3&-4\\0&2&2&-2\\0&0&1&4\\0&0&0&-4\end{bmatrix}$$

로 변형된다. 이를 이용하여 행렬 A의 LU분해를 구하여라.

8. $A=\begin{bmatrix}2&1&3\\4&-1&3\\-2&5&5\end{bmatrix}=\begin{bmatrix}1&0&0\\2&1&0\\-1&-2&1\end{bmatrix}\begin{bmatrix}2&1&3\\0&-3&-3\\0&0&2\end{bmatrix}$ 임을 이용하여 $A\mathbf{x}=\begin{bmatrix}1\\-4\\9\end{bmatrix}$를 풀어라.

9. U가 사다리꼴 행렬이 되도록 간단히 하여 LU분해의 정의를 정사각행렬이 아닌 행렬로까지 일반화할 수 있다. 이 일반화를 이용하여 다음 행렬의 LU분해를 구하여라.

$$\begin{bmatrix}1&0&1&-2\\0&3&3&1\\0&0&0&5\end{bmatrix}$$

10. $A=\begin{bmatrix}2&-4&0\\3&-1&4\\-1&2&2\end{bmatrix}=\begin{bmatrix}1&0&0\\\frac{3}{2}&1&0\\-\frac{1}{2}&0&1\end{bmatrix}\begin{bmatrix}2&-4&0\\0&5&4\\0&0&2\end{bmatrix}$ 임을 이용하여 A^{-1}를 구하여라.

11. $A=\begin{bmatrix}a&b\\c&d\end{bmatrix}$라 할 때,

(1) $a\neq 0$이면 A는 하삼각행렬 L의 주대각선 상의 성분이 모두 1이 되는 유일한 LU분해를 가짐을 증명하여라.

(2) 위 문제 (1)에서 기술된 A의 LU분해를 구하여라.

12. 정사각행렬 A를 행교환 없는 기본행연산을 통하여 사다리꼴로 변형할 수 있으면 A는 LU분해 가능함을 증명하여라.

1.6 행렬식

이 절에서 소개할 행렬식은 그 자체로도 매우 아름다운 이론일 뿐 아니라 행렬에 대한 연구에서 대단히 중요한 역할을 한다.

정의 1.6.1

정사각행렬 A의 **행렬식**(determinant)은 $\det A$ 또는 $|A|$로 나타내며, 다음과 같이 정의한다.

(i) A가 1차 정사각행렬이고 $A=[a]$일 때, $\det[a]=a$이다.

(ii) $n-1$차 이하인 모든 정사각행렬에 대하여 행렬식이 정의되었다 하고, $A=[a_{ij}]$를 n차 정사각행렬이라 하자. 이 때 행렬 A의 행렬식을 다음과 같이 정의한다.

$$\det A = a_{11}\det A_{11} - a_{21}\det A_{21} + \cdots + (-1)^{n+1}a_{n1}\det A_{n1}$$

여기서 A_{i1}은 행렬 A의 i번째 행과 첫 번째 열을 제거하여 만든 행렬이다.

예제 1.6.1

(1) $A=[-1]$이면, $\det A=-1$이다.

(2) $A=\begin{bmatrix} 7 & 2 \\ -1 & 3 \end{bmatrix}$이면, $\det A = 7\cdot 3-(-1)\cdot 2 = 23$이다.

행렬식에 대한 정의로부터 2차 정사각행렬 $\begin{bmatrix} a & b \\ c & d \end{bmatrix}$의 행렬식은

$$\det\begin{bmatrix} a & b \\ c & d \end{bmatrix} = ad-bc \qquad (*)$$

임을 쉽게 알 수 있다. 또한 3차 정사각행렬 $C=\begin{bmatrix} a_{11} & a_{12} & a_{13} \\ a_{21} & a_{22} & a_{23} \\ a_{31} & a_{32} & a_{33} \end{bmatrix}$의 행렬식은

$$\det C = \det\begin{bmatrix} a_{11} & a_{12} & a_{13} \\ a_{21} & a_{22} & a_{23} \\ a_{31} & a_{32} & a_{33} \end{bmatrix} = a_{11}\det\begin{bmatrix} a_{22} & a_{23} \\ a_{32} & a_{33} \end{bmatrix} - a_{21}\det\begin{bmatrix} a_{12} & a_{13} \\ a_{32} & a_{33} \end{bmatrix} + a_{31}\det\begin{bmatrix} a_{12} & a_{13} \\ a_{22} & a_{23} \end{bmatrix}$$

이고, 따라서 식 (*)를 적용하여 우변을 정리하면

$$\det C = a_{11}\,a_{22}\,a_{33} + a_{12}\,a_{23}\,a_{31} + a_{13}\,a_{21}\,a_{32} - a_{11}a_{23}a_{32} - a_{13}a_{22}a_{31} - a_{12}a_{21}a_{33} \quad (**)$$

이다.

한편, 식 (*)와 (**)의 우변에 주어진 숫자들의 배열을 살펴보면 다음 그림 1.4와 같은 방법으로 대각선의 수를 곱하여 부호를 붙여놓은 규칙이 있음을 알 수 있으며, 이와 같은 방법에 의하여 행렬식을 구하는 것을 **Sarrus의 법칙**이라 한다. 그러나 이 Sarrus의 법칙은 4차 이상의 정사각행렬에 대하여는 성립하지 않는다. 따라서 4차 이상의 정사각행렬에 대한 행렬식은 정의에 의해서 구해야 한다.

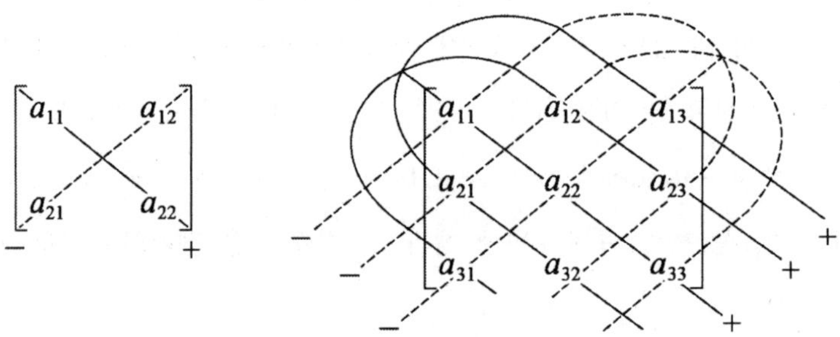

그림 1.4

다음 정리는 행렬식의 성질로서 행렬식을 구하는 데 유용하게 이용된다.

정리 1.6.2

A를 n차의 정사각행렬이라고 할 때 다음이 성립한다.

(1) 행렬 A의 두 행을 서로 교환하여 얻은 행렬을 B라고 하면,

$$\det B = -\det A$$

(2) 행렬 A의 한 행에 상수 c를 곱하여 얻은 행렬을 B라고 하면,

$$\det B = c\det A$$

(3) 행렬 A의 한 행의 상수 배를 다른 행에 더하여 얻은 행렬을 B라고 하면,

$$\det B = \det A$$

증명 위 성질은 n에 대한 수학적 귀납법을 이용하여 모두 유사한 방법으로 증명할 수 있으므로 여기에서는 (2)번만을 증명한다.

먼저 $n=1$이고 $A=[a]$, $B=[ca]$이라고 하면,

$$\det B = ca = c\ \det A$$

따라서 $n=1$일 때 위 성질이 성립한다.

이제 $n-1$차의 모든 행렬에 대하여 위 성질 (2)가 성립한다고 가정하고,

$$A=\begin{bmatrix} a_{11} & a_{12} & \cdots & a_{1n} \\ a_{21} & a_{22} & \cdots & a_{2n} \\ & \cdots\cdots & & \\ a_{i1} & a_{i2} & \cdots & a_{in} \\ & \cdots\cdots & & \\ a_{n1} & a_{n2} & \cdots & a_{nn} \end{bmatrix},\quad B=\begin{bmatrix} a_{11} & a_{12} & \cdots & a_{1n} \\ a_{21} & a_{22} & \cdots & a_{2n} \\ & \cdots\cdots & & \\ ca_{i1} & ca_{i2} & \cdots & ca_{in} \\ & \cdots\cdots & & \\ a_{n1} & a_{n2} & \cdots & a_{nn} \end{bmatrix}$$

이라 하자. 그러면

$$\begin{aligned} \det B &= a_{11}\det B_{11} - a_{21}\det B_{21} + \cdots + (-1)^{i+1}ca_{i1}\det B_{i1} \\ &\qquad + \cdots + (-1)^{n+1}a_{n1}\det B_{n1} \\ &= a_{11}(c\det A_{11}) - a_{21}(c\det A_{21}) + \cdots + (-1)^{i+1}ca_{i1}\det A_{i1} \\ &\qquad + \cdots + (-1)^{n+1}a_{n1}(c\det A_{n1}) \\ &= c\{a_{11}\det A_{11} - a_{21}\det A_{21} + \cdots + (-1)^{i+1}a_{i1}\det A_{i1} \\ &\qquad + \cdots + (-1)^{n+1}a_{n1}\det A_{n1}\} \\ &= c\det A \end{aligned}$$

여기서 B_{k1}은 행렬 B의 k번째 행과 첫 번째 열을 제거하여 만든 행렬이고, A_{k1}은 행렬 A의 k번째 행과 첫 번째 열을 제거하여 만든 행렬이다. 그러므로 n차의 행렬에 대하여도 성질 (2)가 성립한다. ■

예제 1.6.2

(1) $A=\begin{bmatrix} 1 & 0 & 2 \\ 5 & 7 & 3 \\ -1 & 2 & 0 \end{bmatrix}$에서 1행과 3행을 교환한 행렬을 B라 하면,

$B=\begin{bmatrix} -1 & 2 & 0 \\ 5 & 7 & 3 \\ 1 & 0 & 2 \end{bmatrix}$이다. 한편 $\det A=28$이므로, $\det B=-\det A=-28$이다.

(2) $A=\begin{bmatrix} 1 & 0 & 2 \\ 5 & 7 & 3 \\ -1 & 2 & 0 \end{bmatrix}$일 때, A의 제 2행의 모든 원소에 2를 곱한 행렬을 B라 하면,

$B=\begin{bmatrix} 1 & 0 & 2 \\ 10 & 14 & 6 \\ -1 & 2 & 0 \end{bmatrix}$이다. 한편 $\det A=28$이므로, $\det B=2\cdot 28=56$이다.

(3) $A=\begin{bmatrix} 1 & 0 & 2 \\ 5 & 7 & 3 \\ -1 & 2 & 0 \end{bmatrix}$일 때, A의 제 1행의 3배를 제 2행에 더한 행렬을 B라 하면,

$B=\begin{bmatrix} 1 & 0 & 2 \\ 8 & 7 & 9 \\ -1 & 2 & 0 \end{bmatrix}$이다. 따라서 $\det B=\det A=28$이다.

예제 1.6.3

행렬식의 성질을 이용하여 $\det\begin{bmatrix} 1 & 2 & 0 & 3 \\ -1 & 2 & -1 & 4 \\ 2 & 1 & 3 & 0 \\ 1 & -3 & 3 & 2 \end{bmatrix}$를 구하여라.

풀이

$$\det\begin{bmatrix} 1 & 2 & 0 & 3 \\ -1 & 2 & -1 & 4 \\ 2 & 1 & 3 & 0 \\ 1 & -3 & 3 & 2 \end{bmatrix} = \det\begin{bmatrix} 1 & 2 & 0 & 3 \\ 0 & 4 & -1 & 7 \\ 2 & 1 & 3 & 0 \\ 1 & -3 & 3 & 2 \end{bmatrix} \qquad R_1+R_2$$

$$= \det\begin{bmatrix} 1 & 2 & 0 & 3 \\ 0 & 4 & -1 & 7 \\ 0 & -3 & 3 & -6 \\ 1 & -3 & 3 & 2 \end{bmatrix} \qquad (-2)R_1+R_3$$

$$= \det\begin{bmatrix} 1 & 2 & 0 & 3 \\ 0 & 4 & -1 & 7 \\ 0 & -3 & 3 & -6 \\ 0 & -5 & 3 & -1 \end{bmatrix} \qquad (-1)R_1+R_3$$

$$= \det\begin{bmatrix} 4 & -1 & 7 \\ -3 & 3 & -6 \\ -5 & 3 & -1 \end{bmatrix} \qquad \text{(행렬식의 정의)}$$

$$= (-3)\det\begin{bmatrix} 4 & -1 & 7 \\ 1 & -1 & 2 \\ -5 & 3 & -1 \end{bmatrix} \qquad \text{(정리 1.6.2 (2))}$$

$$= 3\det\begin{bmatrix} 1 & -1 & 2 \\ 4 & -1 & 7 \\ -5 & 3 & -1 \end{bmatrix} \qquad R_{1,2}$$

$$= 3\det\begin{bmatrix} 1 & -1 & 2 \\ 0 & 3 & -1 \\ -5 & 3 & -1 \end{bmatrix} \qquad (-4)R_1 + R_2$$

$$= 3\det\begin{bmatrix} 1 & -1 & 2 \\ 0 & 3 & -1 \\ 0 & -2 & 9 \end{bmatrix} \qquad 5R_1 + R_3$$

$$= 3\det\begin{bmatrix} 3 & -1 \\ -2 & 9 \end{bmatrix}$$

$$= 3(27-2) = 75$$

정리 1.6.2에 의하여 다음이 성립한다.

정리 1.6.3

A를 n차 정사각행렬이라 할 때 다음이 성립한다.

(1) A의 어떤 두 행이 같으면 $\det A = 0$이다.

(2) A의 어떤 두 행이 비례하면 $\det A = 0$이다.

(3) $\det(cA) = c^n \det A$이다.

예제 1.6.4

(1) $\det\begin{bmatrix} 1 & 3 & 4 \\ 2 & 6 & 7 \\ 1 & 3 & 4 \end{bmatrix} = 0$ (2) $\det\begin{bmatrix} 1 & 1 & 3 \\ 2 & 2 & 6 \\ 2 & 5 & 1 \end{bmatrix} = 0$

(3) $\det\begin{bmatrix} 1 & 0 & 2 \\ 5 & 7 & 3 \\ -1 & 2 & 0 \end{bmatrix} = 56$이므로,

$$\det\left(\frac{1}{2}\begin{bmatrix} 1 & 0 & 2 \\ 5 & 7 & 3 \\ -1 & 2 & 0 \end{bmatrix}\right) = \left(\frac{1}{2}\right)^3 \det\begin{bmatrix} 1 & 0 & 2 \\ 5 & 7 & 3 \\ -1 & 2 & 0 \end{bmatrix} = \frac{56}{8} = 7$$

정리 1.6.4

정사각행렬 A가 정칙행렬이 되기 위한 필요충분조건은 $\det A \neq 0$이다.

증명 A가 정칙행렬이라고 하자. 그러면 정리 1.4.5(3)에 의하여 행렬 A는 기본행연산에 의하여 단위행렬 I로 변형된다. 그런데 정리 1.6.2에 의하여 $\det A$와 $\det I$는 적당한 0이 아닌 상수 a가 존재하여

$$\det A = a \det I$$

인 관계가 있다. 따라서 $\det A = a \neq 0$이다.

역으로 $\det A \neq 0$이라 가정하고, 행렬 A가 기본행연산에 의해서 기약행 사다리꼴 행렬 B로 변형된다고 하자. 그러면 역시 정리 1.6.2에 의하여 0이 아닌 상수 c가 존재하여

$$\det B = c \det A$$

이다. 따라서 $\det B \neq 0$이다. 한편, 기약행 사다리꼴 정사각행렬로서 행렬식이 0이 아닌 행렬은 단위행렬 뿐이다. 따라서 $B = I$가 되며, 정리 1.4.5(1) $\Leftrightarrow$ (3)에 의하여 A는 정칙행렬이다. ■

정리 1.4.2와 1.6.2에 의하여 다음 정리가 성립한다.

정리 1.6.5

크기가 같은 기본행렬 E와 정사각행렬 A에 대하여

$$\det(EA) = \det E \det A$$

다음 정리는 행렬식의 중요한 성질로서 위 정리 1.6.5를 이용하여 증명할 수 있다.

정리 1.6.6

A, B를 크기가 같은 정사각행렬이라고 할 때 다음이 성립한다.

$$\det AB = \det A \ \det B$$

증명 A가 역행렬을 갖지 않는 경우와 갖는 경우로 나누어 생각하자.

먼저 A가 역행렬을 갖지 않는다면 행렬 AB도 역행렬을 갖지 않는다. 따라서 이 경우에는 정리 1.6.4에 의하여

$$\det AB = 0 = \det A \ \det B$$

이다.

이제 A가 역행렬을 갖는다고 가정하자. 그러면 $A = E_1E_2 \cdots E_n$인 기본행렬 $E_1, E_2, \cdots, E_n$이 존재하고, 정리 1.6.5에 의하여

$$\begin{aligned}\det AB &= \det(E_1E_2 \cdots E_nB) \\ &= \det E_1 \det(E_2 \cdots E_nB) \\ &= \det E_1 \det E_2 \det(E_3 \cdots E_nB) \\ &\cdots \\ &= (\det E_1 \det E_2 \cdots \det E_n) \det B \\ &= \det(E_1E_2 \cdots E_n) \det B \\ &= \det A \ \det B\end{aligned}$$

이다. 그러므로 위 정리의 결과가 성립한다. ■

예제 1.6.5

$A = \begin{bmatrix} 2 & 1 \\ 3 & 4 \end{bmatrix}$, $B = \begin{bmatrix} 1 & 3 \\ 2 & 0 \end{bmatrix}$일 때 $\det AB = \det A \ \det B$가 성립함을 확인하여라.

풀이

$AB = \begin{bmatrix} 2 & 1 \\ 3 & 4 \end{bmatrix}\begin{bmatrix} 1 & 3 \\ 2 & 0 \end{bmatrix} = \begin{bmatrix} 4 & 6 \\ 11 & 9 \end{bmatrix}$이므로

$$\det AB = -30$$

이다. 또한, $\det A = 5$, $\det B = -6$ 이므로

$$\det A \ \det B = 5 \times (-6) = -30$$

따라서 $\det AB = \det A \ \det B$ 이다.

다음 정리는 행렬식은 임의의 행뿐만 아니라 임의의 열을 이용하여 전개할 수 있음을 나타내는 것으로 증명은 복잡하므로 결과만을 소개한다.

정리 1.6.7

n차 정사각행렬 A에 대한 행렬식은 다음과 같다. 여기서 A_{ij}는 행렬 A의 i행과 j열을 제거하여 얻은 행렬이다.

(1) 임의의 $i\,(1 \le i \le n)$에 대해 $\det A = \sum_{j=1}^{n} (-1)^{i+j} a_{ij} \det A_{ij}$ (i행에 관한 전개)

(2) 임의의 $j\,(1 \le j \le n)$에 대해 $\det A = \sum_{i=1}^{n} (-1)^{i+j} a_{ij} \det A_{ij}$ (j열에 관한 전개)

예제 1.6.6

(1) $\det A = \det \begin{bmatrix} 3 & 2 & 5 \\ 1 & 2 & 4 \\ 2 & 7 & 6 \end{bmatrix}$ 을 1행과 2열에 대하여 각각 전개하여라.

(2) $B = \begin{bmatrix} 3 & 4 & 0 & 2 \\ 0 & 0 & 2 & 0 \\ 1 & 1 & 1 & 4 \\ 4 & -1 & 5 & 5 \end{bmatrix}$ 의 행렬식을 구하여라.

풀이

(1) 1행에 대하여 전개하면

$$\det A = 3 \det \begin{bmatrix} 2 & 4 \\ 7 & 6 \end{bmatrix} - 2 \det \begin{bmatrix} 1 & 4 \\ 2 & 6 \end{bmatrix} + 5 \det \begin{bmatrix} 1 & 2 \\ 2 & 7 \end{bmatrix}$$

$$= 3(-16) - 2(-2) + 5(3) = -29$$

2열에 대하여 전개하면

$$\det A = -2\det\begin{bmatrix}1 & 4\\2 & 6\end{bmatrix} + 2\det\begin{bmatrix}3 & 5\\2 & 6\end{bmatrix} - 7\det\begin{bmatrix}3 & 5\\1 & 4\end{bmatrix}$$

$$= -2(6-8)+2(18-10)-7(12-5) = -29$$

(2) 행렬 B의 행렬식을 2행에 대하여 전개하고, 행렬식의 성질을 이용하면,

$$\det B = (-2)\det\begin{bmatrix}3 & 4 & 2\\1 & 1 & 4\\4 & -1 & 5\end{bmatrix} = (-2)\det\begin{bmatrix}0 & 1 & -10\\1 & 1 & 4\\0 & -5 & -11\end{bmatrix}$$

$$= 2\det\begin{bmatrix}1 & -10\\-5 & -11\end{bmatrix} = 2(-11-50) = -122$$

위 정리 1.6.7을 이용하면 다음을 증명할 수 있다.

정리 1.6.8

n차의 정사각행렬 A에 대하여

$$\det A = \det A^t$$

증명 n에 대한 수학적 귀납법을 이용하여 증명하자.

먼저 A가 1×1행렬이면 당연히 $\det A = \det A^t$이다.

이제 $n-1$차의 모든 정사각행렬에 대하여 위의 등식이 성립한다고 가정하고 $A=[a_{ij}]$를 n차의 정사각행렬이라고 하자. 그러면 행렬식의 정의에 의하여

$$\det A = a_{11}\det A_{11} - a_{21}\det A_{21} + \cdots + (-1)^{n+1}a_{n1}\det A_{n1}$$

여기서 A_{i1}은 행렬 A의 i행과 1열을 제거하여 만든 행렬이다. 그런데 $1 \le i \le n$을 만족하는 모든 i에 대하여 A_{i1}은 $n-1$차 정사각행렬이므로 가정에 의하여 $\det A_{i1} = \det {A_{i1}}^t$이다. 그러므로

$$\det A = a_{11}\det {A_{11}}^t - a_{21}\det {A_{21}}^t + \cdots + (-1)^{n+1}a_{n1}\det {A_{n1}}^t$$

이다. 여기서 ${A_{i1}}^t$는 행렬 A^t에서 1행과 i열을 제거하여 얻어진 행렬이다. 그러므로 위 등식의 우변은 행렬 A^t의 행렬식을 1행에 따라 전개한 것과 같고, 따라서 $\det A = \det A^t$이다. ■

예제 1.6.7

행렬 $A=\begin{bmatrix} 1 & 0 & 2 \\ 5 & 7 & 3 \\ -1 & 2 & 0 \end{bmatrix}$과 전치행렬 A^t의 행렬식을 구하고 비교하여라.

풀이

$\det A = \det\begin{bmatrix} 1 & 0 & 2 \\ 5 & 7 & 3 \\ -1 & 2 & 0 \end{bmatrix} = 28$ 이고 $\det A^t = \det\begin{bmatrix} 1 & 5 & -1 \\ 0 & 7 & 2 \\ 2 & 3 & 0 \end{bmatrix} = 28$이므로

$\det A = \det A^t = 28$ 이다.

위 정리 1.6.8에 의하여 정리 1.6.2와 정리 1.6.3에서 언급한 행렬식의 성질은 '행'을 '열'로 바꾸어도 모두 성립한다. 즉, 다음이 성립한다.

- 성질 1 : 행렬의 두 열을 바꾸면 행렬식은 부호만 바뀐다.
- 성질 2 : 행렬의 한 열에 상수 c배하여 얻은 새로운 행렬의 행렬식은 원래 행렬의 행렬식의 c배와 같다.
- 성질 3 : 행렬의 한 열의 상수 배를 다른 열에 더하여도 행렬식은 변하지 않는다.
- 성질 4 : 어떤 행렬의 두 열이 같으면 행렬식은 0이다.
- 성질 5 : 어떤 행렬의 두 열이 비례하면 행렬식은 0이다.

예제 1.6.8

(1) $\det\begin{bmatrix} 1 & 2 & 5 \\ 2 & 7 & 1 \\ 3 & 2 & 4 \end{bmatrix} = -\det\begin{bmatrix} 5 & 2 & 1 \\ 1 & 7 & 2 \\ 4 & 2 & 3 \end{bmatrix}$, $\quad \det\begin{bmatrix} 2 & 2 & 5 \\ 2 & 9 & 3 \\ 4 & 5 & 4 \end{bmatrix} = 2\det\begin{bmatrix} 1 & 2 & 5 \\ 1 & 9 & 3 \\ 2 & 5 & 4 \end{bmatrix}$

$\det\begin{bmatrix} 4 & 3 & 1 \\ 3 & 6 & 2 \\ 1 & 4 & 5 \end{bmatrix} = \det\begin{bmatrix} 4 & 7 & 1 \\ 3 & 9 & 2 \\ 1 & 5 & 5 \end{bmatrix}$

(2) $\det\begin{bmatrix} 3 & 2 & 3 \\ 4 & 8 & 4 \\ 1 & 7 & 1 \end{bmatrix} = 0$, $\quad \det\begin{bmatrix} 3 & 2 & 6 \\ 2 & 4 & 4 \\ 1 & 2 & 2 \end{bmatrix} = 0$

연습문제 1.6

1. 다음 행렬에 대하여 행렬식의 성질을 이용하거나 적당한 행 또는 열을 따라 전개하여 행렬식을 구하여라.

(1) $\begin{bmatrix} 3 & 5 \\ -2 & 4 \end{bmatrix}$ (2) $\begin{bmatrix} 0 & 3 & 1 \\ 1 & 1 & 2 \\ 3 & 2 & 4 \end{bmatrix}$ (3) $\begin{bmatrix} -1 & 1 & 2 \\ 3 & 0 & -5 \\ 1 & 7 & 2 \end{bmatrix}$

(4) $\begin{bmatrix} 2 & 1 & 3 & 1 \\ 1 & 0 & 1 & 1 \\ 0 & 2 & 1 & 0 \\ 0 & 1 & 2 & 3 \end{bmatrix}$ (5) $\begin{bmatrix} a & 0 & c & 0 \\ 0 & a & 0 & c \\ b & 0 & d & 0 \\ 0 & b & 0 & d \end{bmatrix}$ (6) $\begin{bmatrix} -2 & 8 & 1 & 4 \\ 3 & 2 & 5 & 1 \\ 1 & 0 & 7 & 0 \\ 4 & -6 & 4 & -3 \end{bmatrix}$

2. $\det\begin{bmatrix} a & b & c \\ d & e & f \\ g & h & i \end{bmatrix} = -6$일 때, 다음을 구하여라.

(1) $\det\begin{bmatrix} d & e & f \\ g & h & i \\ a & b & c \end{bmatrix}$ (2) $\det\begin{bmatrix} 3a & 3b & 3c \\ -d & -e & -f \\ 4g & 4h & 4i \end{bmatrix}$

(3) $\det\begin{bmatrix} a+g & b+h & c+i \\ d & e & f \\ g & h & i \end{bmatrix}$

3. 행렬식의 계산을 하지 않고 다음을 증명하여라.

(1) $\det\begin{bmatrix} x^2 & x & 2 \\ 2 & 1 & 1 \\ 0 & 0 & -5 \end{bmatrix} = 0$의 해는 $x=0$과 $x=2$이다.

(2) $\det\begin{bmatrix} b+c & c+a & b+a \\ a & b & c \\ 1 & 1 & 1 \end{bmatrix} = 0$

4. $A^2 = -I_3$를 만족하는 3×3행렬 A는 없음을 증명하여라.

5. 행렬 $A = \begin{bmatrix} 1 & -1 & 3 \\ 7 & 1 & 2 \\ 5 & 0 & 1 \end{bmatrix}$에 대하여 $\det A = \det A^t$임을 확인하여라.

6. 3차의 교대행렬 A에 대한 행렬식을 구하여라. 그리고 임의의 교대행렬에 대한 주대각성분은 어떤 값을 가지는지 조사하여라.

7. $\det\begin{bmatrix} 1 & 1 & 1 \\ a & b & c \\ a^2 & b^2 & c^2 \end{bmatrix} = (a-b)(b-c)(c-a)$임을 증명하여라.

8. $A=[a_{ij}]_{n\times n}$가 상삼각행렬 또는 하삼각행렬이면 $\det A = a_{11}a_{22}\cdots a_{nn}$임을 증명하여라.

9. 행렬 $A=\begin{bmatrix} k & -k & 3 \\ 0 & k+1 & 1 \\ k & -8 & k-1 \end{bmatrix}$이 역행렬을 갖는 실수 k의 값을 모두 구하여라.

10. A, B를 각각 $\det A=3$이고 $\det B=-2$인 $n\times n$ 행렬이라고 할 때 다음 행렬식을 구하여라.

(1) $\det(A^2)$ (2) $\det(B^2A)$

(3) $\det(3B^t)$ (4) $\det(AA^t)$

11. 다음 행렬식이 θ와 독립적임을 보여라.

$$\begin{bmatrix} \sin\theta & \cos\theta & 0 \\ -\cos\theta & \sin\theta & 0 \\ \sin\theta-\cos\theta & \sin\theta+\cos\theta & 1 \end{bmatrix}$$

12. 때때로 큰 정사각행렬을 분할하여 보다 쉽게 역행렬을 구할 수 있는데, 특히 그 블럭이 특별한 형태를 가질 때 그렇다.

(1) 블럭곱셈을 이용하여 $\begin{bmatrix} A & B \\ O & D \end{bmatrix}^{-1} = \begin{bmatrix} A^{-1} & -A^{-1}BD^{-1} \\ O & D^{-1} \end{bmatrix}$임을 보여라.

(2) 위 (1)의 결과를 이용하여 행렬 $\begin{bmatrix} 1 & 1 & 0 & 1 \\ 0 & 1 & 1 & 2 \\ 0 & 0 & 2 & 1 \\ 0 & 0 & 1 & 1 \end{bmatrix}$의 역행렬을 구하여라.

13. 계산없이 다음 행렬식들 d_1, d_2 사이의 관계가 무엇인지 알아보아라.

$$d_1 = \det\begin{bmatrix} a & b & c \\ d & 1 & f \\ g & 0 & 1 \end{bmatrix}, \qquad d_2 = \det\begin{bmatrix} a+\lambda & b & c \\ d & 1 & f \\ g & 0 & 1 \end{bmatrix}$$

14. 3×3행렬의 행렬식이 0이 되지 않도록 하는 성분 0의 최대 개수는? 그 이유를 설명하여라.

15. 서로 다른 두 점 (a_1, b_1)과 (a_2, b_2)를 지나는 직선의 식은

$$\det\begin{bmatrix} x & y & 1 \\ a_1 & b_1 & 1 \\ a_2 & b_2 & 1 \end{bmatrix} = 0$$

으로 쓸 수 있음을 증명하여라.

16. A가 멱등행렬 즉, $A^2 = A$를 만족한다면, $\det A$로서 가능한 모든 값을 구하여라.

1.7 역행렬과 크래머의 법칙

1.3절에서 기본행연산을 이용하여 정칙행렬의 역행렬을 구하는 방법을 공부하였다. 이 절에서는 역행렬을 구하는 또 하나의 방법을 알아보고, 크래머의 법칙을 다룬다.

먼저 다음 정의를 보자.

정의 1.7.1

정사각행렬 A의 i번째 행과 j번째 열을 제거하여 얻은 행렬을 A_{ij}라 할 때,

$$C_{ij} = (-1)^{i+j}\det A_{ij}$$

로 정의되는 수 C_{ij}를 행렬 A의 (i, j)-여인수(cofactor)라고 한다.

예제 1.7.1

행렬 $A = \begin{bmatrix} 5 & 3 \\ 2 & -2 \end{bmatrix}$의 여인수를 구하면 다음과 같다.

$$C_{11} = -2, \quad C_{12} = -2, \quad C_{21} = -3, \quad C_{22} = 5$$

아래 정리는 여인수를 이용하여 정리 1.6.7을 다시 쓴 것이다.

정리 1.7.2

n차 정사각행렬 A의 (i, j)-여인수를 C_{ij} 라고 할 때 다음이 성립한다.

(1) 임의의 $i\,(1 \le i \le n)$에 대해서, $\det A = a_{i1}C_{i1} + a_{i2}C_{i2} + \cdots + a_{in}C_{in}$

(2) 임의의 $j\,(1 \le j \le n)$에 대해서, $\det A = a_{1j}C_{1j} + a_{2j}C_{2j} + \cdots + a_{nj}C_{nj}$

정리 1.7.3

n차 정사각행렬 A의 (i, j)-여인수를 C_{ij} 라고 할 때 다음이 성립한다.

(1) $k \neq i$이면, $a_{k1}C_{i1} + a_{k2}C_{i2} + \cdots + a_{kn}C_{in} = 0 \quad (1 \le i \le n)$

(2) $k \neq j$이면, $a_{1k}C_{1j} + a_{2k}C_{2j} + \cdots + a_{nk}C_{nj} = 0 \quad (1 \le j \le n)$

증명 유사한 방법으로 증명되므로 (1)만을 증명한다.

$$A = [a_{ij}], \qquad B = \begin{bmatrix} a_{11} & a_{12} & \cdots & a_{1n} \\ a_{21} & a_{22} & \cdots & a_{2n} \\ & \cdots\cdots & & \\ a_{k1} & a_{k2} & \cdots & a_{kn} \\ & \cdots\cdots & & \\ a_{k1} & a_{k2} & \cdots & a_{kn} \\ & \cdots\cdots & & \\ a_{n1} & a_{n2} & \cdots & a_{nn} \end{bmatrix} \; \text{-}i\text{행}$$

이라고 하자. 그러면 $\det B = 0$이다. 이제 행렬 B의 행렬식을 i행에 대하여 전개하면,

$$0 = \det B = a_{k1}C_{i1} + a_{k2}C_{i2} + \cdots + a_{kn}C_{in}$$

이다. ■

정리 1.7.4

A가 정칙행렬이면, $\det A^{-1} = \dfrac{1}{\det A}$이다.

증명 A가 정칙행렬이면 A^{-1}가 존재하여 $AA^{-1} = I$이다. 따라서 다음이 성립한다.

$$\det A\ \det A^{-1} = \det(AA^{-1}) = \det I = 1,\quad \det A^{-1} = \frac{1}{\det A}$$ ■

정의 1.7.5

정사각행렬 $A=[a_{ij}]$의 a_{ij}의 여인수 C_{ij}를 (i,j)-성분으로 갖는 행렬의 전치행렬을 A의 **수반행렬**(adjoint matrix)이라 하고 $\operatorname{adj} A$로 나타낸다. 즉,

$$\operatorname{adj} A = [C_{ij}]^t$$

예제 1.7.2

행렬 $A=\begin{bmatrix}3 & 4\\ 2 & -5\end{bmatrix}$의 수반행렬을 구해보자. 먼저 여인수를 구하면,

$$\begin{gathered} C_{11}=-5,\quad C_{12}=-2 \\ C_{21}=-4,\quad C_{22}=3 \end{gathered}$$

이다. 따라서

$$\operatorname{adj} A = [C_{ij}]^t = \begin{bmatrix}-5 & -4\\ -2 & 3\end{bmatrix}$$

이다.

1.3절에서 기본행연산을 이용하여 정칙행렬의 역행렬을 구하는 방법을 소개하였다. 이와 더불어 다음과 같은 방법으로도 역행렬을 구할 수 있다.

정리 1.7.6

A가 정칙행렬이면

$$A^{-1} = \frac{1}{\det A}\operatorname{adj} A$$

이다.

증명 A가 n차 정칙행렬이라 하면 정리 1.7.2와 정리 1.7.3에 의하여

$$A \cdot \operatorname{adj} A = \begin{bmatrix} a_{11} & a_{12} & \cdots & a_{1n} \\ a_{21} & a_{22} & \cdots & a_{2n} \\ & \cdots\cdots & & \\ a_{n1} & a_{n2} & \cdots & a_{nn} \end{bmatrix} \begin{bmatrix} C_{11} & C_{21} & \cdots & C_{n1} \\ C_{12} & C_{22} & \cdots & C_{n2} \\ & \cdots\cdots & & \\ C_{1n} & C_{2n} & \cdots & C_{nn} \end{bmatrix}$$

$$= \begin{bmatrix} \det A & 0 & \cdots & 0 \\ 0 & \det A & \cdots & 0 \\ & & \ddots & \\ 0 & 0 & \cdots & \det A \end{bmatrix} = (\det A)\, I_n$$

따라서 $A\left(\dfrac{1}{\det A}\operatorname{adj} A\right) = I_n$이고, 이로부터 $A^{-1} = \dfrac{1}{\det A}\operatorname{adj} A$ 이다. ■

예제 1.7.3

정리 1.7.6을 이용하여 $A = \begin{bmatrix} 3 & 1 & 0 \\ -2 & -4 & 3 \\ 5 & 4 & -2 \end{bmatrix}$의 역행렬을 구하여라.

풀이

$\det A = \det \begin{bmatrix} 3 & 1 & 0 \\ -2 & -4 & 3 \\ 5 & 4 & -2 \end{bmatrix} = -1 \neq 0$이므로 역행렬이 존재한다. 이제 다음과 같이 각 여인수를 구한다.

$$C_{11} = (-1)^{1+1}\begin{vmatrix} -4 & 3 \\ 4 & -2 \end{vmatrix} = -4, \qquad C_{12} = (-1)^{1+2}\begin{vmatrix} -2 & 3 \\ 5 & -2 \end{vmatrix} = 11,$$

$$C_{13} = (-1)^{1+3}\begin{vmatrix} -2 & -4 \\ 5 & 4 \end{vmatrix} = 12, \qquad C_{21} = (-1)^{2+1}\begin{vmatrix} 1 & 0 \\ 4 & -2 \end{vmatrix} = 2,$$

$$C_{22} = (-1)^{2+2}\begin{vmatrix} 3 & 0 \\ 5 & -2 \end{vmatrix} = -6, \qquad C_{23} = (-1)^{2+3}\begin{vmatrix} 3 & 1 \\ 5 & 4 \end{vmatrix} = -7,$$

$$C_{31} = (-1)^{3+1}\begin{vmatrix} 1 & 0 \\ -4 & 3 \end{vmatrix} = 3, \qquad C_{32} = (-1)^{3+2}\begin{vmatrix} 3 & 0 \\ -2 & 3 \end{vmatrix} = -9,$$

$$C_{33} = (-1)^{3+3}\begin{vmatrix} 3 & 1 \\ -2 & -4 \end{vmatrix} = -10$$

그러므로 $\operatorname{adj} A = [C_{ij}]^t = \begin{bmatrix} -4 & 2 & 3 \\ 11 & -6 & -9 \\ 12 & -7 & -10 \end{bmatrix}$이고, 이로부터 A의 역행렬은 다음과 같다.

$$A^{-1} = \frac{1}{\det A}\begin{bmatrix} -4 & 2 & 3 \\ 11 & -6 & -9 \\ 12 & -7 & -10 \end{bmatrix} = (-1)\begin{bmatrix} -4 & 2 & 3 \\ 11 & -6 & -9 \\ 12 & -7 & -10 \end{bmatrix}$$

$$= \begin{bmatrix} 4 & -2 & -3 \\ -11 & 6 & 9 \\ -12 & 7 & 10 \end{bmatrix}$$

1.2절에서 연립일차방정식의 해를 구하기 위하여 기본행연산을 이용하는 방법을 공부하였다. 그런데 계수행렬이 정칙행렬인 경우에는 다음과 같이 행렬식을 이용할 수도 있다.

정리 1.7.7 크래머의 법칙

연립일차방정식

$$\begin{cases} a_{11}x_1 + a_{12}x_2 + \cdots + a_{1n}x_n = b_1 \\ a_{21}x_1 + a_{22}x_2 + \cdots + a_{2n}x_n = b_2 \\ \qquad \vdots \\ a_{n1}x_1 + a_{n2}x_2 + \cdots + a_{nn}x_n = b_n \end{cases}$$

의 계수행렬을 A라 할 때 $\det A \neq 0$이면, 위 연립방정식은 해를 가지며 그 해는

$$x_1 = \frac{\det A_1}{\det A}, \quad x_2 = \frac{\det A_2}{\det A}, \quad \cdots, \quad x_n = \frac{\det A_n}{\det A}$$

이다. 여기서 A_i는 계수행렬의 제i 열을 상수 열로 대치한 행렬, 즉

$$A_i = \begin{bmatrix} a_{11} & a_{12} & \cdots & b_1 & \cdots & a_{1n} \\ a_{21} & a_{22} & \cdots & b_2 & \cdots & a_{2n} \\ & & & \vdots & & \\ a_{n1} & a_{n2} & \cdots & b_n & \cdots & a_{nn} \end{bmatrix}$$

이다.

증명 $A\mathbf{x} = \mathbf{b}$에서 $\mathbf{x} = A^{-1}\mathbf{b}$

$$= \frac{1}{\det A}\operatorname{adj} A \cdot \mathbf{b}$$

$$= \frac{1}{\det A}\begin{bmatrix} C_{11} & C_{21} & \cdots & C_{n1} \\ C_{12} & C_{22} & \cdots & C_{n2} \\ & & \cdots\cdots & \\ C_{1n} & C_{2n} & \cdots & C_{nn} \end{bmatrix}\begin{bmatrix} b_1 \\ b_2 \\ \vdots \\ b_n \end{bmatrix}$$

$$= \frac{1}{\det A}\begin{bmatrix} b_1 C_{11} + b_2 C_{21} + \cdots + b_n C_{n1} \\ b_1 C_{12} + b_2 C_{22} + \cdots + b_n C_{n2} \\ \cdots\cdots \\ b_1 C_{1n} + b_2 C_{2n} + \cdots + b_n C_{nn} \end{bmatrix}$$

그러므로 정리 1.5.8에 의해 $x_i = \dfrac{\det A_i}{\det A}\,(i = 1, 2, \cdots, n)$ ■

예제 1.7.4

크래머의 법칙을 이용하여 다음 연립일차방정식의 해를 구하여라.

$$\begin{cases} x + y + z = 6 \\ 2x - y + z = 3 \\ 3x + 2y - z = 4 \end{cases}$$

풀이

$$\det A = \det\begin{bmatrix} 1 & 1 & 1 \\ 2 & -1 & 1 \\ 3 & 2 & -1 \end{bmatrix} = 11$$

이고, 계수행렬의 각 열을 상수 열로 바꿔놓은 행렬의 행렬식을 구하면 다음과 같다.

$$\det A_1 = \begin{vmatrix} 6 & 1 & 1 \\ 3 & -1 & 1 \\ 4 & 2 & -1 \end{vmatrix} = 11, \quad \det A_2 = \begin{vmatrix} 1 & 6 & 1 \\ 2 & 3 & 1 \\ 3 & 4 & -1 \end{vmatrix} = 22,$$

$$\det A_3 = \begin{vmatrix} 1 & 1 & 6 \\ 2 & -1 & 3 \\ 3 & 2 & 4 \end{vmatrix} = 33$$

따라서 주어진 연립방정식의 해는

$$x = \frac{\det A_1}{\det A} = \frac{11}{11} = 1, \quad y = \frac{\det A_2}{\det A} = \frac{22}{11} = 2, \quad z = \frac{\det A_3}{\det A} = \frac{33}{11} = 3$$

연습문제 1.7

1. 행렬 $A=\begin{bmatrix} 1 & -2 & 3 \\ 6 & 7 & -1 \\ -3 & 1 & 4 \end{bmatrix}$에 대해서 $k=2,\ i=1$ 인 경우 정리 1.7.3의 (1)이 성립함을 확인하여라. 또, $k=1,\ j=3$인 경우 (2)가 성립함을 확인하여라.

2. 행렬 $A=\begin{bmatrix} 1 & 0 & 1 \\ 1 & 1 & 0 \\ 0 & 1 & 1 \end{bmatrix}$의 수반행렬을 구하고, 이를 이용하여 A의 역행렬을 구하여라.

3. 정사각행렬 A가 $\det A=1$이면, $\operatorname{adj}(\operatorname{adj} A)=A$임을 증명하여라.

4. 다음 중 정칙행렬인 것을 가려내고 정칙행렬이면 수반행렬을 이용하여 역행렬을 구하여라.

(1) $\begin{bmatrix} 1 & 2 & 3 \\ 1 & -1 & 1 \\ -2 & 1 & -3 \end{bmatrix}$ (2) $\begin{bmatrix} 4 & 2 & 8 \\ -2 & 1 & -4 \\ 3 & 1 & 6 \end{bmatrix}$

(3) $\begin{bmatrix} 2 & 5 & 5 \\ -1 & -1 & 0 \\ 2 & 4 & 3 \end{bmatrix}$ (4) $\begin{bmatrix} 0 & -1 & 1 & 0 \\ 2 & 1 & 0 & 2 \\ 1 & -1 & 3 & 0 \\ 0 & 1 & 1 & -1 \end{bmatrix}$

5. 행렬 $A=\begin{bmatrix} 1 & 3 & 1 & 1 \\ 2 & 5 & 2 & 2 \\ 1 & 3 & 8 & 9 \\ 1 & 3 & 2 & 2 \end{bmatrix}$에 대하여 다음 물음에 답하여라.

(1) 수반행렬을 이용하여 A의 역행렬을 구하여라.

(2) 1.3절의 예제 1.3.5번과 같은 방법으로 A의 역행렬을 구하여라.

(3) 위 (1), (2) 중 어떤 방법의 계산과정이 더 간단한가?

6. 크래머의 법칙을 이용하여 다음 연립방정식을 풀어라.

(1) $\begin{cases} 3x-2y=5 \\ x+4y=6 \end{cases}$ (2) $\begin{cases} x+2y+z=3 \\ x-y+z=1 \\ -2x-4y-z=4 \end{cases}$

(3) $\begin{cases} 2x+\ \ y-2z=10 \\ 3x+2y+2z=\ \ 1 \\ 5x+4y+3z=\ \ 4 \end{cases}$　　　(4) $\begin{cases} x+\ \ y-2z=6 \\ 2x-\ \ y+2z=8 \\ 3x+6y-4z=0 \end{cases}$

7. A가 정칙인 $n \times n$ 행렬이면

$$(\mathrm{adj}\ A)^{-1} = \frac{1}{\det A} A = \mathrm{adj}\,(A^{-1})$$

임을 보여라.

8. 크래머의 법칙을 이용하여 다음 연립방정식을 y에 대해서만 풀어라.

$$\begin{cases} 4x\ +y\ \ +z\ \ +w=\ \ 6 \\ 3x+7y\ \ -z\ \ +w=\ \ 1 \\ 7x+3y-5z+8w=-3 \\ \ \ x\ \ +y\ \ +z+2w=\ \ 3 \end{cases}$$

9. B가 정칙행렬이면 $\det(B^{-1}AB) = \det A$임을 보여라.

10. $n \times n$행렬 A에 대하여 다음을 각각 증명하여라.

(1) $A(\mathrm{adj}\ A) = (\mathrm{adj}\ A)A$　　　(2) $\det(\mathrm{adj}\ A) = (\det A)^{n-1}$

11. 정사각행렬 A의 i행과 j열을 제거하여 만든 부분행렬의 행렬식을 a_{ij}의 **소행렬식** (monor)라 하고 M_{ij}로 나타낸다. 소행렬식 M_{ij}가 여인수 C_{ij}와 같기 위한 필요충분조건은 $i+j$가 짝수임을 보여라.

제 2 장 벡터공간

2.1 벡터공간

이 절에서는 실수체 $\mathbb{R}$ 위의 벡터공간을 정의하고 그 예를 들기로 한다. 또, 벡터공간의 기본 성질을 논한다.

정의 2.1.1

집합 V가 다음 두 조건 (1), (2)를 만족할 때, V를 실수체 $\mathbb{R}$ 위의 **벡터공간**(vector space)이라고 한다.

(1) V 위에 덧셈이 정의되어 있고, 즉

$$\mathrm{v}, \mathrm{w} \in V \Rightarrow \mathrm{v} + \mathrm{w} \in V$$

이고, 또 임의의 $\mathrm{u}, \mathrm{v}, \mathrm{w} \in V$에 대하여 다음이 성립한다.

A.1 : $(\mathrm{u}+\mathrm{v})+\mathrm{w}=\mathrm{u}+(\mathrm{v}+\mathrm{w})$

A.2 : $\mathrm{v}+\mathrm{w}=\mathrm{w}+\mathrm{v}$

A.3 : 특정한 원소 $0 \in V$이 존재하여 모든 $\mathrm{v} \in V$에 대하여

$$\mathrm{v}+0=0+\mathrm{v}=\mathrm{v}$$

A.4 : 각 $\mathrm{v} \in V$에 대하여,

$$\mathrm{v}+(-\mathrm{v})=(-\mathrm{v})+\mathrm{v}=0$$

인 원소 $-\mathrm{v} \in V$가 존재한다.

(2) V 위에 $\mathbb{R}$에 의한 스칼라 곱셈이 정의되어 있고, 즉

$$a \in \mathbb{R}, \mathrm{v} \in V \Rightarrow a \cdot \mathrm{v} \in V$$

이고, 또 임의의 $a, b \in \mathbb{R}$와 $\mathrm{v}, \mathrm{w} \in V$에 대하여 다음이 성립한다.

M.1 : $a \cdot (\mathrm{v}+\mathrm{w}) = a \cdot \mathrm{v} + a \cdot \mathrm{w}$

M.2 : $(a+b) \cdot \mathrm{v} = a \cdot \mathrm{v} + b \cdot \mathrm{v}$

M.3 : $(ab) \cdot \mathrm{v} = a \cdot (b \cdot \mathrm{v})$

M.4 : $1 \cdot \mathrm{v} = \mathrm{v}$

벡터공간 V의 원소를 **벡터**(vector)라 하고 특히 조건 A.3을 만족시키기는 $\mathbf{0}$을 **영벡터**(zero vector)라고 한다. 또 실수체 $\mathbb{R}$의 원소를 **스칼라**(scalar)라고 한다.

벡터공간 V의 두 벡터 $\mathbf{v}$, $\mathbf{w}$에 대하여 $\mathbf{v}+\mathbf{w}$를 $\mathbf{v}$와 $\mathbf{w}$의 **합**(sum)이라 하고, $a \in \mathbb{R}$와 $\mathbf{v} \in V$에 대하여 $a \cdot \mathbf{v}$를 a에 의한 $\mathbf{v}$의 **스칼라 배**(scalar product)라고 한다. 앞으로 $a \cdot \mathbf{v}$를 간단히 $a\mathbf{v}$로 쓰기로 한다.

벡터공간 V에서의 뺄셈은 다음과 같이 정의한다.

$$\text{임의의 } \mathbf{v}, \mathbf{w} \in V \text{ 에 대하여, } \mathbf{v}-\mathbf{w}=\mathbf{v}+(-\mathbf{w})$$

정의에 의하여 벡터공간이란 특정한 조건을 만족시키는 집합이며, 벡터란 단지 이러한 벡터공간을 이루는 원소일 뿐이지 어떤 물리적인 의미를 가지는 대상이 아니다.

일반적으로 벡터공간은 체에 의한 스칼라 곱을 정의하지만 이 책에서는 실수체에 의한 스칼라 곱만을 다루기로 한다. 따라서 벡터공간 V라 함은 실수체 $\mathbb{R}$ 위의 벡터공간을 의미한다.

예제 2.1.1

양의 정수 n에 대하여 $\mathbb{R}$ 위의 n개의 순서 쌍 전체의 집합을 $\mathbb{R}^n$으로 나타내자. 즉,

$$\mathbb{R}^n = \{(x_1, \cdots, x_n) \mid x_1, \cdots, x_n \in \mathbb{R}\}$$

이 때, 집합 $\mathbb{R}^n$은 다음과 같이 정의된 덧셈과 스칼라 곱셈에 관하여 벡터공간을 이룬다.

$$(a_1, \cdots, a_n)+(b_1, \cdots, b_n)=(a_1+b_1, \cdots, a_n+b_n),$$

$$a(a_1, \cdots, a_n)=(aa_1, \cdots, aa_n)$$

벡터공간 $\mathbb{R}^n$에서 영벡터는 $\mathbf{0}=(0, \cdots, 0)$이고, 각 $\mathbf{v}=(a_1, \cdots, a_n)$에 대하여 $-\mathbf{v}=(-a_1, \cdots, -a_n)$이다.

특히 벡터공간 $\mathbb{R}^2$와 $\mathbb{R}^3$는 흔히 우리가 사용하고 있는 좌표공간의 점들로 이루어진 벡터공간이다.

예제 2.1.2

$\mathbb{R}$ 위의 $m \times n$ 행렬 전체의 집합

$$\mathrm{Mat}_{m\times n}(\mathbb{R}) = \{[a_{ij}]_{m\times n} \mid a_{ij} \in \mathbb{R},\ 1 \le i \le m,\ 1 \le j \le n\}$$

은 다음과 같이 정의된 덧셈과 스칼라 곱셈에 관하여 벡터공간을 이룬다(정리 1.1.4 참조).

$$[a_{ij}]_{m\times n} + [b_{ij}]_{m\times n} = [a_{ij}+b_{ij}]_{m\times n}, \quad a[a_{ij}]_{m\times n} = [aa_{ij}]_{m\times n}$$

벡터공간 $\mathrm{Mat}_{m\times n}(\mathbb{R})$에서 영벡터는 영행렬 O이고 각 $A = [a_{ij}]_{m\times n}$에 대하여 $-A = [-a_{ij}]_{m\times n}$이다. 특히,

$$\mathrm{Mat}_n(\mathbb{R}) = \mathrm{Mat}_{n\times n}(\mathbb{R}) = \{[a_{ij}]_{n\times n} \mid a_{ij} \in \mathbb{R},\ 1 \le i, j \le n\}$$

은 벡터공간이다.

예제 2.1.3

구간 $I(\subseteq \mathbb{R})$에서 $\mathbb{R}$으로의 연속함수 $f : I \to \mathbb{R}$ 전체의 집합을 $C(I)$로 나타내자. 이 때, 두 연속함수 $f : I \to \mathbb{R}$, $g : I \to \mathbb{R}$와 실수 $a \in \mathbb{R}$에 대하여

$$f+g : I \to \mathbb{R},\ (f+g)(x) = f(x) + g(x),$$

$$af : I \to \mathbb{R},\ (af)(x) = a(f(x))$$

로 정의하면, 집합 $C(I)$는 위와 같이 정의된 덧셈과 스칼라곱셈에 관하여 벡터공간을 이룬다.

벡터공간 $C(I)$의 영벡터는 영함수

$$\mathbf{0} : I \to \mathbb{R},\ \mathbf{0}(x) = 0$$

이고 각 $f \in C(I)$에 대하여 $-f : I \to \mathbb{R}$는

$$(-f)(x) = -f(x)$$

로 정의된 함수이다. 특히,

$$C(\mathbb{R}) = \{f \mid f : \mathbb{R} \to \mathbb{R}\text{는 연속함수}\},$$

$$C[a, b] = \{f \mid f : [a, b] \to \mathbb{R}\text{는 연속함수}\}$$

는 모두 벡터공간이다.

예제 2.1.4

집합

$$W = \{(x, y) \in \mathbb{R}^2 \mid ax + by = 0\}$$

는 예제 2.1.1에서 정의한 덧셈과 스칼라 곱셈에 대하여 벡터공간을 이루며, 이 집합은 좌표평면에서 원점 $O(0, 0)$를 지나 벡터 (a, b)에 수직인 직선을 나타낸다. 마찬가지로, 집합

$$U = \{(x, y, z) \in \mathbb{R}^3 \mid ax + by + cz = 0\}$$

도 벡터공간을 이루며, 이 집합은 좌표공간에서 원점 $O(0, 0, 0)$를 지나 벡터 (a, b, c)에 수직인 평면을 나타낸다.

일반적으로, 벡터공간은 반드시 영벡터를 포함하여야 한다. 따라서 $x_1, x_2, \cdots, x_n$에 관한 일차방정식

$$a_1x_1 + a_2x_2 + \cdots + a_nx_n = b \quad (b \neq 0)$$

의 해집합은 벡터공간이 아니다.

다음에는, 벡터공간의 기본 성질에 대하여 알아보자.

정리 2.1.2

벡터공간 V에서 $\mathbf{u}, \mathbf{v}, \mathbf{w} \in V$라고 할 때,

$$\mathbf{v} + \mathbf{u} = \mathbf{w} + \mathbf{u} \Rightarrow \mathbf{v} = \mathbf{w}$$

증명 등식 $\mathbf{v} + \mathbf{u} = \mathbf{w} + \mathbf{u}$의 양변에 $-\mathbf{u} \in V$를 더하면

$$(\mathbf{v} + \mathbf{u}) + (-\mathbf{u}) = (\mathbf{w} + \mathbf{u}) + (-\mathbf{u})$$

$$\mathbf{v} + \{\mathbf{u} + (-\mathbf{u})\} = \mathbf{w} + \{\mathbf{u} + (-\mathbf{u})\} \qquad [A.1]$$

$$\mathbf{v} + \mathbf{0} = \mathbf{w} + \mathbf{0} \qquad [A.2]$$

따라서 $$\mathbf{v} = \mathbf{w} \qquad [A.3]$$ ■

정리 2.1.3

V를 벡터공간이고 할 때, 임의의 벡터 $\mathbf{v} \in V$와 $a \in \mathbb{R}$에 대하여 다음이 성립한다.

(1) $a\mathbf{0} = \mathbf{0}$, $a(-\mathbf{v}) = -a\mathbf{v}$

(2) $0\mathbf{v} = \mathbf{0}$, $(-a)\mathbf{v} = -a\mathbf{v}$, 특히 $(-1)\mathbf{v} = -\mathbf{v}$

(3) $a\mathbf{v} = \mathbf{0} \Leftrightarrow a = 0$ 또는 $\mathbf{v} = \mathbf{0}$

증명 (1) 다음 등식이 성립한다.

$$a\mathbf{0} + a\mathbf{0} = a(\mathbf{0} + \mathbf{0}) \qquad [M.1]$$

$$= a\mathbf{0} = \mathbf{0} + a\mathbf{0} \qquad [A.3]$$

따라서 $a\mathbf{0} = \mathbf{0}$ [정리 2.1.2]

또한, $a\mathbf{v} + a(-\mathbf{v}) = a\{\mathbf{v} + (-\mathbf{v})\}$ [M.1]

$= a\mathbf{0} = \mathbf{0}$ [A.4, 앞의 결과]

즉, $a\mathbf{v} + a(-\mathbf{v}) = a(-\mathbf{v}) + a\mathbf{v} = \mathbf{0}$ [A.2]

그러므로 $a(-\mathbf{v}) = -a\mathbf{v}$ [A.4]

(2) $0\mathbf{v} + 0\mathbf{v} = (0+0)\mathbf{v} = 0\mathbf{v}$ [M.2]

$= \mathbf{0} + 0\mathbf{v}$ [A.3]

따라서 $0\mathbf{v} = \mathbf{0}$ [정리 2.1.2]

또한, $a\mathbf{v} + (-a)\mathbf{v} = \{a + (-a)\}\mathbf{v}$ [M.2]

$= 0\mathbf{v} = \mathbf{0}$ [앞의 결과]

따라서 $a\mathbf{v} + (-a)\mathbf{v} = (-a)\mathbf{v} + a\mathbf{v} = \mathbf{0}$ [A.2]

그러므로 $(-a)\mathbf{v} = -a\mathbf{v}$ [A.4]

(3) 위의 (1)과 (2)에 의하여, $a = 0$ 또는 $\mathbf{v} = \mathbf{0}$ 이면 $a\mathbf{v} = \mathbf{0}$ 이다.

역으로, $a\mathbf{v} = \mathbf{0}$, $a \neq 0$ 이라고 가정하자. 이 때, $a^{-1} \in \mathbb{R}$가 존재하고 등식 $a\mathbf{v} = \mathbf{0}$의 양변에 a^{-1}를 곱하면,

$$a^{-1}(a\mathbf{v}) = a^{-1}\mathbf{0}$$

$$(a^{-1}a)\mathbf{v} = \mathbf{0} \qquad [M.3, (1)]$$

$$1\mathbf{v} = \mathbf{0} \quad 즉 \quad \mathbf{v} = \mathbf{0} \qquad [M.4]$$

따라서 $a\mathbf{v} = \mathbf{0}$ 이면 $a = 0$ 또는 $\mathbf{v} = \mathbf{0}$ 이다. ■

연습문제 2.1

1. 예제 2.1.3의 벡터공간 $C(I)$에서 다음이 성립함을 증명하여라.

(1) 임의의 $f \in C(I)$에 대하여

$$f+\mathbf{0}=\mathbf{0}+f=f, \qquad f+(-f)=(-f)+f=\mathbf{0}$$

(2) 임의의 $f, g \in C(I)$와 $a, b \in \mathbb{R}$에 대하여

$$a(f+g)=af+ag, \quad (a+b)f=af+bf,$$

$$(ab)f=a(bf), \quad 1f=f$$

2. $\mathbb{R}$의 원소 $a_0, a_1, \cdots, a_n$과 문자 x로 이루어진 식

$$f(x)=a_0+a_1x+\cdots+a_nx^n, \ a_n \neq 0, \ n \geq 0$$

을 $\mathbb{R}$ 위의 n차 **다항식**이라 한다. $\mathbb{R}$ 위의 n차 이하의 다항식 전체의 집합을 $P_n(\mathbb{R})$로 나타내자. 그리고 주어진 두 다항식 $f(x)$, $g(x) \in P_n(\mathbb{R})$에 대하여 $f(x)$와 $g(x)$를 각각

$$f(x)=a_0+a_1x+\cdots+a_nx^n, \quad g(x)=b_0+b_1x+\cdots+b_nx^n$$

이라 할 때, $f(x)+g(x)$ 와 $af(x)$ $(a \in \mathbb{R})$를 각각 다음과 같이 정의한다.

$$f(x)+g(x)=(a_0+b_0)+(a_1+b_1)x+\cdots+(a_n+b_n)x^n,$$

$$af(x)=aa_0+aa_1x+\cdots+aa_nx^n$$

이 때, 집합 $P_n(\mathbb{R})$은 이와 같이 정의된 덧셈과 스칼라 곱셈에 관하여 벡터공간을 이룬다.

(1) 정의 2.1.1의 A.3를 만족시키는 영벡터 $\mathbf{0}$은 어떤 다항식인가?

(2) 각 $f(x)=a_0+a_1x+\cdots+a_nx^n \in P_n(\mathbb{R})$에 대하여 $f(x)+g(x)=\mathbf{0}$인 $g(x) \in P_n(\mathbb{R})$은 어떤 다항식인가?

3. V를 벡터공간이라고 할 때, $\mathbf{v}, \mathbf{w} \in V$와 $a \in \mathbb{R}$에 대하여 다음이 성립함을 증명하여라.

(1) $\mathbf{v}+\mathbf{w}=\mathbf{0} \Rightarrow \mathbf{w}=-\mathbf{v}$

(2) $\mathbf{v}+\mathbf{w}=\mathbf{v} \Rightarrow \mathbf{w}=\mathbf{0}$

(3) $a\mathbf{v}=a\mathbf{w},\ a \neq 0 \Rightarrow \mathbf{v}=\mathbf{w}$

4. 집합 $\mathbb{R}^2=\{(x_1, x_2) \mid x_1, x_2 \in \mathbb{R}\}$ 위에 덧셈과 스칼라 곱셈을 다음 문제 (1)~(4)에서와 같이 각각 정의할 때, 이들 연산에 대하여 $\mathbb{R}^2$는 벡터공간이 아니다. 그 이유를 말하여라.

(1) $(a_1, a_2)+(b_1, b_2)=(a_1+b_1, a_2+b_2),\quad a(a_1, a_2)=(aa_1, a_2)$

(2) $(a_1, a_2)+(b_1, b_2)=(a_1+b_1, a_2+b_2),\quad a(a_1, a_2)=(aa_1, 0)$

(3) $(a_1, a_2)+(b_1, b_2)=(a_1-b_1, a_2-b_2),\quad a(a_1, a_2)=(aa_1, aa_2)$

(4) $(a_1, a_2)+(b_1, b_2)=(a_1b_1, a_2b_2),\quad a(a_1, a_2)=(aa_1, aa_2)$

5. 집합 V 위에 다음과 같이 덧셈과 스칼라 곱셈을 정의할 때, V가 벡터공간인지 아닌지를 밝히고, 벡터공간이 아닌 경우 정의 2.1.1의 조건 중 어떤 것을 만족하지 않는지 밝혀라.

(1) $V=\mathbb{R}^2,\ (x_1, x_2)+(y_1, y_2)=(x_1+y_1, x_2+y_2),\ k(x_1, x_2)=(2kx_1, 2kx_2)$

(2) $V=\{(x_1, x_2) \mid x_1, x_2 \in \mathbb{R},\ x_1 \geq 0\}$,

$(x_1, x_2)+(y_1, y_2)=(x_1+y_1, x_2+y_2),\ k(x_1, x_2)=(kx_1, kx_2)$

(3) $V=\left\{\begin{bmatrix} a & 1 \\ 1 & b \end{bmatrix} \mid a, b \in \mathbb{R}\right\}$, 행렬에서의 합과 스칼라 곱

(4) $V=\left\{\begin{bmatrix} a & 0 \\ 0 & b \end{bmatrix} \mid a, b \in \mathbb{R}\right\}$, 행렬에서의 합과 스칼라 곱

(5) $V=\{f \mid f: \mathbb{R} \to \mathbb{R}$ 은 $f(1)=0$을 만족하는 함수$\}$, 예제 2.1.3에서의 합과 스칼라 곱

(6) $V=\{x \mid x \in \mathbb{R},\ x>0\},\ x+y=xy,\quad kx=x^k$

6. 벡터공간 V의 영벡터 $\mathbf{0}$은 유일함을 증명하여라. 또한 $\mathbf{v} \in V$에 대하여 $\mathbf{v}+\mathbf{v}'=\mathbf{0}$을 만족하는 $\mathbf{v}'$도 오직 하나밖에 없음을 증명하여라.

7. 아래 (1)~(4)에 주어진 집합 위에 예제 2.1.1에서 정의한 덧셈과 스칼라 곱셈을 적용할 때 벡터공간에 되는가를 확인하여라.

(1) $\{(x, x) \in \mathbb{R}^2 \mid x \in \mathbb{R}\}$ (2) $\{(x, y) \in \mathbb{R}^2 \mid x \geq 0,\ y \geq 0\}$

(3) $\{(x, y) \in \mathbb{R}^2 \mid xy \geq 0\}$ (4) $\{(x, y) \in \mathbb{R}^2 \mid x \geq y\}$

8. 아래 (1)~(10)에 주어진 집합 V 위에 문제에서 제시된 덧셈과 스칼라 곱셈을 적용할 때 벡터공간에 되는가를 확인하여라.

(1) $V = \mathbb{R}^2$, 예제 2.1.1에서의 덧셈과 $c(x, y) = (cx, y)$와 같은 스칼라 곱셈

(2) $V = \mathbb{R}^2$, $(x_{1,}\ y_1) + (x_{2,}\ y_2) = (x_{1,} + x_2 + 1,\ y_1 + y_2 + 1)$과 같은 덧셈과 예제 2.1.1에서의 스칼라 곱셈

(3) $V = \mathbb{R}$, 아래와 같이 정의된 덧셈 $\oplus$와 스칼라 곱셈 ◎

$$x \oplus y = xy, \quad c ◎ x = x^c$$

(4) $V = \mathbb{Q}$(유리수 전체의 집합), 유리수의 덧셈과 실수의 스칼라 곱셈

(5) $V = \mathbb{Z}$(정수 전체의 집합), 정수의 덧셈과 실수의 스칼라 곱셈

(6) V=실수 위의 2×2 대칭행렬 전체의 집합, 행렬의 덧셈과 스칼라 곱셈

(7) $V = \left\{ \begin{bmatrix} a & b \\ c & d \end{bmatrix} \mid ad = 0 \right\}$, 행렬의 덧셈과 스칼라 곱셈

(8) V=실수 위의 2×2 교대행렬 전체의 집합, 행렬의 덧셈과 스칼라 곱셈

(9) V=실수 위의 $n \times n$ 상삼각행렬 전체의 집합, 행렬의 덧셈과 스칼라 곱셈

(10) $V = \{(0,0)\}$, 예제 2.1.1에서의 덧셈과 스칼라 곱셈

9. 실수 위의 다항식 전체의 집합을 $P(\mathbb{R})$이라 하고, 임의의 두 다항식의 합과 스칼라 곱을 다음과 같이 정의하자. 이 때 $P(\mathbb{R})$은 벡터공간이 되는가?

$f(x) = a_0 + a_1 x + \cdots + a_n x^n$, $g(x) = b_0 + b_1 x + \cdots + b_m x$ $(n \geq m)$ 일 때,

$f(x) + g(x) = (a_0 + b_0)x + (a_1 + b_1)x + \cdots + (a_m + b_m)x^m + a_{m+1}x^{m+1} + \cdots + a_n x^n$,

$$af(x) = aa_0 + aa_1 x + \cdots + aa_n x^n \,(a \in \mathbb{R}\,))$$

2.2 부분공간

이 절에서는 벡터공간 V의 부분집합 중에서도 그 자신이 벡터공간을 이루는 부분집합에 대하여 논한다.

정의 2.2.1

V를 벡터공간이라 하고 $\varnothing \neq W \subseteq V$라고 하자. 벡터공간 V에서의 덧셈과 스칼라 곱셈에 관하여 W 자신이 벡터공간을 이룰 때, W를 V의 **부분공간**(subspace)이라고 한다.

모든 벡터공간 V에 대해서 자기 자신은 V의 부분공간이다.

정리 2.2.2

V를 벡터공간이라 하고 $\varnothing \neq W \subseteq V$라고 할 때 다음 명제는 서로 동치이다.

(1) W는 V의 부분공간이다.

(2) W는 덧셈과 스칼라 곱셈에 관하여 닫혀 있다. 즉,

$$\mathbf{w}_1, \mathbf{w}_2 \in W,\ a \in \mathbb{R} \ \Rightarrow \ \mathbf{w}_1 + \mathbf{w}_2 \in W,\ a\mathbf{w}_1 \in W$$

증명 분명히 (1) ⇒ (2)이다. 역으로, (2)가 성립한다고 가정하자. 이 때, 정의 2.1.1의 조건 A.1, A.2, M.1 ~ M.4 는 W에서도 성립하고, 임의의 $\mathbf{w} \in W$에 대하여

$$\mathbf{0} = 0\mathbf{w} \in W, \qquad -\mathbf{w} = (-1)\mathbf{w} \in W$$

가 되어 W에서도 A.3와 A.4가 성립하므로 (2) ⇒ (1)이다. ■

예제 2.2.1

벡터공간 V의 부분집합 $\{\mathbf{0}\}$은 V의 부분공간이다. 실제로 $\mathbf{0} \in \{\mathbf{0}\} \neq \varnothing$ 이고, 또한 모든 실수 a에 대하여

$$\mathbf{0} + \mathbf{0} = \mathbf{0} \in \{\mathbf{0}\}, \quad a\mathbf{0} = \mathbf{0} \in \{\mathbf{0}\}$$

이다.

예제 2.2.2

벡터공간 V의 한 벡터 $\mathbf{v}_0 \in V$에 대해서 집합

$$W = \{a\mathbf{v}_0 \mid a \in \mathbb{R}\}$$

는 V의 부분공간이다. 실제로 $\mathbf{0} = 0\mathbf{v}_0 \in W \neq \varnothing$ 이고, 임의의 $\mathbf{u}, \mathbf{w} \in W$와 $k \in \mathbb{R}$에 대하여 $\mathbf{u} = a_1\mathbf{v}_0$, $\mathbf{w} = a_2\mathbf{v}_0$ $(a_1, a_2 \in \mathbb{R})$이므로

$$\mathbf{u} + \mathbf{w} = (a_1 + a_2)\mathbf{v}_0 \in W, \quad k\mathbf{u} = (ka_1)\mathbf{v}_0 \in W$$

이다.

예제 2.2.3

집합

$$W = \{(x, y) \in \mathbb{R}^2 \mid ax + by = 0\}$$

는 벡터공간 $\mathbb{R}^2$의 부분공간이다. 실제로, $(0, 0) \in W \neq \varnothing$ 이고 임의의 $\mathbf{v} = (c_1, c_2)$, $\mathbf{w} = (d_1, d_2) \in W$와 $k \in \mathbb{R}$에 대하여

$$ac_1 + bc_2 = 0, \quad ad_1 + bd_2 = 0$$

이므로

$$a(c_1 + d_1) + b(c_2 + d_2) = 0, \quad a(kc_1) + b(kc_2) = 0$$

즉, $$\mathbf{v} + \mathbf{w} = (c_1 + d_1, c_2 + d_2) \in W, \quad k\mathbf{v} = (kc_1, kc_2) \in W$$

이다. 마찬가지로, 집합

$$U = \{(x, y, z) \in \mathbb{R}^3 \mid ax + by + cz = 0\}$$

는 벡터공간 $\mathbb{R}^3$의 부분공간이다(예제 2.1.4).

일반적으로, 벡터공간 $\mathbb{R}^2$의 부분공간은

$$\mathbb{R}^2,\ \text{원점을 지나는 직선},\ \{(0, 0)\}$$

뿐이며, 벡터공간 $\mathbb{R}^3$의 부분공간은

$$\mathbb{R}^3,\ \text{원점을 지나는 평면},\ \text{원점을 지나는 직선},\ \{(0, 0, 0)\}$$

뿐이다.

예제 2.2.4

구간 I 위에서 연속인 함수의 집합 $C(I)$는 벡터공간이다.
미분가능한 함수는 연속함수이고, 두 함수 f, g가 미분가능하면 함수 $f+g$와 $af\ (a \in \mathbb{R})$도 미분가능하다. 따라서 I에서 미분가능한 함수 $f : I \to \mathbb{R}$ 전체의 집합을 $D(I)$로 나타내면, $D(I)$는 $C(I)$의 부분공간이다. 특히 $D(\mathbb{R})$, $D[a, b]$는 각각 $C(\mathbb{R})$, $C[a, b]$의 부분공간이다.

예제 2.2.5

정칙인 $n \times n$행렬 전체의 집합을 $\mathrm{GL_n}(\mathbb{R})$로 나타내면 $\mathrm{GL_n}(\mathbb{R})$은 벡터공간 $\mathrm{Mat}_n(\mathbb{R})$의 부분집합이지만 부분공간은 아니다. 실제로, 영행렬 O은 $\mathrm{GL_n}(\mathbb{R})$에 속하지 않는다.

정리 2.2.3

V를 벡터공간이라 하고 $W_1, \cdots, W_n$을 V의 부분공간이라고 할 때,

$$W_1 \cap W_2 \cap \cdots \cap W_n$$

은 V의 부분공간이다.

증명 $\mathbf{0} \in W_1 \cap W_2 \cap \cdots \cap W_n \neq \varnothing$이다. 이제

$$\mathbf{u}, \mathbf{v} \in W_1 \cap W_2 \cap \cdots \cap W_n, \qquad a \in \mathbb{R}$$

이라 하면, 각 $i\ (1 \leq i \leq n)$에 대해서

$$\mathbf{u} + \mathbf{v} \in W_i, \quad a\mathbf{u} \in W_i$$

이다. 따라서

$$\mathbf{u} + \mathbf{v} \in W_1 \cap W_2 \cap \cdots \cap W_n, \quad a\mathbf{u} \in W_1 \cap W_2 \cap \cdots \cap W_n$$

이 되어 $W_1 \cap W_2 \cap \cdots \cap W_n$은 V의 부분공간이다. ■

예제 2.2.6

벡터공간 $\mathbb{R}^3$에서, 두 부분공간

$$W_1 = \left\{(x_1, x_2, x_3) \in \mathbb{R}^3 \mid x_1 + x_2 - x_3 = 0\right\},$$

$$W_2 = \left\{(x_1, x_2, x_3) \in \mathbb{R}^3 \mid 2x_1 + 3x_2 + x_3 = 0\right\}$$

에 대하여 부분공간 $W_1 \cap W_2$는 다음 동차 연립일차방정식의 해공간이다.

$$\begin{cases} x_1 + \ \ x_2 - x_3 = 0 \\ 2x_1 + 3x_2 + x_3 = 0 \end{cases}$$

그런데

$$\begin{bmatrix} 1 & 1 & -1 & 0 \\ 2 & 3 & 1 & 0 \end{bmatrix} \to \begin{bmatrix} 1 & 1 & -1 & 0 \\ 0 & 1 & 3 & 0 \end{bmatrix} \to \begin{bmatrix} 1 & 0 & -4 & 0 \\ 0 & 1 & 3 & 0 \end{bmatrix}$$

이므로 위 동차 연립일차방정식의 일반해는

$$(x_1, x_2, x_3) = \{t(4, -3, 1) \mid t \in \mathbb{R}\}$$

이고, 이로부터

$$W_1 \cap W_2 = \{t(4, -3, 1) \mid t \in \mathbb{R}\}$$

이다.

정리 2.2.4

V를 벡터공간이라 하고 $W_1, \cdots, W_n$을 V의 부분공간이라고 할 때,

$$W = W_1 + \cdots + W_n = \left\{\mathbf{w}_1 + \cdots + \mathbf{w}_n \mid \mathbf{w}_1 \in W_1, \cdots, \mathbf{w}_n \in W_n\right\}$$

이라고 하면 W는 V의 부분공간이고, 또한 $W_i \subseteq W$ $(1 \le i \le n)$이다.

증명 $\mathbf{w}, \mathbf{w}' \in W$, $a \in \mathbb{R}$이라고 하면, $\mathbf{w}$와 $\mathbf{w}'$은 각각

$$\mathbf{w} = \mathbf{w}_1 + \cdots + \mathbf{w}_n, \quad \mathbf{w}' = \mathbf{w}_1' + \cdots + \mathbf{w}_n' \ (\mathbf{w}_i, \mathbf{w}_i' \in W_i)$$

의 꼴로 나타내어지고, 이 때

$$\mathbf{w} + \mathbf{w}' = (\mathbf{w}_1 + \mathbf{w}_1') + \cdots + (\mathbf{w}_n + \mathbf{w}_n'), \quad \mathbf{w}_i + \mathbf{w}_i' \in W_i,$$

$$a\mathbf{w} = a(\mathbf{w}_1 + \cdots + \mathbf{w}_n) = a\mathbf{w}_1 + \cdots + a\mathbf{w}_n, \quad a\mathbf{w}_i \in W_i$$

이므로 $\mathbf{w} + \mathbf{w}' \in W$, $a\mathbf{w} \in W$이다. 따라서 W는 V의 부분공간이다.

또한, 임의의 $\mathbf{w}_i \in W_i$ $(1 \le i \le n)$에 대하여

$$\mathbf{w}_i = \mathbf{0} + \cdots + \mathbf{w}_i + \cdots + \mathbf{0} \in W_1 + \cdots + W_i + \cdots + W_n = W$$

이므로

$$W_i \subseteq W_1 + \cdots + W_n = W \ (1 \le i \le n)$$

이다. ■

예제 2.2.7

벡터공간 $\mathbb{R}^2$의 두 부분공간

$$W_1 = \{(a, 0) \mid a \in \mathbb{R}\}, \ W_2 = \{(b, b) \mid b \in \mathbb{R}\}$$

에 대하여, $W_1 + W_2 = \mathbb{R}^2$이다. 실제로, 임의의 $(x_1, x_2) \in \mathbb{R}^2$에 대하여

$$(x_1, x_2) = (x_1 - x_2, 0) + (x_2, x_2) \in W_1 + W_2$$

이다.

예제 2.2.8

벡터공간 $\mathbb{R}^3$의 두 부분공간

$$W_1 = \{t(1, 2, 3) \mid t \in \mathbb{R}\}, \ W_2 = \{s(4, 5, 6) \mid s \in \mathbb{R}\}$$

에 대하여 $W_1 + W_2$ 는 좌표공간에서 원점과 두 점 $(1, 2, 3)$, $(4, 5, 6)$을 품는 평면이며, 이 평면의 방정식은 다음과 같은 방법으로 구할 수 있다.
구하는 평면의 방정식을 $ax + by + cz = 0$이라 하고 평면 위의 임의의 점을 (x, y, z)라고 하면, 다음 세 등식이 성립한다.

$$ax + by + cz = 0$$

$$a + 2b + 3c = 0$$

$$4a + 5b + 6c = 0$$

그런데 a, b, c 중에서 적어도 하나는 0이 아니므로 다음 등식이 성립한다.

$$\det \begin{bmatrix} x & y & z \\ 1 & 2 & 3 \\ 4 & 5 & 6 \end{bmatrix} = 0, \text{ 즉 } x - 2y + z = 0$$

따라서 평면의 방정식은 $x - 2y + z = 0$이다.

이제 $W_1 + W_2 = \{(x, y, z) | x - 2y + z = 0\}$임을 보이기 위해 평면 $x - 2y + z = 0$에서 임의의 점 (x, y, z)를 택하면,

$$(x, y, z) = \frac{5z - 6y}{3}(1, 2, 3) + \frac{2x - y}{3}(4, 5, 6) \in W_1 + W_2$$

가 성립한다.

연습문제 2.2

1. 다음 집합이 실수체 $\mathbb{R}$ 위의 벡터공간 $\mathbb{R}^2$의 부분공간인지 아닌지를 판정하여라. 또, 부분공간이 아닌 집합에 대해서는 그 이유를 설명하여라.

(1) $A = \{(k, 3k) \mid k \in \mathbb{R}\}$

(2) $\mathbb{Z}^2 = \{(a, b) \mid a, b$ 는 정수$\}$

(3) $S = \{(x_1, x_2) \in \mathbb{R}^2 \mid x_1 + x_2 = 1\}$

(4) $W = \{(2a + 3b, 4a + 6b) \in \mathbb{R}^2 \mid a, b \in \mathbb{R}\}$

2. 다음 집합이 실수체 $\mathbb{R}$ 위의 벡터공간

$$P_3(\mathbb{R}) = \{a + bx + cx^2 + dx^3 \mid a, b, c, d \in \mathbb{R}\}$$

의 부분공간인지를 판정하여라.

(1) $\{a + bx + cx^2 + dx^3 \mid a, b, c, d \in \mathbb{Q}\}$

(2) $\{a + bx + cx^2 + x^3 \mid a, b, c \in \mathbb{R}\}$

(3) $\{a + bx + cx^2 + dx^3 \mid a, b, c, d \in \mathbb{R}, d \neq 0\}$

(4) $\{a + bx + cx^2 \mid a, b, c \in \mathbb{R}\}$

3. 벡터공간 $\mathbb{R}^3$의 두 부분공간

$$W_1 = \{(x_1, x_2, x_3) \mid x_1 + x_2 - x_3 = 0\},$$

$$W_2 = \{(x_1, x_2, x_3) \mid 3x_1 - x_2 + 5x_3 = 0\}$$

에 대하여 $W_1 \cap W_2$를 구하여라.

4. 벡터공간 $\mathbb{R}^4$의 두 부분공간

$$W_1 = \{(x_1, x_2, x_3, x_4) \mid 3x_1 = 2x_3\},$$

$$W_2 = \{(x_1, x_2, x_3, x_4) \mid x_2 = 5x_4\}$$

에 대하여 $W_1 \cap W_2$를 구하여라.

5. 벡터공간 $\mathbb{R}^3$의 두 부분공간

$$W_1 = \left\{(x, y, z) \mid x = \frac{y}{2} = \frac{z}{5}\right\}, \quad W_2 = \left\{(x, y, z) \mid \frac{x}{-2} = \frac{y}{3} = z\right\}$$

에 대하여 $W_1 + W_2$를 구하여라.

6. U, W가 벡터공간 V의 부분공간일 때, $U \cup W$는 V의 부분공간이 아닐 수도 있는 예를 $V = \mathbb{R}^2$에서 찾아보아라.

7. 정리 2.2.2를 사용하여 아래 (1) ~ (8)에 주어진 W가 벡터공간 V의 부분공간인지 조사하여라.

(1) $V = \mathbb{R}^3$, $W = \{(a, -a, 2a) \mid a \in \mathbb{R}\}$

(2) $V = \mathbb{R}^3$, $W = \{(a, b, |a|) \mid a, b \in \mathbb{R}\}$

(3) $V = \mathrm{Mat}_n(\mathbb{R})$, $W =$ $n \times n$ 대각행렬 전체의 집합

(4) $V = \mathrm{Mat}_n(\mathbb{R})$, $W = \{A \in \mathrm{Mat}_n(\mathbb{R}) \mid AB = BA\}$, 여기서 B는 고정된 행렬

(5) $V = P_2(\mathbb{R})$, $W = \{a + bx + cx^2 \mid a + b + c = 0\}$

(6) $V = P(\mathbb{R}) =$ 다항식 전체의 집합, $W =$3차 다항식 전체의 집합

(7) $V = P(\mathbb{R})$, $W = \{f \in P(\mathbb{R}) \mid f(-x) = -f(x)\}$

(8) $V = D(\mathbb{R}) =$ 미분 가능한 함수 전체의 집합, $W = \{f \in D(\mathbb{R}) \mid f'(x) \geq 0\}$

8. U, V가 벡터공간일 때, 집합

$$U \times V = \{(\mathrm{u}, \mathrm{v}) \mid \mathrm{u} \in U, \ \mathrm{v} \in V\}$$

는 아래와 같이 정의된 덧셈과 스칼라 곱셈에 관하여 벡터공간임을 증명하여라.

$$(\mathrm{u}_1, \mathrm{v}_1) + (\mathrm{u}_2, \mathrm{v}_2) = (\mathrm{u}_1 + \mathrm{u}_2, \mathrm{v}_1 + \mathrm{v}_2),$$

$$a(\mathrm{u}, \mathrm{v}) = (a\mathrm{u}, a\mathrm{v})$$

9. W가 벡터공간 V의 부분공간일 때,

$$\triangle = \{(\mathbf{w}, \mathbf{w}) \mid \mathbf{w} \in W\}$$

는 $V \times V$의 부분공간임을 증명하여라.

10. $\mathbb{R}^3$의 부분공간 U, W가 다음과 같을 때, 부분공간 $U \cap W$는 무엇인가?

$$U = xy\text{-평면}, \qquad W = xz\text{-평면}$$

11. 아래 (1)~(4)에 주어진 U, W는 모두 $\mathbb{R}^3$의 부분공간이다. $U + W$를 각각 구하여라.

(1) U는 x축, W는 y축

(2) U는 직선 $y = x$ 위에 있는 모든 점들의 집합, W는 z축

(3) U는 xy-평면, W는 z축

(4) U는 xz-평면, W는 yz-평면

2.3 생성과 일차종속성

이 절에서는 벡터공간의 생성과 일차종속성에 대하여 다룬다.
먼저 벡터의 일차결합에 대해 알아보자.

정의 2.3.1

벡터공간 V에서 $\{\mathbf{v}_1, \cdots, \mathbf{v}_n\} \subseteq V$ 일 때,

$$\mathbf{v} = a_1\mathbf{v}_1 + \cdots + a_n\mathbf{v}_n \quad (a_1, \cdots, a_n \in \mathbb{R})$$

의 꼴로 나타내어지는 벡터를 $\mathbf{v}_1, \cdots, \mathbf{v}_n$의 **일차결합**(linear combination)이라고 한다.

예제 2.3.1

벡터공간 $\mathbb{R}^3$에서 $\mathbf{v}_1 = (-1, 2, 4)$, $\mathbf{v}_2 = (6, -5, 3)$ 일 때,

(1) $\mathbf{v} = (-8, 9, 5)$는 $\mathbf{v}_1$, $\mathbf{v}_2$의 일차결합이고,

(2) $\mathbf{w} = (-9, 16, 6)$은 $\mathbf{v}_1$, $\mathbf{v}_2$의 일차결합이 아니다.

풀이

(1) $\mathbf{v} = a_1\mathbf{v}_1 + a_2\mathbf{v}_2$ 즉,

$$(-8, 9, 5) = a_1(-1, 2, 4) + a_2(6, -5, 3)$$

으로 놓고 연립방정식

$$\begin{cases} -a_1 + 6a_2 = -8 \\ 2a_1 - 5a_2 = 9 \\ 4a_1 + 3a_2 = 5 \end{cases}$$

를 풀면 $a_1 = 2$, $a_2 = -1$이다. 그러므로

$$\mathbf{v} = 2\mathbf{v}_1 - \mathbf{v}_2$$

이고, $\mathbf{v}$는 $\mathbf{v}_1$, $\mathbf{v}_2$의 일차결합이다.

(2) 같은 방법으로

$$(-9, 16, 6) = a_1(-1, 2, 4) + a_2(6, -5, 3)$$

으로 놓고 연립방정식

$$\begin{cases} -a_1 + 6a_2 = -9 \\ 2a_1 - 5a_2 = 16 \\ 4a_1 + 3a_2 = 6 \end{cases}$$

을 풀면 a_1, a_2를 구할 수 없다. 그러므로 $\mathbf{w}$는 $\mathbf{v}_1$, $\mathbf{v}_2$의 일차결합이 아니다.

예제 2.3.2

모든 다항식은 단항식

$$1,\ x,\ x^2,\ \cdots,\ x^n,\ \cdots$$

의 일차결합으로 나타낼 수 있다.

정리 2.3.2

벡터공간 V의 부분집합 $S = \{\mathbf{v}_1, \cdots, \mathbf{v}_n\}$에 대하여 $\mathbf{v}_1, \cdots, \mathbf{v}_n$의 일차결합 전체의 집합을 $\mathrm{lin}\, S$라고 하자. 즉

$$\mathrm{lin}\, S = \{a_1\mathbf{v}_1 + \cdots + a_n\mathbf{v}_n \mid a_1, \cdots, a_n \in \mathbb{R}\}$$

이 때, lin S는 V의 부분공간으로 $\mathbf{v}_1, \cdots, \mathbf{v}_n$을 포함하는 V의 부분공간 중에서 가장 작다.

증명 $\mathbf{v}, \mathbf{w} \in \text{lin } S$, $a \in \mathbb{R}$ 이라고 하면,

$$\mathbf{v} = a_1\mathbf{v}_1 + \cdots + a_n\mathbf{v}_n, \quad \mathbf{w} = b_1\mathbf{v}_1 + \cdots + b_n\mathbf{v}_n$$

인 스칼라 $a_1, \cdots, a_n \in \mathbb{R}$, $b_1, \cdots, b_n \in \mathbb{R}$ 이 존재하고

$$\mathbf{v} + \mathbf{w} = (a_1 + b_1)\mathbf{v}_1 + \cdots + (a_n + b_n)\mathbf{v}_n \in \text{lin } S,$$

$$a\mathbf{v} = (aa_1)\mathbf{v}_1 + \cdots + (aa_n)\mathbf{v}_n \in \text{lin } S$$

이므로 정리 2.2.2에 의하여 lin S는 V의 부분공간이다.

또한, 각 i $(1 \leq i \leq n)$에 대하여

$$\mathbf{v}_i = 0\mathbf{v}_1 + \cdots + 1\mathbf{v}_i + \cdots + 0\mathbf{v}_n \in \text{lin } S$$

이다. 이제 W를 $\mathbf{v}_1, \cdots, \mathbf{v}_n$을 포함하는 부분공간이라 하면,

임의의 $a_1, \cdots, a_n \in \mathbb{R}$에 대하여

$$a_1\mathbf{v}_1 + \cdots + a_n\mathbf{v}_n \in W$$

이므로 lin $S \subseteq W$이다. ■

정의 2.3.3

벡터공간 V의 부분집합 $S = \{\mathbf{v}_1, \cdots, \mathbf{v}_n\}$에 대하여 부분공간

$$\text{lin } S = \{a_1\mathbf{v}_1 + \cdots + a_n\mathbf{v}_n \mid a_1, \cdots, a_n \in \mathbb{R}\}$$

를 ***S*에 의하여 생성된 부분공간**(generated subspace)이라고 한다.

부분공간 lin $\{\mathbf{v}_1, \cdots, \mathbf{v}_n\}$은 $\mathbf{v}_1, \cdots, \mathbf{v}_n$의 순서에 관계없이 정의되며, 벡터 $\mathbf{v}_1, \cdots, \mathbf{v}_n$ 중에 같은 것이 중복될 때에는 하나만 쓰면 된다. 예를 들면,

$$\text{lin } \{\mathbf{v}_1, \mathbf{v}_2, \mathbf{v}_3\} = \text{lin } \{\mathbf{v}_1, \mathbf{v}_3, \mathbf{v}_2\} = \text{lin } \{\mathbf{v}_2, \mathbf{v}_1, \mathbf{v}_3\},$$

$$\text{lin } \{\mathbf{v}_1, \mathbf{v}_2, \mathbf{v}_2\} = \text{lin } \{\mathbf{v}_1, \mathbf{v}_2\}$$

예제 2.3.3

벡터공간 $\mathbb{R}^2$에서 두 벡터 $\mathbf{v}_1 = (2, 1)$, $\mathbf{v}_2 = (1, 3)$에 대하여

$$\text{lin}\{\mathbf{v}_1\} = \{s(2, 1) \mid s \in \mathbb{R}\}, \ \text{lin}\{\mathbf{v}_2\} = \{t(1, 3) \mid t \in \mathbb{R}\}$$

이고, 이들은 각각 좌표평면에서 원점을 지나는 직선을 나타낸다. 또,

$$\text{lin}\{\mathbf{v}_1, \mathbf{v}_2\} = \mathbb{R}^2$$

이다. 실제로, 임의의 $(x_1, x_2) \in \mathbb{R}^2$에 대하여

$$(x_1, x_2) = a(2, 1) + b(1, 3)$$

으로 놓으면

$$\begin{cases} 2a + b = x_1 \\ a + 3b = x_2 \end{cases}$$

이고, 이 연립일차방정식을 풀면

$$a = \frac{3x_1 - x_2}{5}, \ b = \frac{2x_2 - x_1}{5}$$

이므로

$$(x_1, x_2) = \frac{3x_1 - x_2}{5}\mathbf{v}_1 + \frac{2x_2 - x_1}{5}\mathbf{v}_2 \in \text{lin}\{\mathbf{v}_1, \mathbf{v}_2\}$$

예제 2.3.4

벡터공간 $\mathbb{R}^3$에서 $\mathbf{v}_1 = (1, 1, 0)$, $\mathbf{v}_2 = (0, 1, 1)$이라 할 때,

$$\begin{aligned} \text{lin}\{\mathbf{v}_1, \mathbf{v}_2\} &= \{a(1, 1, 0) + b(0, 1, 1) \mid a, b \in \mathbb{R}\} \\ &= \{(a, a+b, b) \mid a, b \in \mathbb{R}\} \\ &= \{(x_1, x_2, x_3) \in \mathbb{R} \mid x_1 - x_2 + x_3 = 0\} \end{aligned}$$

이다. 한편, 좌표평면에서 $\text{lin}\{\mathbf{v}_1, \mathbf{v}_2\}$는 원점과 두 점 $(1, 1, 0)$, $(0, 1, 1)$을 지나는 평면을 나타내며, 이 평면의 방정식은 다음과 같이 구할 수 있다(예제 2.2.8 참조).

$$\det\begin{bmatrix} x & y & z \\ 1 & 1 & 0 \\ 0 & 1 & 1 \end{bmatrix} = 0, \ \text{즉} \ x - y + z = 0$$

정의 2.3.4

벡터공간 V의 부분집합 S가

$$V = \operatorname{lin} S$$

를 만족할 때, '**S는 V를 생성한다** (span)' 또는 '**V는 S에 의하여 생성된다** (spanned)' 고 말한다.

예제 2.3.5

벡터공간 $\mathbb{R}^2$에서

(1) $\mathbf{v}_1 = (1, 2)$라고 할 때, $S_1 = \{\mathbf{v}_1\}$ 은 $\mathbb{R}^2$를 생성하지 못한다. 실제로

$$\operatorname{lin} S_1 = \{t(1, 2) \mid t \in \mathbb{R}\} \neq \mathbb{R}^2$$

(2) 위 (1)번의 집합 S_1에 벡터 $\mathbf{v}_2 = (0, 2)$를 더 추가하여 $S_2 = \{\mathbf{v}_1, \mathbf{v}_2\}$라고 하면 S_2는 $\mathbb{R}^2$를 생성한다. 실제로 임의의 벡터 $(x_1, x_2) \in \mathbb{R}^2$에 대하여

$$(x_1, x_2) = x_1\mathbf{v}_1 + \frac{x_2 - x_1}{2}\mathbf{v}_2$$

(3) 위 (2)번의 집합 S_2에 $\mathbb{R}^2$의 임의의 벡터를 더 추가하여도 이 집합은 당연히 $\mathbb{R}^2$를 생성한다.

예제 2.3.6

벡터공간 $\mathbb{R}^3$ 에서

(1) $$\mathbf{v}_1 = (1, 1, 0),\ \mathbf{v}_2 = (0, 1, 1),\ \mathbf{v}_3 = (1, 0, 1)$$

이라 하면 $S_1 = \{\mathbf{v}_1, \mathbf{v}_2, \mathbf{v}_3\}$은 $\mathbb{R}^3$를 생성한다. 실제로, 임의의 $(x_1, x_2, x_3) \in \mathbb{R}^3$에 대하여

$$(x_1, x_2, x_3) = a\mathbf{v}_1 + b\mathbf{v}_2 + c\mathbf{v}_3 \qquad (a, b, c \in \mathbb{R})$$

로 놓으면

$$\begin{cases} a \phantom{{}+b} + c = x_1 \\ a + b \phantom{{}+c} = x_2 \\ \phantom{a+{}} b + c = x_3 \end{cases}$$

이고, 이 연립일차방정식을 풀면

$$a = \frac{x_1 + x_2 - x_3}{2}, \quad b = \frac{-x_1 + x_2 + x_3}{2}, \quad c = \frac{x_1 - x_2 + x_3}{2}$$

이므로 $(x_1, x_2, x_3) \in \operatorname{lin} S_1$ 이다.

(2) 위 (1)번의 집합 S_1에 $\mathbb{R}^3$의 임의의 벡터를 더 추가해도 이 집합은 당연히 $\mathbb{R}^3$를 생성한다.

예제 2.3.7

벡터공간 $\mathrm{Mat}_2(\mathbb{R})$은

$$E_{11} = \begin{bmatrix} 1 & 0 \\ 0 & 0 \end{bmatrix}, \ E_{12} = \begin{bmatrix} 0 & 1 \\ 0 & 0 \end{bmatrix}, \ E_{21} = \begin{bmatrix} 0 & 0 \\ 1 & 0 \end{bmatrix}, \ E_{22} = \begin{bmatrix} 0 & 0 \\ 0 & 1 \end{bmatrix}$$

에 의하여 생성된다. 실제로,

$$\begin{bmatrix} a_{11} & a_{12} \\ a_{21} & a_{22} \end{bmatrix} = a_{11}E_{11} + a_{12}E_{12} + a_{21}E_{21} + a_{22}E_{22}$$

이다.

예제 2.3.8

벡터공간 $P_n(\mathbb{R})$은 $\{1, x, \cdots, x^{n-1}, x^n\}$에 의하여 생성된다. 실제로,

$$\begin{aligned} P_n(\mathbb{R}) &= \{a_0 + a_1 x + \cdots + a_{n-1}x^{n-1} + a_n x^n \mid a_i \in \mathbb{R} \ (0 \le i \le n)\} \\ &= \operatorname{lin}\{1, x, \cdots, x^{n-1}, x^n\} \end{aligned}$$

정의 2.3.5

V를 벡터공간이라 하고 $\mathbf{v}_1, \cdots, \mathbf{v}_n \in V$이라 하자. 이 때, 적어도 하나는 0이 아닌 스칼라 $a_1, \cdots, a_n \in \mathbb{R}$이 존재하여

$$a_1\mathbf{v}_1 + \cdots + a_n\mathbf{v}_n = \mathbf{0}$$

을 만족하면, 집합 $\{\mathbf{v}_1, \cdots, \mathbf{v}_n\}$은 **일차종속**(linearly dependent)이라고 한다. 또, 집합 $\{\mathbf{v}_1, \cdots, \mathbf{v}_n\}$이 일차종속이 아닐 때, 즉

$$a_1\mathbf{v}_1 + \cdots + a_n\mathbf{v}_n = \mathbf{0} \ (a_1, \cdots, a_n \in \mathbb{R}) \Rightarrow a_1 = \cdots = a_n = 0$$

을 만족할 때, $\{\mathbf{v}_1, \cdots, \mathbf{v}_n\}$은 **일차독립**(linearly independent)이라고 한다.

예제 2.3.9

벡터공간 $\mathbb{R}^2$에서,

(1) 집합 $\{(2, 4), (3, 6)\}$은 일차종속이다. 실제로,

$$3(2, 4) - 2(3, 6) = (0, 0)$$

이 성립한다.

(2) 집합 $\{(1, 2), (2, 5)\}$는 일차독립이다. 실제로,

$$a(1, 2) + b(2, 5) = (0, 0) \Rightarrow a = 0, \ b = 0$$

이다.

예제 2.3.10

벡터공간 $P_n(\mathbb{R})$에서 $\{1, x, \cdots, x^{n-1}, x^n\}$은 일차독립이다. 실제로,

$$a_0 + a_1 x + \cdots + a_{n-1}x^{n-1} + a_n x^n = 0 \Rightarrow a_0 = a_1 = \cdots = a_{n-1} = a_n = 0$$

이다.

예제 2.3.11

벡터공간 $\mathbb{R}^3$에서 세 벡터

$$\mathbf{v}_1 = (1, 2, 3), \quad \mathbf{v}_2 = (1, 3, 2), \quad \mathbf{v}_3 = (-1, 0, -5)$$

의 집합은 일차독립인가?

풀이

$$a_1\mathbf{v}_1 + a_2\mathbf{v}_2 + a_3\mathbf{v}_3 = (0, 0, 0)$$

이라 두고, 이 식 좌우변의 성분을 비교하면

$$\begin{cases} a_1 + \ a_2 - \ \ a_3 = 0 \\ 2a_1 + 3a_2 \qquad = 0 \\ 3a_1 + 2a_2 - 5a_3 = 0 \end{cases}$$

이 성립한다. 한편, 이 연립일차방정식을 풀면

$$\begin{bmatrix} 1 & 1 & -1 & 0 \\ 2 & 3 & 0 & 0 \\ 3 & 2 & -5 & 0 \end{bmatrix} \to \begin{bmatrix} 1 & 1 & -1 & 0 \\ 0 & 1 & 2 & 0 \\ 0 & -1 & -2 & 0 \end{bmatrix} \to \begin{bmatrix} 1 & 1 & -1 & 0 \\ 0 & 1 & 2 & 0 \\ 0 & 0 & 0 & 0 \end{bmatrix},$$

$$\begin{cases} a_1 + a_2 - \ a_3 = 0 \\ \qquad a_2 + 2a_3 = 0 \end{cases}$$

이 되어, 임의의 실수 t에 대하여 $a_3 = t$라 하면 $a_2 + 2t = 0,\ a_1 + a_2 - t = 0$ 즉

$$a_1 = 3t,\ a_2 = -2t,\ a_3 = t$$

가 된다. 따라서 $a_1 = a_2 = a_3 = 0$ 이외의 해를 가지므로 $\{\mathbf{v}_1,\ \mathbf{v}_2,\ \mathbf{v}_3\}$는 일차종속이다.

벡터공간 $\mathbb{R}^3$에서 집합 $\{\mathbf{v}_1, \mathbf{v}_2, \mathbf{v}_3\}$가 일차종속이면 이들 세 벡터는 한 평면 위에 있다. 실제로, $\{\mathbf{v}_1, \mathbf{v}_2, \mathbf{v}_3\}$가 일차종속이라 가정하면

$$a_1\mathbf{v}_1 + a_2\mathbf{v}_2 + a_3\mathbf{v}_3 = \mathbf{0}$$

을 만족하는 적어도 하나는 0이 아닌 상수 $a_1,\ a_2,\ a_3$가 존재한다. 예를 들어, $a_3 \neq 0$이라 가정하면 $\mathbf{v}_3 = a\mathbf{v}_1 + b\mathbf{v}_2$ $(a,\ b \in \mathbb{R})$로 나타낼 수 있고, 따라서

$$\begin{aligned} \mathbf{v}_3 \cdot (\mathbf{v}_1 \times \mathbf{v}_2) &= (a\mathbf{v}_1 + b\mathbf{v}_2) \cdot (\mathbf{v}_1 \times \mathbf{v}_2) \\ &= a\{\mathbf{v}_1 \cdot (\mathbf{v}_1 \times \mathbf{v}_2)\} + b\{\mathbf{v}_2 \cdot (\mathbf{v}_1 \times \mathbf{v}_2)\} = a \cdot \mathbf{0} + b \cdot \mathbf{0} = \mathbf{0} \end{aligned}$$

이다. 여기서 $\cdot$는 $\mathbb{R}^3$ 위의 내적이고 (예제 4.1.1 참조), $\times$는 외적이다. 그러므로 벡터 $\mathbf{v}_3$는 $\mathbf{v}_1 \times \mathbf{v}_2$에 수직이다. 그런데 벡터 $\mathbf{v}_1 \times \mathbf{v}_2$는 두 위치벡터 $\mathbf{v}_1, \mathbf{v}_2$를 포함하고 있는 평면에 수직이다. 그러므로 세 벡터 $\mathbf{v}_1, \mathbf{v}_2, \mathbf{v}_3$는 한 평면 위에 있다.

정리 2.3.6

$m > n$일 때 $\mathbb{R}^n$에서 m개의 벡터로 이루어진 집합은 일차종속이다.

증명 $\mathbb{R}^n$에서 m개의 벡터를 $\mathbf{v}_1, \mathbf{v}_2, \cdots, \mathbf{v}_m$이라 하고

$$\mathbf{v}_1 = (a_{11}, a_{12}, \cdots, a_{1n}), \ \ \mathbf{v}_2 = (a_{21}, a_{22}, \cdots, a_{2n}), \ \ \cdots, \ \ \mathbf{v}_m = (a_{m1}, a_{m2}, \cdots, a_{mn})$$

이라 하자. 이 때 동차 연립일차방정식

$$\begin{cases} a_{11}x_1 + a_{21}x_2 + \cdots + a_{m1}x_m = 0 \\ a_{12}x_1 + a_{22}x_2 + \cdots + a_{m2}x_m = 0 \\ \qquad\cdots \\ a_{1n}x_1 + a_{2n}x_2 + \cdots + a_{mn}x_m = 0 \end{cases}$$

은 미지수의 개수 m이 방정식의 개수 n보다 크므로 자명하지 않은 해를 갖는다(정리 1.2.4 참조). 즉, 적어도 하나는 0이 아닌 $x_i (i = 1, 2, \cdots, m)$가 존재해서

$$x_1\mathbf{v}_1 + x_2\mathbf{v}_2 + \cdots + x_m\mathbf{v}_m = \mathbf{0}$$

이다. 그러므로 $\{\mathbf{v}_1, \mathbf{v}_2, \cdots, \mathbf{v}_m\}$은 일차종속이다. ■

예제 2.3.12

(1) 벡터공간 $\mathbb{R}^2$에서 세 벡터로 이루어진 집합

$$\{(1, 2), (-1, -1), (3, 5)\}$$

는 일차종속이다.

(2) 마찬가지로, 벡터공간 $\mathbb{R}^3$에서 네 벡터로 이루어진 집합

$$\{(1, 2, 2), (-1, -1, 0), (1, 0, 1), (0, 0, 1)\}$$

은 일차종속이다.

연습문제 2.3

1. 다음 중에서 벡터공간 $\mathbb{R}^3$의 부분공간 $W = \text{lin}\{(-2, 1, -9), (2, -4, 6)\}$에 속하는 벡터를 모두 찾아라.

(1) $(0, 3, 3)$ (2) $(1, 0, 1)$ (3) $(0, 0, 0)$ (4) $(1, -5, 0)$

2. 실수 위의 다항식 전체로 이루어진 집합 $P(\mathbb{R})$은 벡터공간이다. 다음 다항식 중에서 $P(\mathbb{R})$의 부분공간

$$W = \text{lin}\{x^3,\ x^3 - x + 1,\ 3x^3 + 2x\}$$

에 속하는 다항식을 찾아라.

(1) x^2 (2) $x - 1$ (3) $5x^3 + 6x^2 + 4$

3. 벡터공간 $\mathbb{R}^2$에서 두 벡터 $\mathbf{v} = (a, b)$, $\mathbf{w} = (c, d)$의 집합이 일차독립이기 위한 필요충분조건은 $\det\begin{bmatrix} a & b \\ c & d \end{bmatrix} = ad - bc \neq 0$ 임을 증명하여라.

4. 다음 명제 중에서 참인 것은 증명하고, 거짓인 것은 그 반례를 들어라.

(1) $\text{lin}\{(1, 1), (3, 3)\} = \mathbb{R}^2$

(2) $\text{lin}\{(1, 1, 0), (0, 1, 1), (1, 1, 1)\} = \mathbb{R}^3$

(3) $\text{lin}\{(1, 0, 0), (4, 2, 0), (1, 1, 0), (0, 0, 0)\} = \mathbb{R}^3$

5. 벡터공간 $\mathbb{R}^3$에서 다음 집합이 일차독립인지를 정의에 따라 판정하여라.

(1) $\{(1, 0, 0), (4, 2, 0), (1, 1, 0)\}$

(2) $\{(1, 1, 0), (2, 0, -1), (4, 4, 0), (5, 3, -1)\}$

6. 벡터공간 $\mathbb{R}^3$에서 다음 집합이 일차독립이기 위한 필요충분조건을 구하여라.

(1) $\{(1, a, 2), (1, 1, b)\}$

(2) $\{(1, 2, 0), (a, b, 2), (1, 0, 1)\}$

7. 벡터공간 $\mathbb{R}^2$의 세 벡터

$$\mathbf{v}_1 = (2, -4),\ \mathbf{v}_2 = (1, 3),\ \mathbf{v}_3 = (-6, -3)$$

에 대하여 다음이 성립함을 증명하여라.

(1) $\{\mathbf{v}_1, \mathbf{v}_2, \mathbf{v}_3\}$는 일차종속이다.

(2) $\text{lin}\{\mathbf{v}_1, \mathbf{v}_2, \mathbf{v}_3\} = \text{lin}\{\mathbf{v}_1, \mathbf{v}_2\} = \mathbb{R}^2$

(3) 벡터 $(5, 0)$을 세 벡터 $\mathbf{v}_1, \mathbf{v}_2, \mathbf{v}_3$의 일차결합으로 나타내는 방법은 무한히 많다.

8. 벡터공간 $\mathbb{R}^3$의 세 벡터

$$\mathbf{v}_1 = (1, 2, 3),\ \mathbf{v}_2 = (-1, -1, 3),\ \mathbf{v}_3 = (2, 3, 0)$$

에 대하여 다음이 성립함을 증명하여라.

(1) $\{\mathbf{v}_1, \mathbf{v}_2, \mathbf{v}_3\}$는 일차종속이다.

(2) $(1, 0, -9) \in \operatorname{lin}\{\mathbf{v}_1, \mathbf{v}_2, \mathbf{v}_3\}$, $\operatorname{lin}\{\mathbf{v}_1, \mathbf{v}_2, \mathbf{v}_3\} \neq \mathbb{R}^3$

(3) 벡터 $(3, 5, 3)$을 세 벡터 $\mathbf{v}_1, \mathbf{v}_2, \mathbf{v}_3$의 일차결합으로 나타내는 방법은 무한히 많다.

9. V를 벡터공간이라고 할 때, 세 벡터 $\mathbf{u}, \mathbf{v}, \mathbf{w} \in V$에 대하여 다음이 성립함을 증명하여라.

(1) 집합 $\{\mathbf{u}, \mathbf{v}\}$가 일차독립이기 위한 필요충분조건은 $\{\mathbf{u}, \mathbf{u}+\mathbf{v}\}$가 일차독립인 것이다.

(2) 집합 $\{\mathbf{u}, \mathbf{v}, \mathbf{w}\}$가 일차독립이기 위한 필요충분조건은 $\{\mathbf{u}+\mathbf{v}, \mathbf{u}+\mathbf{w}, \mathbf{v}+\mathbf{w}\}$가 일차독립인 것이다.

10. $A = \begin{bmatrix} 1 & 1 \\ -1 & 1 \end{bmatrix}$이고 $B = \begin{bmatrix} 1 & -1 \\ 1 & 0 \end{bmatrix}$일 때, 다음에 주어진 행렬 $C \in \operatorname{Mat}_2(\mathbb{R})$가 $\operatorname{lin}\{A, B\}$에 속하는지 조사하여라.

(1) $C = \begin{bmatrix} 1 & 2 \\ 3 & 4 \end{bmatrix}$　　(2) $C = \begin{bmatrix} 3 & -5 \\ 5 & -1 \end{bmatrix}$

11. 벡터공간 $P_2(\mathbb{R})$의 세 벡터

$$p(x) = 1 - 2x, \quad q(x) = x - x^2, \quad r(x) = -2 + 3x + x^2$$

에 대하여, 다음에 주어진 $s(x)$가 $\operatorname{lin}\{p(x), q(x), r(x)\}$에 속하는지 조사하여라.

(1) $s(x) = 3 - 5x - x^2$　　(2) $s(x) = 1 + x + x^2$

12. 벡터공간 $C(\mathbb{R})$의 두 벡터

$$f(x) = \sin^2 x, \quad g(x) = \cos^2 x$$

에 대하여, 다음에 주어진 $h(x)$가 $\operatorname{lin}\{f(x), g(x)\}$에 속하는지 조사하여라.

(1) $h(x) = \sin x$　　(2) $h(x) = \sin 2x$

13. 벡터공간 $P_2(\mathbb{R})$에서 $\{1+x,\ x+x^2,\ 1+x^2\}$의 일차독립성을 조사하여라.

14. 집합 $\left\{\begin{bmatrix}1&1\\0&1\end{bmatrix}, \begin{bmatrix}0&1\\1&0\end{bmatrix}, \begin{bmatrix}1&0\\1&1\end{bmatrix}, \begin{bmatrix}0&-1\\1&0\end{bmatrix}\right\}$은 벡터공간 $\mathrm{Mat}_2(\mathbb{R})$을 생성하는가?

15. 집합 $\{1+x,\ x+x^2,\ 1+x^2\}$은 벡터공간 $P_2(\mathbb{R})$을 생성하는가?

2.4 기저와 차원

이 절에서는 앞에서 다룬 벡터의 일차독립성과 생성의 개념을 이용하여 벡터공간의 기저를 정의하고 차원에 대하여 논한다.

정의 2.4.1

벡터공간 V의 부분집합 $\alpha = \{\mathbf{v}_1, \cdots, \mathbf{v}_n\}$이 다음 두 조건을 만족할 때 α를 V의 **기저**(basis)라고 한다.

(i) α는 일차독립인 집합이다. 즉,

$$a_1\mathbf{v}_1 + \cdots + a_n\mathbf{v}_n = \mathbf{0}\ \ (a_1, \cdots, a_n \in \mathbb{R}) \Rightarrow a_1 = \cdots = a_n = 0$$

(ii) α는 V를 생성한다. 즉, $\mathrm{lin}\,\alpha = V$이다.

예제 2.4.1

벡터공간 $\mathbb{R}^n$에서, n개의 벡터

$$\mathbf{e}_1 = (1, 0, 0, \cdots, 0),\ \mathbf{e}_2 = (0, 1, 0, \cdots, 0), \cdots,\ \mathbf{e}_n = (0, 0, 0, \cdots, 1)$$

은 $\mathbb{R}^n$의 기저를 이룬다. 실제로,

$$a_1\mathbf{e}_1 + \cdots + a_n\mathbf{e}_n = (0, \cdots, 0) \Rightarrow (a_1, \cdots, a_n) = (0, \cdots, 0)$$
$$\Rightarrow a_1 = \cdots = a_n = 0$$

이므로 $\{\mathbf{e}_1, \cdots, \mathbf{e}_n\}$은 일차독립이고, 임의의 $(x_1, \cdots, x_n) \in \mathbb{R}^n$에 대하여

$$(x_1, \cdots, x_n) = x_1\mathbf{e}_1 + \cdots + x_n\mathbf{e}_n$$

이므로 $\{\mathbf{e}_1, \cdots, \mathbf{e}_n\}$은 $\mathbb{R}^n$을 생성한다. 따라서 $\alpha = \{\mathbf{e}_1, \cdots, \mathbf{e}_n\}$은 $\mathbb{R}^n$의 기저이며, 이것을 **$\mathbb{R}^n$의 표준기저**(standard basis)라고 한다.

정리 2.4.2

벡터공간 V의 부분집합 $\alpha = \{\mathbf{v}_1, \cdots, \mathbf{v}_n\}$에 대하여 다음 두 명제는 서로 동치이다.

(1) α는 V의 기저이다.

(2) 각 벡터 $\mathbf{v} \in V$는 단 한 가지 방법으로 $\mathbf{v}_1, \cdots, \mathbf{v}_n$의 일차결합

$$\mathbf{v} = a_1\mathbf{v}_1 + \cdots + a_n\mathbf{v}_n \quad (a_1, \cdots, a_n \in \mathbb{R})$$

의 꼴로 나타내어진다.

증명 (1) ⇒ (2) α가 V의 기저라고 가정하자. 이 때, $V = \text{lin}\,\alpha$이므로 각 벡터 $\mathbf{v} \in V$는 $\mathbf{v}_1, \cdots, \mathbf{v}_n$의 일차결합으로 나타내어진다. 또,

$$\mathbf{v} = a_1\mathbf{v}_1 + \cdots + a_n\mathbf{v}_n = b_1\mathbf{v}_1 + \cdots + b_n\mathbf{v}_n \quad (a_i, b_i \in \mathbb{R})$$

이라고 하면,

$$(a_1 - b_1)\mathbf{v}_1 + \cdots + (a_n - b_n)\mathbf{v}_n = \mathbf{0}$$

이고, $\{\mathbf{v}_1, \cdots, \mathbf{v}_n\}$의 일차독립성에 의하여

$$a_1 - b_1 = \cdots = a_n - b_n = 0, \quad \text{즉 } a_1 = b_1, \cdots, a_n = b_n$$

이 성립한다. 따라서 $\mathbf{v}$를 $\mathbf{v}_1, \cdots, \mathbf{v}_n$의 일차결합으로 나타내는 방법은 한 가지뿐이다.

(2) ⇒ (1) 명제 (2)가 성립한다고 가정하자. 이 때, 각 벡터 $\mathbf{v} \in V$는 $\mathbf{v}_1, \cdots, \mathbf{v}_n$의 일차결합으로 나타내어지므로 $V = \text{lin}\,\alpha$이다. 이제

$$a_1\mathbf{v}_1 + \cdots + a_n\mathbf{v}_n = \mathbf{0} \quad (a_1, \cdots, a_n \in \mathbb{R})$$

이라고 하면,

$$a_1\mathbf{v}_1 + \cdots + a_n\mathbf{v}_n = \mathbf{0} = 0\mathbf{v}_1 + \cdots + 0\mathbf{v}_n$$

이므로 $a_1 = 0, \cdots, a_n = 0$이다. 따라서 $\{\mathbf{v}_1, \cdots, \mathbf{v}_n\}$은 일차독립이다. 그러므로 $\alpha = \{\mathbf{v}_1, \cdots, \mathbf{v}_n\}$는 V의 기저이다.

예제 2.4.2

벡터공간 $\mathrm{Mat}_{m\times n}(\mathbb{R})$에서,

$$\alpha=\{E_{ij} \mid 1\le i\le m, 1\le j\le n\}$$

는 $\mathrm{Mat}_{m\times n}(\mathbb{R})$의 기저이다. 여기서 E_{ij}는 $(i, j)-$성분만 1이고 나머지 성분은 모두 0인 $m\times n$행렬이다.

실제로, 임의의 $A=[a_{ij}]_{m\times n}\in \mathrm{Mat}_{m\times n}(\mathbb{R})$는 단 한 가지 방법으로

$$A=[a_{ij}]_{m\times n}=\sum_{i=1}^{m}\sum_{j=1}^{n}a_{ij}E_{ij} \qquad (a_{ij}\in\mathbb{R})$$

으로 나타내어진다. 기저 α를 벡터공간 $\mathbf{Mat}_{m\times n}(\mathbb{R})$**의 표준기저**라고 한다.

예제 2.4.3

실수 위에 정의된 n차 이하의 다항식 전체로 이루어진 벡터공간 $P_n(\mathbb{R})$에서, 임의의 $f(x)\in P_n(\mathbb{R})$는 단 한 가지 방법으로

$$f(x)=a_0+a_1x+\cdots+a_nx^n \quad (a_0, a_1, \cdots, a_n\in\mathbb{R})$$

의 꼴로 나타내어지므로 $\alpha=\{1, x, \cdots, x^n\}$은 $P_n(\mathbb{R})$의 기저이다. 기저 α를 벡터공간 $\boldsymbol{P_n}(\mathbb{R})$**의 표준기저**라고 한다.

예제 2.4.4

벡터공간 $V=\{(x, y, z)\mid x-2y+3z=0\}$의 기저를 구하여라.

풀이

임의의 $(x, y, z)\in V$에 대하여

$$x-2y+3z=0 \quad \text{즉, } x=2y-3z$$

이다. 따라서

$$\begin{aligned}(x, y, z)&=(2y-3z, y, z)\\&=(2y, y, 0)+(-3z, 0, z)\\&=y(2, 1, 0)+z(-3, 0, 1)\end{aligned}$$

이 되어 (x, y, z)는 단 한 가지 방법으로 $(2, 1, 0)$, $(-3, 0, 1)$의 일차결합으로

나타내어진다. 그러므로 $\alpha=\{(2,\ 1,\ 0),\ (-3,\ 0,\ 1)\}$은 V의 기저이다.

기저의 정의로부터 다음 정리가 성립한다.

정리 2.4.3

벡터공간 V의 부분집합 $\{\mathbf{v}_1, \cdots, \mathbf{v}_k\}$가 일차독립이면 이 집합은 $\mathrm{lin}\{\mathbf{v}_1, \cdots, \mathbf{v}_k\}$의 기저이다.

정리 2.4.4

$\{\mathbf{u}_1, \mathbf{u}_2, \cdots, \mathbf{u}_m\}$과 $\{\mathbf{v}_1, \mathbf{v}_2, \cdots, \mathbf{v}_n\}$이 벡터공간 V의 기저이면 $m=n$이다.

증명 먼저 $m>n$이라고 가정하고, 이것은 모순임을 보이자. 주어진 두 기저를

$$\alpha=\{\mathbf{u}_1, \mathbf{u}_2, \cdots, \mathbf{u}_m\},\ \beta=\{\mathbf{v}_1, \mathbf{v}_2, \cdots, \mathbf{v}_n\}$$

이라고 하면, α의 각 벡터 $\mathbf{u}_i$는 다음과 같이 기저 β의 원소 $\mathbf{v}_1, \mathbf{v}_2, \cdots, \mathbf{v}_n$의 일차결합으로 나타낼 수 있다.

$$\begin{aligned}\mathbf{u}_1 &= a_{11}\mathbf{v}_1 + a_{12}\mathbf{v}_2 + \cdots + a_{1n}\mathbf{v}_n \\ \mathbf{u}_2 &= a_{21}\mathbf{v}_1 + a_{22}\mathbf{v}_2 + \cdots + a_{2n}\mathbf{v}_n \\ &\vdots \\ \mathbf{u}_m &= a_{m1}\mathbf{v}_1 + a_{m2}\mathbf{v}_2 + \cdots + a_{mn}\mathbf{v}_n\end{aligned} \qquad \cdots ①$$

한편, $m>n$이라 가정하였으므로 다음과 같은 동차 연립일차방정식은 자명하지 않은 해를 갖는다 (정리 1.2.4).

$$\begin{aligned}a_{11}\alpha_1 + a_{21}\alpha_2 + \cdots + a_{m1}\alpha_m &= 0 \\ a_{12}\alpha_1 + a_{22}\alpha_2 + \cdots + a_{m2}\alpha_m &= 0 \\ &\vdots \\ a_{1n}\alpha_1 + a_{2n}\alpha_2 + \cdots + a_{mn}\alpha_m &= 0\end{aligned} \qquad \cdots ②$$

즉, $\alpha_1, \alpha_2, \cdots, \alpha_m$ 중 적어도 하나는 0이 아니다. 한편, 연립방정식 ②에 의하여

$$(a_{11}\alpha_1 + a_{21}\alpha_2 + \cdots + a_{m1}\alpha_m)\mathbf{v}_1 + (a_{12}\alpha_1 + a_{22}\alpha_2 + \cdots + a_{m2}\alpha_m)\mathbf{v}_2 + \cdots$$
$$\cdots + (a_{1n}\alpha_1 + a_{2n}\alpha_2 + \cdots + a_{mn}\alpha_m)\mathbf{v}_n = \mathbf{0}$$

이고, 이 식을 α_i 에 대하여 정리하면,

$$\alpha_1(a_{11}\mathbf{v}_1 + a_{12}\mathbf{v}_2 + \cdots + a_{1n}\mathbf{v}_n) + \alpha_2(a_{21}\mathbf{v}_1 + a_{22}\mathbf{v}_2 + \cdots + a_{2n}\mathbf{v}_n) + \cdots$$
$$\cdots + \alpha_m(a_{m1}\mathbf{v}_1 + a_{m2}\mathbf{v}_2 + \cdots + a_{mn}\mathbf{v}_n) = \mathbf{0}$$

이다. 그러므로 이 식과 식 ①에 의하여

$$\alpha_1\mathbf{u}_1 + \alpha_2\mathbf{u}_2 + \cdots + \alpha_m\mathbf{u}_m = \mathbf{0}$$

이다. 그런데 여기서 $\alpha_1, \alpha_2, \cdots, \alpha_m$ 중 적어도 하나는 0이 아니므로 $\{\mathbf{u}_1, \mathbf{u}_2, \cdots, \mathbf{u}_m\}$은 일차종속이다. 그러나 이것은 $\{\mathbf{u}_1, \mathbf{u}_2, \cdots, \mathbf{u}_m\}$이 기저라는 정리의 가정에 모순이다. 그러므로 $m \le n$이다. … ③

이제 α와 β를 위와 같은 과정에서 바꾸어 생각하면 $m \ge n$이다. … ④

그러므로 ③, ④에서 $m = n$이다. ■

위의 정리 2.4.4에 근거하여 다음 정의를 내릴 수 있다.

정의 2.4.5

벡터공간 V가 n개의 벡터로 이루어진 기저를 가질 때, V를 **n차원 벡터공간**(n dimensional vector space)이라 하고 n을 V의 **차원**(dimension)이라 하며 이 사실을

$$n = \dim_{\mathbb{R}} V \quad \text{또는} \quad n = \dim V$$

로 나타낸다. 그리고 $V = \{\mathbf{0}\}$인 경우에는 공집합 $\varnothing$를 V의 기저라 생각하고 $\dim_{\mathbb{R}} V = 0$으로 정의한다.

또, 벡터공간 V가 유한 기저를 가지지 않을 때, V를 **무한차원 벡터공간**(infinite dimensional vector space)이라고 한다.

예제 2.4.5

(1) 예제 2.4.1, 예제 2.4.2, 예제 2.4.3에 의하여

$$\dim_{\mathbb{R}} \mathbb{R}^n = n, \qquad \dim_{\mathbb{R}} \mathrm{Mat}_{m\times n}(\mathbb{R}) = m\times n,$$

$$\dim_{\mathbb{R}} \mathrm{Mat}_n(\mathbb{R}) = n^2, \qquad \dim_{\mathbb{R}} P_n(\mathbb{R}) = n+1$$

(2) 벡터공간 $C(\mathbb{R})$, $D(\mathbb{R})$, $P(\mathbb{R})$ 등은 모두 무한차원 벡터공간이다.

정리 2.4.6

V를 $n(n \geq 1)$차원 벡터공간이라고 할 때,

(1) V의 m개의 벡터로 된 집합 $\{\mathbf{u}_1, \cdots, \mathbf{u}_m\}$이 일차독립이면 $m \leq n$이다. 따라서 $m > n$이면 $\{\mathbf{u}_1, \cdots, \mathbf{u}_m\}$은 일차종속이다.

(2) V의 n개의 벡터로 된 집합 $\{\mathbf{u}_1, \cdots, \mathbf{u}_n\}$이 일차독립이면, $\alpha = \{\mathbf{u}_1, \cdots, \mathbf{u}_n\}$은 V의 기저이다.

(3) V의 n개의 벡터로 된 집합 $\{\mathbf{u}_1, \cdots, \mathbf{u}_n\}$이 V를 생성하면, $\alpha = \{\mathbf{u}_1, \cdots, \mathbf{u}_n\}$은 V의 기저이다.

(4) V의 m개의 벡터로 된 집합 $\{\mathbf{u}_1, \cdots, \mathbf{u}_m\}$이 일차독립이고 $m < n$이면, 이들 벡터에 적당한 r개의 벡터 $\mathbf{w}_1, \cdots, \mathbf{w}_r$을 첨가하여 벡터공간 V의 기저

$$\alpha = \{\mathbf{u}_1, \cdots, \mathbf{u}_m, \mathbf{w}_1, \cdots, \mathbf{w}_r\}$$

을 만들 수 있다.

증명 가정에 의하여 $\dim_{\mathbb{R}} V = n$이므로, V는 n개의 벡터로 이루어진 기저 $\beta = \{\mathbf{v}_1, \cdots, \mathbf{v}_n\}$를 가지며 특히 $V = \mathrm{lin}\,\beta = \mathrm{lin}\{\mathbf{v}_1, \cdots, \mathbf{v}_n\}$이다.

(1) 정리 2.4.4의 증명에서 $m > n$이라 가정하면 적어도 하나는 0이 아닌 실수 $\alpha_1, \alpha_2, \cdots, \alpha_m$이 존재하여

$$\alpha_1\mathbf{u}_1 + \alpha_2\mathbf{u}_2 + \cdots + \alpha_m\mathbf{u}_m = \mathbf{0}$$

이고, 따라서 $\{\mathbf{u}_1, \cdots, \mathbf{u}_m\}$은 일차종속이다. 그러나 이것은 $\{\mathbf{u}_1, \cdots, \mathbf{u}_m\}$이 일차독립이라는 가정에 모순이 된다. 그러므로 $m \leq n$이다.

(2) $\{\mathbf{u}_1, \cdots, \mathbf{u}_n\}$이 일차독립이라고 하자. 이 때, 임의의 벡터 $\mathbf{v} \in V$에 대하여 $n+1$개의 벡터로 된 집합 $\{\mathbf{u}_1, \cdots, \mathbf{u}_n, \mathbf{v}\}$는 일차종속이므로,

$$\mathbf{v} \in \mathrm{lin}\{\mathbf{u}_1, \cdots, \mathbf{u}_n\}$$

이다. 그러므로 $V = \text{lin}\{\mathbf{u}_1, \cdots, \mathbf{u}_n\}$이고, $\alpha = \{\mathbf{u}_1, \cdots, \mathbf{u}_n\}$는 V의 기저이다.

(3) $V = \text{lin}\{\mathbf{u}_1, \cdots, \mathbf{u}_n\} \neq \{\mathbf{0}\}$이라고 하자. 이 때, $\mathbf{u}_1, \cdots, \mathbf{u}_n$ 중에서 적어도 하나는 영벡터가 아니므로, 필요하다면 첨자를 재조정하여 $\mathbf{u}_1 \neq \mathbf{0}$이라고 가정하자. 그러면 $\{\mathbf{u}_1\}$은 일차독립이고 또 $V = \text{lin}\{\mathbf{u}_1, \cdots, \mathbf{u}_n\}$이므로

$$\mathbf{u}_1 \in \alpha \subseteq \{\mathbf{u}_1, \cdots, \mathbf{u}_n\}$$

인 기저 α가 존재한다. 한편, 정리 2.4.4에 의하여 $|\alpha| = |\beta| = n$이므로 $\alpha = \{\mathbf{u}_1, \cdots, \mathbf{u}_n\}$이다.

(4) V의 m개의 벡터로 된 집합 $\{\mathbf{u}_1, \cdots, \mathbf{u}_m\}$이 일차독립이고 $m < n$이라고 하자. 이 때, $V = \text{lin}\{\mathbf{v}_1, \cdots, \mathbf{v}_n\}$이므로

$$V = \text{lin}\{\mathbf{u}_1, \cdots, \mathbf{u}_m, \mathbf{v}_1, \cdots, \mathbf{v}_n\}$$

이고 따라서

$$\{\mathbf{u}_1, \cdots, \mathbf{u}_m\} \subseteq \alpha \subseteq \{\mathbf{u}_1, \cdots, \mathbf{u}_m, \mathbf{v}_1, \cdots, \mathbf{v}_n\}$$

인 V의 기저 α가 존재한다. 그런데, $|\alpha| = |\beta| = n > m$이므로, n개의 벡터 $\mathbf{v}_1, \cdots, \mathbf{v}_n$ 중에서 $r(= n - m)$개의 벡터 $\mathbf{w}_1, \cdots, \mathbf{w}_r$을 택하여 기저 α를 $\alpha = \{\mathbf{u}_1, \cdots, \mathbf{u}_m, \mathbf{w}_1, \cdots, \mathbf{w}_r\}$로 나타낼 수 있다. ■

예제 2.4.6

3차원 벡터공간 $P_2(\mathbb{R})$에서

$$\{1 + x,\ 1 - x,\ 2 + x^2\}$$

은 일차독립이다. 따라서 $\alpha = \{1 + x,\ 1 - x,\ 2 + x^2\}$은 $P_2(\mathbb{R})$의 기저이다.

예제 2.4.7

세 벡터의 집합

$$\{1,\ 2x,\ 3x^2\}$$

은 3차원 벡터공간 $P_2(\mathbb{R})$을 생성한다. 따라서 $\alpha = \{1,\ 2x,\ 3x^2\}$은 $P_2(\mathbb{R})$의 기저이다.

예제 2.4.8

벡터공간 $\mathbb{R}^3$에서 $\{(1,0,0),\ (0,1,0)\}$은 일차독립이다. 따라서 이들 두 벡터에 의해서 생성되는 $xy-$평면 위에 있지 않은 벡터 하나를 추가하여 $\mathbb{R}^3$의 기저를 만들 수 있다. 예를 들어,

$$\alpha = \{(1,0,0),\ (0,1,0), (1,1,1)\}$$

은 $\mathbb{R}^3$의 기저이다.

다음 정리는 어떤 집합이 $\mathbb{R}^3$의 기저임을 판단하는데 유용한 결과이다.

정리 2.4.7

벡터공간 $\mathbb{R}^3$에서 세 벡터

$$\mathbf{v}_1 = (a_1, a_2, a_3), \quad \mathbf{v}_2 = (b_1, b_2, b_3), \quad \mathbf{v}_3 = (c_1, c_2, c_3)$$

에 대하여 다음 명제는 서로 동치이다.

(1) $\det\begin{bmatrix} a_1 & a_2 & a_3 \\ b_1 & b_2 & b_3 \\ c_1 & c_2 & c_3 \end{bmatrix} \neq 0$

(2) $\{\mathbf{v}_1, \mathbf{v}_2, \mathbf{v}_3\}$는 일차독립이다.

(3) $\{\mathbf{v}_1, \mathbf{v}_2, \mathbf{v}_3\}$는 $\mathbb{R}^3$의 기저이다.

증명 정리 2.4.6(2)와 기저의 정의에 의하여 (2)와 (3)은 동치이다. 따라서 (1)과 (2)가 동치임을 밝히자.

벡터공간 $\mathbb{R}^3$에서 영벡터가 아닌 세 벡터

$$\mathbf{v}_1 = (a_1, a_2, a_3), \quad \mathbf{v}_2 = (b_1, b_2, b_3), \quad \mathbf{v}_3 = (c_1, c_2, c_3)$$

에 대하여 $\mathbf{v}_1 \notin \operatorname{lin}\{\mathbf{v}_2\}$인 경우에 $\operatorname{lin}\{\mathbf{v}_1, \mathbf{v}_2\}$는 일차방정식

$$\det\begin{bmatrix} x_1 & x_2 & x_3 \\ a_1 & a_2 & a_3 \\ b_1 & b_2 & b_3 \end{bmatrix} = 0$$

을 만족시키는 (x_1, x_2, x_3) 전체로 이루어진 부분공간이다(예제 2.2.8 참조). 그러므로 $\mathbf{v}_1 \notin \operatorname{lin}\{\mathbf{v}_2\}$와 $\mathbf{v}_3 \notin \operatorname{lin}\{\mathbf{v}_1, \mathbf{v}_2\}$를 동시에 만족하는 것은

$$\det\begin{bmatrix} c_1 & c_2 & c_3 \\ a_1 & a_2 & a_3 \\ b_1 & b_2 & b_3 \end{bmatrix} \neq 0 \quad \text{즉, } \det\begin{bmatrix} a_1 & a_2 & a_3 \\ b_1 & b_2 & b_3 \\ c_1 & c_2 & c_3 \end{bmatrix} \neq 0$$

인 것과 동치이다. 그러므로 (1)과 (2)는 동치이다. ■

예제 2.4.9

행렬 $A=\begin{bmatrix} 2 & 1 & 1 \\ 1 & 1 & -2 \\ -2 & -1 & 0 \end{bmatrix}$의 행렬식은 0이 아니므로

$$\{(2, 1, 1), (1, 1, -2), (-2, -1, 0)\}$$

은 $\mathbb{R}^3$의 기저이다. 그러나 행렬 $B=\begin{bmatrix} 2 & 1 & 0 \\ 0 & 1 & -25 \\ -2 & -1 & 0 \end{bmatrix}$의 행렬식은 0이므로

$$\{(2, 1, 0), (0, 1, -25), (-2, -1, 0)\}$$

은 $\mathbb{R}^3$의 기저가 아니다.

연습문제 2.4

1. 다음 집합이 벡터공간 $\mathbb{R}^2$의 기저인지를 판정하여라.

(1) $S=\{(2, 1), (-3, 4)\}$ (2) $S=\{(10, -15), (6, -9)\}$

2. 다음 집합이 벡터공간 $\mathbb{R}^3$의 기저인지를 판정하여라.

(1) $S=\{(1, 0, 0), (1, 1, 0), (1, 1, 1)\}$

(2) $S=\{(1, 0, -1), (2, 5, 1), (0, 4, 3)\}$

3. 다음 집합이 벡터공간 $P_2(\mathbb{R})$의 기저인지를 판정하여라.

(1) $S=\{x, 1-x, 3x^2\}$

(2) $S=\{x^2, 4x, x\}$

(3) $S=\{x, 3x^2+1, 4x+2, 1-5x\}$

4. 다음 집합은 모두 벡터공간 $\mathrm{Mat}_2(\mathbb{R})$의 기저임을 증명하여라.

(1) $\left\{\begin{bmatrix}0&1\\0&0\end{bmatrix}, \begin{bmatrix}0&0\\1&0\end{bmatrix}, \begin{bmatrix}1&0\\0&-1\end{bmatrix}, \begin{bmatrix}1&0\\0&1\end{bmatrix}\right\}$

(2) $\left\{\begin{bmatrix}1&1\\0&0\end{bmatrix}, \begin{bmatrix}1&-1\\0&0\end{bmatrix}, \begin{bmatrix}0&0\\1&1\end{bmatrix}, \begin{bmatrix}0&0\\2&1\end{bmatrix}\right\}$

(3) $\left\{\begin{bmatrix}2&0\\1&0\end{bmatrix}, \begin{bmatrix}1&3\\0&0\end{bmatrix}, \begin{bmatrix}1&1\\4&0\end{bmatrix}, \begin{bmatrix}1&2\\0&1\end{bmatrix}\right\}$

5. 벡터공간 $\mathbb{R}^2$에서 벡터 $(4, -7)$을 포함하는 $\mathbb{R}^2$의 기저를 두 개만 구하여라.

6. 벡터공간 $\mathbb{R}^3$에서 두 벡터 $(2, -1, 3), (4, 1, 1)$을 포함하는 $\mathbb{R}^3$의 기저를 두 개만 구하여라.

7. 벡터공간 V에서 $\alpha = \{\mathbf{u}, \mathbf{v}, \mathbf{w}\}$가 V의 기저이면, 집합

$$\beta = \{\mathbf{u}, \mathbf{u} + \mathbf{v}, \mathbf{u} + \mathbf{v} + \mathbf{w}\}$$

도 V의 기저임을 증명하여라.

8. 다음 벡터공간의 차원을 구하여라.

(1) $V = \{a + bx + cx^3 \mid a, b, c \in \mathbb{R}\}$

(2) $W = \{(x, y, z) \mid 2x - 3y + z = 0\}$

(3) $S = \left\{\begin{bmatrix}a&0\\0&b\end{bmatrix} \mid a, b \in \mathbb{R}\right\}$

(4) $T = \mathrm{lin}\{(1, 3, 0), (0, 2, 4), (1, 5, 4), (1, 1, 4)\}$

9. 다음 벡터공간의 기저를 구하여라.

(1) $V_1 = \{(a, b, -b, a) \mid a, b \in \mathbb{R}\}$ (2) $V_2 = \{a + bx - bx^2 + ax^3 \mid a, b \in \mathbb{R}\}$

(3) $V_3 = \left\{\begin{bmatrix}a&b\\-b&a\end{bmatrix} \mid a, b \in \mathbb{R}\right\}$

10. 모든 2×2 대칭행렬로 이루어진 벡터공간의 차원을 구하여라.

11. 다음에 주어진 α가 벡터공간 V의 기저인지 판정하여라.

(1) $V = \mathrm{Mat}_2(\mathbb{R})$, $\alpha = \left\{ \begin{bmatrix} 1 & 0 \\ 0 & 1 \end{bmatrix}, \begin{bmatrix} 0 & -1 \\ 1 & 0 \end{bmatrix}, \begin{bmatrix} 1 & 1 \\ 1 & 1 \end{bmatrix}, \begin{bmatrix} 1 & 1 \\ -1 & -1 \end{bmatrix} \right\}$

(2) $V = P_2(\mathbb{R})$, $\alpha = \{1-x, 1-x^2, x-x^2\}$

(3) $V = \{p(x) \in P_2(\mathbb{R}) \mid p(1) = 0\}$, $\alpha = \{1-x, 1-x^2\}$

(4) $V = \{A \in \mathrm{Mat}_2(\mathbb{R}) \mid AB = BA\}$ 단, $B = \begin{bmatrix} 1 & 1 \\ 0 & 1 \end{bmatrix}$, $\alpha = \left\{ \begin{bmatrix} 1 & 0 \\ 0 & 1 \end{bmatrix}, \begin{bmatrix} 0 & 1 \\ 0 & 0 \end{bmatrix} \right\}$

12. 벡터공간 $P_2(\mathbb{R})$의 부분공간 $\mathrm{lin}\{1-2x, 2x-x^2, 1-x^2, 1+x^2\}$의 기저를 구하여라.

13. 벡터공간 $V = \{f \mid f : \mathbb{R} \to \mathbb{R}$ 는 함수$\}$의 부분공간 $\mathrm{lin}\{\sin^2 x, \cos^2 x, \cos 2x\}$의 기저를 구하여라.

14. V가 유한차원 벡터공간일 때, V의 부분공간 W도 유한차원이고 $\dim W \leq \dim V$임을 증명하여라.

15. 집합 $\{1+x, 1-x\}$를 $P_2(\mathbb{R})$의 기저로 확장하여라.

16. V와 W를 각각 집합

$$\{(1,0,0,2), (1,1,0,1), (2,1,0,3)\}\text{와 } \{(1,0,1,0), (1,1,0,1)\}$$

에 의해 생성된 $\mathbb{R}^4$의 부분공간이라 할 때, 부분공간 $V \cap W$의 기저를 구하여라.

2.5 행렬의 행공간과 열공간

이 절에서는 행렬의 행공간과 열공간에 대하여 논한다.

정의 2.5.1

실수 위의 $m \times n$행렬

$$A = \begin{bmatrix} a_{11} & a_{12} & \cdots & a_{1n} \\ a_{21} & a_{22} & \cdots & a_{2n} \\ \cdots & \cdots & \cdots & \cdots \\ a_{m1} & a_{m2} & \cdots & a_{mn} \end{bmatrix} \in \mathrm{Mat}_{\mathrm{m} \times \mathrm{n}}(\mathbb{R})$$

에 대하여 A의 행으로 이루어진 m개의 벡터

$$\mathbf{r}_1 = (a_{11}, a_{12}, \cdots, a_{1n}),\ \mathbf{r}_2 = (a_{21}, a_{22}, \cdots, a_{2n}),\ \cdots,$$
$$\mathbf{r}_m = (a_{m1}, a_{m2}, \cdots, a_{mn})$$

을 A의 **행벡터**(row vector)라 하고, A의 열로 이루어진 n개의 벡터

$$\mathbf{c}_1 = \begin{bmatrix} a_{11} \\ a_{21} \\ \vdots \\ a_{m1} \end{bmatrix},\quad \mathbf{c}_2 = \begin{bmatrix} a_{12} \\ a_{22} \\ \vdots \\ a_{m2} \end{bmatrix},\ \cdots,\ \mathbf{c}_n = \begin{bmatrix} a_{1n} \\ a_{2n} \\ \vdots \\ a_{mn} \end{bmatrix}$$

을 A의 **열벡터**(column vector)라 한다.

이 때, A의 행벡터 $\mathbf{r}_1, \mathbf{r}_2, \cdots, \mathbf{r}_m$으로 생성되는 $\mathbb{R}^n$의 부분공간을 행렬 A의 **행공간**(row space)이라 하고, A의 열벡터 $\mathbf{c}_1, \mathbf{c}_2, \cdots, \mathbf{c}_n$으로 생성되는 $\mathbb{R}^m$의 부분공간을 행렬 A의 **열공간**(column space)이라 한다.

또한, 연립일차방정식 $A\mathbf{x} = \mathbf{0}$의 해로 이루어지는 $\mathbb{R}^n$의 부분공간 $\{\mathbf{x} \in \mathbb{R}^n \mid A\mathbf{x} = \mathbf{0}\}$을 행렬 A의 **퇴화공간**(null space)이라 한다.

정리 2.5.2

한 행렬에 기본행연산을 시행하여 얻은 행렬의 행공간은 원래 행렬의 행공간과 같다.

증명 행렬 A에 기본행연산을 시행하여 행렬 B를 얻었다고 하자.

(i) A의 두 행을 서로 바꾸어 B를 얻었다면 A와 B의 행은 같으므로 A의 행으로 생성된 공간이나 B의 행으로 생성된 공간은 같다. 즉, A의 행공간과

B의 행공간은 같다.

(ii) A의 한 행에 k배하여 B를 얻었다면 B의 행은 A의 행으로 생성된 공간에 속하고, 이것은 역으로 B의 한 행에 $1/k$배하여 A를 얻을 수 있으므로 A의 행은 B의 행으로 생성된 공간에 속한다. 그러므로 A의 행공간과 B의 행공간은 같다.

(iii) A의 i행에 k배하여 j행에 더하는 기본행연산에 의하여 B를 얻었다면 B의 행은 A의 행의 일차결합으로 나타낼 수 있으므로 B의 행은 A의 행으로 생성된 공간에 속하고, 이것은 역으로 B의 i행에 $-k$배하여 j행에 더하는 기본행연산에 의하여 A를 얻을 수 있으므로 A의 행은 B의 행으로 생성된 공간에 속한다. 따라서 A의 행공간과 B의 행공간은 같다.

그러므로 (i), (ii), (iii)에 의하여 위 정리가 성립한다. ■

예제 2.5.1

행렬 $A=\begin{bmatrix} 1 & -2 & 3 \\ -2 & 4 & -6 \\ 3 & -6 & 9 \end{bmatrix}$의 행공간을 구하여라.

풀이 행렬 A는 기본행연산에 의해 다음과 같이 변형할 수 있다.

$$\begin{bmatrix} 1 & -2 & 3 \\ -2 & 4 & -6 \\ 3 & -6 & 9 \end{bmatrix} \to \begin{bmatrix} 1 & -2 & 3 \\ 0 & 0 & 0 \\ 0 & 0 & 0 \end{bmatrix}$$

따라서 행렬 A의 행공간은 $\mathrm{lin}\{(1, -2, 3)\}$이다.

예제 2.5.2

다음 벡터 $\mathbf{v}_1, \mathbf{v}_2, \mathbf{v}_3, \mathbf{v}_4$로 생성되는 공간의 기저를 구하여라.

$$\mathbf{v}_1=(1, -1, 3),\quad \mathbf{v}_2=(3, -1, 5),\quad \mathbf{v}_3=(0, 3, -6),\quad \mathbf{v}_4=(-2, 2, -6)$$

풀이

각 벡터의 성분을 행으로 하는 행렬에 기본행연산을 시행하여 변형하면 다음과 같다.

$$\begin{bmatrix} 1 & -1 & 3 \\ 3 & -1 & 5 \\ 0 & 3 & -6 \\ -2 & 2 & -6 \end{bmatrix} \to \begin{bmatrix} 1 & -1 & 3 \\ 0 & 1 & -2 \\ 0 & 0 & 0 \\ 0 & 0 & 0 \end{bmatrix}$$

여기서 $\{(1, -1, 3), (0, 1, -2)\}$는 일차독립이므로

$$\{(1, -1, 3), (0, 1, -2)\}$$

는 벡터 $\mathbf{v}_1, \mathbf{v}_2, \mathbf{v}_3, \mathbf{v}_4$로 생성되는 공간의 기저이다.

예제 2.5.3

행렬 $A = \begin{bmatrix} 1 & -1 & 3 \\ 2 & 1 & 2 \\ 1 & 2 & -1 \end{bmatrix}$의 열공간을 구하여라.

풀이 행렬 A^t는 기본행연산에 의해 다음과 같이 변형할 수 있다.

$$A^t = \begin{bmatrix} 1 & 2 & 1 \\ -1 & 1 & 2 \\ 3 & 2 & -1 \end{bmatrix} \to \begin{bmatrix} 1 & 2 & 1 \\ 0 & 1 & 1 \\ 0 & 0 & 0 \end{bmatrix}$$

따라서 행렬 A의 열공간은 $\text{lin}\left\{ \begin{bmatrix} 1 \\ 2 \\ 1 \end{bmatrix}, \begin{bmatrix} 0 \\ 1 \\ 1 \end{bmatrix} \right\}$이다.

다음 정리는 사다리꼴 행렬의 행공간과 열공간의 기저를 찾을 수 있는 유용한 결과로서 증명은 연습문제로 남긴다.

정리 2.5.3

행렬 A가 사다리꼴이라고 하자. 그러면 행렬 A에서 첫 성분 1을 포함하고 있는 행의 집합이 A의 행공간의 기저가 되고, 첫 성분 1을 포함하고 있는 열의 집합이 A의 열공간의 기저가 된다.

예제 2.5.4

행렬

$$A = \begin{bmatrix} 1 & 2 & 0 & 0 & 5 \\ 0 & 0 & 1 & 3 & 6 \\ 0 & 0 & 0 & 1 & 0 \\ 0 & 0 & 0 & 0 & 0 \end{bmatrix}$$

은 사다리꼴이다. 따라서 정리 2.5.3에 의하여

$$\mathbf{r}_1 = (1, 2, 0, 0, 5), \quad \mathbf{r}_2 = (0, 0, 1, 3, 6), \quad \mathbf{r}_3 = (0, 0, 0, 1, 0)$$

은 A의 행공간의 기저를 이루고,

$$\mathbf{c}_1 = \begin{bmatrix} 1 \\ 0 \\ 0 \\ 0 \end{bmatrix}, \ \mathbf{c}_3 = \begin{bmatrix} 0 \\ 1 \\ 0 \\ 0 \end{bmatrix}, \ \mathbf{c}_4 = \begin{bmatrix} 0 \\ 3 \\ 1 \\ 0 \end{bmatrix}$$

은 A의 열공간의 기저를 이룬다.

정리 2.5.4

행렬 A에 대하여 연립일차방정식 $A\mathbf{x} = \mathbf{b}$가 해를 갖기 위한 필요충분조건은 벡터 $\mathbf{b}$가 행렬 A의 열공간에 속하는 것이다.

증명

$$A = \begin{bmatrix} a_{11} & a_{12} & \cdots & a_{1n} \\ a_{21} & a_{22} & \cdots & a_{2n} \\ \cdots & \cdots & \cdots & \cdots \\ a_{m1} & a_{m2} & \cdots & a_{mn} \end{bmatrix}, \quad \mathbf{x} = \begin{bmatrix} x_1 \\ x_2 \\ \vdots \\ x_n \end{bmatrix}$$

이라 하고 행렬 A의 열벡터를 $\mathbf{c}_1, \mathbf{c}_2, \cdots, \mathbf{c}_n$이라고 하면,

$$A\mathbf{x} = x_1\mathbf{c}_1 + x_2\mathbf{c}_2 + \cdots + x_n\mathbf{c}_n$$

이 성립한다. 따라서 $A\mathbf{x} = \mathbf{b}$는

$$x_1\mathbf{c}_1 + x_2\mathbf{c}_2 + \cdots + x_n\mathbf{c}_n = \mathbf{b} \qquad (*)$$

로 나타낼 수 있고, 이로부터 위 정리가 성립한다. ■

예제 2.5.5

$A = \begin{bmatrix} 1 & 2 & 1 \\ 2 & -1 & 1 \\ 4 & 3 & 3 \end{bmatrix}$일 때, 벡터 $\mathbf{b} = \begin{bmatrix} b_1 \\ b_2 \\ b_3 \end{bmatrix}$가 행렬 A의 열공간에 속하기 위한 b_1, b_2, b_3의 관계식을 구하여라.

풀이

$A\mathbf{x} = \mathbf{b}$의 확장된 계수행렬은 기본행연산에 의하여 다음과 같이 변형된다.

$$[A:\mathbf{b}]=\begin{bmatrix}1&2&1&b_1\\2&-1&1&b_2\\4&3&3&b_3\end{bmatrix}\to\begin{bmatrix}1&2&1&b_1\\0&-5&-1&b_2-2b_1\\0&0&0&b_3-b_2-2b_1\end{bmatrix}$$

그러므로 연립일차방정식 $A\mathbf{x}=\mathbf{b}$가 해를 갖기 위해서는

$$b_3-b_2-2b_1=0$$

이고, 정리 2.5.4에 의하여 이 때에만 벡터 $\mathbf{b}$가 행렬 A의 열공간에 속한다.

예제 2.5.6

연립일차방정식 $A\mathbf{x}=\mathbf{b}$가 다음과 같을 때 이 방정식은 해를 가짐을 보이고, 벡터 $\mathbf{b}$를 행렬 A의 열벡터의 일차결합으로 나타내어라.

$$\begin{bmatrix}1&2&3\\1&-1&1\\-2&1&-3\end{bmatrix}\begin{bmatrix}x_1\\x_2\\x_3\end{bmatrix}=\begin{bmatrix}1\\-5\\9\end{bmatrix}$$

풀이

$A\mathbf{x}=\mathbf{b}$의 확장된 계수행렬

$$[A:\mathbf{b}]=\begin{bmatrix}1&2&3&1\\1&-1&1&-5\\-2&1&-3&9\end{bmatrix}$$

는 기본행연산에 의하여 행렬 $\begin{bmatrix}1&0&0&2\\0&1&0&4\\0&0&1&-3\end{bmatrix}$으로 변형된다. 따라서 방정식 $A\mathbf{x}=\mathbf{b}$는

$$x_1=2,\quad x_2=4,\quad x_3=-3$$

을 해로 가지며, 다음과 같은 식이 성립한다.

$$2\begin{bmatrix}1\\1\\-2\end{bmatrix}+4\begin{bmatrix}2\\-1\\1\end{bmatrix}-3\begin{bmatrix}3\\1\\-3\end{bmatrix}=\begin{bmatrix}1\\-5\\9\end{bmatrix}$$

정리 2.5.5

연립일차방정식 $A\mathbf{x} = \mathbf{b}$의 한 해를 $\mathbf{x}_0$라 하고 $\mathbf{v}_1, \mathbf{v}_2, \cdots, \mathbf{v}_k$를 $A\mathbf{x} = \mathbf{0}$의 해공간의 기저라고 하자. 이 때, 방정식 $A\mathbf{x} = \mathbf{b}$의 임의의 해는

$$\mathbf{x} = \mathbf{x}_0 + c_1\mathbf{v}_1 + c_2\mathbf{v}_2 + \cdots + c_k\mathbf{v}_k$$

로 나타낼 수 있고, 역으로 임의의 실수 $c_1, c_2, \cdots, c_k$에 대하여 위와 같은 꼴의 $\mathbf{x}$는 방정식 $A\mathbf{x} = \mathbf{b}$의 해이다.

증명 $A\mathbf{x} = \mathbf{b}$의 한 해를 $\mathbf{x}_0$라 하고 임의의 해를 $\mathbf{x}$라고 하자. 그러면

$$A\mathbf{x}_0 = \mathbf{b}, \quad A\mathbf{x} = \mathbf{b}$$

이다. 따라서

$$A(\mathbf{x} - \mathbf{x}_0) = A\mathbf{x} - A\mathbf{x}_0 = \mathbf{0}$$

이므로 $\mathbf{x} - \mathbf{x}_0$ 또한 $A\mathbf{x} = \mathbf{0}$의 해이다. 그런데 $\mathbf{v}_1, \mathbf{v}_2, \cdots, \mathbf{v}_k$가 $A\mathbf{x} = \mathbf{0}$의 해공간의 기저이기 때문에 적당한 실수 $c_i\,(1 \le i \le k)$에 대하여

$$\mathbf{x} - \mathbf{x}_0 = c_1\mathbf{v}_1 + c_2\mathbf{v}_2 + \cdots + c_k\mathbf{v}_k$$

가 성립하고, 따라서 $\mathbf{x} = \mathbf{x}_0 + c_1\mathbf{v}_1 + c_2\mathbf{v}_2 + \cdots + c_k\mathbf{v}_k$이다.

역으로, 임의의 실수 $c_1, c_2, \cdots, c_k$에 대하여

$$\begin{aligned} A\mathbf{x} = A(\mathbf{x}_0 + c_1\mathbf{v}_1 + c_2\mathbf{v}_2 + \cdots + c_k\mathbf{v}_k) &= A\mathbf{x}_0 + c_1(A\mathbf{v}_1) + c_2(A\mathbf{v}_2) + \cdots + c_k(A\mathbf{v}_k) \\ &= \mathbf{b} + \mathbf{0} + \mathbf{0} + \cdots + \mathbf{0} = \mathbf{b} \end{aligned}$$

이므로

$$\mathbf{x} = \mathbf{x}_0 + c_1\mathbf{v}_1 + c_2\mathbf{v}_2 + \cdots + c_k\mathbf{v}_k$$

는 방정식 $A\mathbf{x} = \mathbf{b}$의 해이다. ■

1.2절에서 연립일차방정식의 해를 구할 때 확장된 계수행렬에 기본행연산을 시행하였으며, 이렇게 확장된 계수행렬을 기본 행 변형하여 얻은 해는 원래 주어진 방정식의 해와 같음을 공부하였다. 따라서 연립일차방정식 $A\mathbf{x} = \mathbf{0}$의 경우에도 이와 같은 결과가 성립하며, 이로부터 다음 정리가 성립한다.

정리 2.5.6

한 행렬에 기본행연산을 시행하여 얻은 행렬의 퇴화공간은 원래 행렬의 퇴화공간과 같다.

예제 2.5.7

다음 행렬의 퇴화공간의 기저를 구하여라.

$$A = \begin{bmatrix} 1 & -2 & 3 \\ -2 & 4 & -6 \\ 3 & -6 & 9 \end{bmatrix}$$

풀이

행렬 A의 퇴화공간은 연립일차방정식

$$\begin{cases} x_1 - 2x_2 + 3x_3 = 0 \\ -2x_1 + 4x_2 - 6x_3 = 0 \\ 3x_1 - 6x_2 + 9x_3 = 0 \end{cases}$$

의 해공간이며, 이 연립일차방정식의 확장된 계수행렬은 기본행연산에 의하여 다음과 같이 변형 할 수 있다.

$$[A:0] = \begin{bmatrix} 1 & -2 & 3 & 0 \\ -2 & 4 & -6 & 0 \\ 3 & -6 & 9 & 0 \end{bmatrix} \to \begin{bmatrix} 1 & -2 & 3 & 0 \\ 0 & 0 & 0 & 0 \\ 0 & 0 & 0 & 0 \end{bmatrix}$$

따라서 이 연립방정식은 하나의 방정식 $x_1 - 2x_2 + 3x_3 = 0$이며, 예제 2.4.4에 의해

$$\{(2,\ 1,\ 0),\ (-3,\ 0,\ 1)\}$$

은 이 방정식의 해공간의 기저이다. 그러므로 이 집합은 행렬 A의 퇴화공간의 기저가 된다.

아래 예제 2.5.8과 같이 어떤 행렬에 기본행연산을 시행하면 열공간이 바뀐다. 즉, 행렬 A가 기본행연산에 의해 B로 변형되었을 때, 일반적으로 행렬 A의 열공간은 B의 열공간과 다르다.

그러나 원래 행렬의 열벡터의 일차독립성과 기본행연산에 의해 변형된 행렬의 열벡터의 일차독립성은 서로 연관이 있음을 정리 2.5.7에서 알 수 있다.

예제 2.5.8

행렬 $A=\begin{bmatrix}1 & 0\\ 1 & 0\end{bmatrix}$는 기본행연산에 의해 행렬 $B=\begin{bmatrix}1 & 0\\ 0 & 0\end{bmatrix}$로 변형된다. 따라서 행렬 A의 열공간은 $\text{lin}\left\{\begin{bmatrix}1\\1\end{bmatrix}\right\}$이고 행렬 B의 열공간은 $\text{lin}\left\{\begin{bmatrix}1\\0\end{bmatrix}\right\}$이 되어, 두 공간은 다르다.

정리 2.5.7

행렬 A에 기본행연산을 시행하여 행렬 B를 얻었을 때 다음이 성립한다.

(1) 행렬 A의 열벡터로 이루어진 집합이 일차독립이기 위한 필요충분조건은 행렬 B에서 대응되는 열벡터로 이루어진 집합이 일차독립인 것이다.

(2) 행렬 A의 열벡터로 이루어진 집합이 A의 열공간의 기저가 되기 위한 필요충분조건은 행렬 B에서 대응되는 열벡터로 이루어진 집합이 B의 열공간의 기저가 되는 것이다.

증명 (2)는 (1)에 의하여 분명하므로 (1)만을 증명한다.

행렬 A가 기본행연산에 의하여 행렬 B로 변형되었으므로

$$A\mathbf{x}=0\text{와 } B\mathbf{x}=0$$

은 같은 해집합을 갖는다. 따라서 연립일차방정식 $A\mathbf{x}=\mathbf{0}$이 자명하지 않은 해를 갖기 위한 필요충분조건은 연립일차방정식 $B\mathbf{x}=\mathbf{0}$이 자명하지 않은 해를 갖는 것이다. 한편 행렬 A와 B의 열벡터를 각각

$$\mathbf{c}_1, \mathbf{c}_2, \cdots, \mathbf{c}_n \text{ 그리고 } \mathbf{c}'_1, \mathbf{c}'_2, \cdots, \mathbf{c}'_n$$

이라 하면, 정리 2.5.4의 증명에 있는 식 (*)로 부터

$$x_1\mathbf{c}_1+x_2\mathbf{c}_2+\cdots+x_n\mathbf{c}_n=\mathbf{0} \qquad ①$$

$$x_1\mathbf{c}'_1+x_2\mathbf{c}'_2+\cdots+x_n\mathbf{c}'_n=\mathbf{0} \qquad ②$$

이 성립한다. 따라서 식 ①이 자명하지 않은 해 $x_1, x_2, \cdots, x_n$을 가지기 위한 필요충분조건은 식 ②가 자명하지 않은 해를 갖는 것이다. 그러므로 정리의 (1)이 성립한다. ■

행렬 A의 열공간의 기저를 구할 때, 예제 2.5.3에서는 행렬 A^t 에 기본행연산을 시행하여 기약행 사다리꼴로 변형하였으나, 위 정리 2.5.7 (2)에 의하면 아래 예제와 같이

행렬 A에 기본행연산을 시행하여 이 행렬의 기약행 사다리꼴을 얻음으로써 A의 열공간의 기저를 구할 수 있다.

예제 2.5.9

다음 행렬 A의 행공간과 열공간의 기저를 각각 구하여라.

$$A = \begin{bmatrix} 1 & -3 & 4 & -2 & 5 \\ 2 & -6 & 9 & -1 & 8 \\ 2 & -6 & 9 & -1 & 9 \\ -1 & 3 & -4 & 2 & -5 \end{bmatrix}$$

풀이

행렬 A는 기본행연산에 의하여 다음과 같은 기약행 사다리꼴 행렬 B로 변형된다.

$$A = \begin{bmatrix} 1 & -3 & 4 & -2 & 5 \\ 2 & -6 & 9 & -1 & 8 \\ 2 & -6 & 9 & -1 & 9 \\ -1 & 3 & -4 & 2 & -5 \end{bmatrix} \to \begin{bmatrix} 1 & -3 & 4 & -2 & 5 \\ 0 & 0 & 1 & 3 & -2 \\ 0 & 0 & 0 & 0 & 1 \\ 0 & 0 & 0 & 0 & 0 \end{bmatrix} = B$$

따라서 세 벡터

$$\mathbf{r}_1 = (1, -3, 4, -2, 5), \quad \mathbf{r}_2 = (0, 0, 1, 3, -2), \quad \mathbf{r}_3 = (0, 0, 0, 0, 1)\}$$

의 집합은 행렬 A의 행공간의 기저를 이룬다.

행렬 A의 열공간과 B의 열공간은 다르기 때문에 행렬 B의 열벡터로부터 행렬 A의 열공간의 기저를 직접 구할 수는 없다. 그러나 정리 2.5.7의 (2)에 의하여 B의 열공간의 기저를 이루는 행렬 B의 열벡터들을 찾을 수 있다면 이에 대응되는 행렬 A의 열벡터들이 A의 열공간의 기저가 된다.

한편, 정리 2.5.3에 의하여

$$\mathbf{c'}_1 = \begin{bmatrix} 1 \\ 0 \\ 0 \\ 0 \end{bmatrix}, \quad \mathbf{c'}_3 = \begin{bmatrix} 4 \\ 1 \\ 0 \\ 0 \end{bmatrix}, \quad \mathbf{c'}_5 = \begin{bmatrix} 5 \\ -2 \\ 1 \\ 0 \end{bmatrix}$$

는 행렬 B의 열공간의 기저를 이룬다. 그러므로 이에 대응되는 행렬 A의 열벡터

$$\mathbf{c}_1 = \begin{bmatrix} 1 \\ 2 \\ 2 \\ -1 \end{bmatrix}, \quad \mathbf{c}_3 = \begin{bmatrix} 4 \\ 9 \\ 9 \\ -4 \end{bmatrix}, \quad \mathbf{c}_5 = \begin{bmatrix} 5 \\ 8 \\ 9 \\ -5 \end{bmatrix}$$

는 정리 2.5.7의 (2)에 의하여 행렬 A의 열공간의 기저를 이룬다.

예제 2.5.10

다음 행렬 A의 행벡터의 일부로 이루어진 A의 행공간의 기저를 구하여라.

$$A=\begin{bmatrix}1&3&0\\0&2&4\\1&5&4\\1&1&-4\end{bmatrix}$$

풀이

먼저 행렬 A^t에 기본행연산을 시행하여 기약행 사다리꼴로 변형하면 다음과 같다.

$$A^t=\begin{bmatrix}1&0&1&1\\3&2&5&1\\0&4&4&-4\end{bmatrix}\to\begin{bmatrix}1&0&1&1\\0&1&1&-1\\0&0&0&0\end{bmatrix}$$

따라서 행렬 A^t의 열공간의 기저는

$$\left\{\begin{bmatrix}1\\3\\0\end{bmatrix},\ \begin{bmatrix}0\\2\\4\end{bmatrix}\right\}$$

이고, 이로부터 행렬 A의 행공간의 기저는

$$\{(1, 3, 0),\ (0, 2, 4)\}$$

이다.

예제 2.5.11

$S=\{(1, 1, 2),\ (1, 0, 1),\ (2, 1, 3),\ (1, 2, 3)\}$일 때, $\operatorname{lin} S$의 기저가 되는 S의 부분집합을 구하여라.

풀이

$\operatorname{lin} S$는 행렬 $A=\begin{bmatrix}1&1&2\\1&0&1\\2&1&3\\1&2&3\end{bmatrix}$의 행공간과 같다.

한편, 행렬 A^t에 기본행연산을 시행하여 기약행 사다리꼴로 변형하면 다음과 같다.

$$A^t=\begin{bmatrix}1&1&2&1\\1&0&1&2\\2&1&3&3\end{bmatrix}\to\begin{bmatrix}1&1&2&1\\0&1&1&-1\\0&0&0&0\end{bmatrix}$$

따라서 행렬 A^t의 열공간의 기저는

$$\left\{\begin{bmatrix}1\\1\\2\end{bmatrix}, \begin{bmatrix}1\\0\\1\end{bmatrix}\right\}$$

이다. 그러므로 $\{(1, 1, 2), (1, 0, 1)\}$은 행렬 A의 행공간 즉, $\text{lin}\, S$의 기저이다.

연습문제 2.5

1. 다음에 주어진 행렬 A와 $\mathbf{x}$의 곱 $A\mathbf{x}$를 행렬 A의 열벡터의 일차결합으로 나타내어라.

(1) $A = \begin{bmatrix}2 & 3\\-1 & 4\end{bmatrix}$, $\mathbf{x} = \begin{bmatrix}1\\2\end{bmatrix}$ (2) $A = \begin{bmatrix}4 & 0 & -1\\3 & 6 & 2\\0 & -1 & 4\end{bmatrix}$, $\mathbf{x} = \begin{bmatrix}-2\\3\\5\end{bmatrix}$

(3) $A = \begin{bmatrix}2 & 1 & 5\\6 & 3 & -8\end{bmatrix}$, $\mathbf{x} = \begin{bmatrix}3\\0\\-5\end{bmatrix}$

2. 다음의 행렬 b가 행렬 A의 열공간에 있는가를 알아보고, 열공간에 있을 경우 b를 행렬 A의 열벡터의 일차결합으로 나타내어라.

(1) $A = \begin{bmatrix}1 & 3\\4 & -6\end{bmatrix}$, $\mathbf{b} = \begin{bmatrix}-2\\10\end{bmatrix}$ (2) $A = \begin{bmatrix}1 & 1 & 2\\1 & 0 & 1\\2 & 1 & 3\end{bmatrix}$, $\mathbf{b} = \begin{bmatrix}-1\\0\\2\end{bmatrix}$

(3) $A = \begin{bmatrix}1 & -1 & 1\\1 & 1 & -1\\-1 & -1 & 1\end{bmatrix}$, $\mathbf{b} = \begin{bmatrix}2\\0\\0\end{bmatrix}$

3. 다음 행렬 A의 퇴화공간을 구하여라

(1) $A = \begin{bmatrix}1 & -1 & 3\\5 & -4 & -4\\7 & -6 & 2\end{bmatrix}$ (2) $A = \begin{bmatrix}2 & 0 & -1\\4 & 0 & -2\\0 & 0 & 0\end{bmatrix}$

4. 미지수가 n개인 동차 연립일차방정식의 해집합은 $\mathbb{R}^n$의 부분공간을 이루며 이것을 **해공간**이라 한다. 다음 동차 연립일차방정식의 해공간을 구하여라.

(1) $\begin{cases}x_1 + x_2 - x_3 = 0\\4x_1 + x_2 - 2x_3 = 0\end{cases}$ (2) $\begin{cases}x_1 + x_2 - x_3 + 2x_4 = 0\\x_1 + x_2 + 2x_3 = 0\\2x_1 + 2x_2 + x_3 + 2x_4 = 0\end{cases}$

5. 다음 행렬의 열공간과 퇴화공간의 기저를 각각 구하여라.

(1) $\begin{bmatrix} 1 & 2 & -1 \\ 2 & 4 & 6 \\ 0 & 0 & -8 \end{bmatrix}$ (2) $\begin{bmatrix} 2 & 0 & -1 \\ 4 & 0 & -2 \\ 0 & 0 & 0 \end{bmatrix}$ (3) $\begin{bmatrix} 1 & 1 & 2 & 1 \\ 1 & 0 & 1 & 2 \\ 2 & 1 & 3 & 4 \end{bmatrix}$

6. 다음에 주어진 벡터에 의해 생성되는 $\mathbb{R}^4$의 부분공간의 기저를 구하여라.

(1) $(1, 1, -4, -3)$, $(2, 0, 2, -2)$, $(2, -1, 3, 2)$

(2) $(-1, 1, -2, 0)$, $(3, 3, 6, 0)$, $(9, 0, 0, 3)$

(3) $(1, 1, 0, 0,)$, $(0, 0, 1, 1)$, $(-2, 0, 2, 2)$, $(0, -3, 0, 3)$

7. 벡터공간 $\mathbb{R}^3$는 다음 집합에 의하여 생성된다.

$$S = \{(2, -3, 1), (1, 4, -2), (-8, 12, -4), (1, 37, -17), (3, 5, -8)\}$$

S의 부분집합 중 $\mathbb{R}^3$의 기저가 되는 것을 구하여라.

8. 다음에 주어진 집합 S에 대하여 $\text{lin}\, S$의 기저가 되는 S의 부분집합을 구하여라.

(1) $S = \{(1, 0, 1, 1), (-3, 3, 7, 1), (-1, 3, 9, 3), (-5, 3, 5, -1)\}$

(2) $S = \{(1, -2, 0, 3), (2, -4, 0, 6), (-1, 1, 2, 0), (0, -1, 2, 3)\}$

9. 다음 각 행렬의 행공간에 대한 기저와 열공간에 대한 기저를 각각 구하여라.

(1) $\begin{bmatrix} 1 & -3 & 0 & 0 \\ 0 & 1 & 0 & 0 \\ 0 & 0 & 0 & 0 \\ 0 & 0 & 0 & 0 \end{bmatrix}$ (2) $\begin{bmatrix} 1 & 2 & 4 & 5 \\ 0 & 1 & -3 & 0 \\ 0 & 1 & -3 & 0 \\ 0 & 0 & 0 & 1 \\ 0 & 0 & 0 & 0 \end{bmatrix}$ (3) $\begin{bmatrix} 1 & 2 & -1 & 5 \\ 0 & 1 & 4 & 3 \\ 0 & 0 & 1 & -7 \\ 0 & 0 & 0 & 1 \end{bmatrix}$

10. 퇴화공간이 다음 두 벡터에 의해 생성되는 행렬을 만들어라.

$$\mathbf{v}_1 = \begin{bmatrix} 1 \\ -1 \\ 3 \\ 2 \end{bmatrix}, \quad \mathbf{v}_2 = \begin{bmatrix} 2 \\ 0 \\ -2 \\ 4 \end{bmatrix}$$

11. 행렬 $\begin{bmatrix} 1 & 3 & -2 & 0 & 2 & 0 \\ 2 & 6 & -5 & -2 & 4 & -3 \\ 0 & 0 & 5 & 10 & 0 & 15 \\ 2 & 6 & 0 & 8 & 4 & 18 \end{bmatrix}$의 퇴화공간의 기저를 구하여라.

12. $A=\begin{bmatrix}1 & 1 & -3\\ 0 & 2 & 1\\ 1 & -1 & -4\end{bmatrix}$일 때, $\mathrm{v}=\begin{bmatrix}7\\ -1\\ 2\end{bmatrix}$는 A의 퇴화공간에 포함되는가?

13. 퇴화공간이 $\left\{t\begin{bmatrix}2\\ -3\end{bmatrix} \mid t\in\mathbb{R}\right\}$인 모든 2×2 행렬을 구하여라.

14. 정리 2.5.3을 증명하여라.

2.6 행렬의 계수와 퇴화차수

행렬 A와 A^t에 대하여 2.5절에서 다룬 여러 가지 공간을 적용하면 A의 행공간, A의 열공간, A의 퇴화공간 그리고 A^t의 행공간, A^t의 열공간, A^t의 퇴화공간을 생각할 수 있다. 그런데 행렬의 행 또는 열벡터를 전치시킨 표현을 고려하지 않는다면 A의 행공간은 A^t의 열공간과 같고, A의 열공간은 A^t의 행공간과 같다. 따라서 행렬에 대해서는 다음과 같은 네 개의 서로 다른 공간을 생각할 수 있다.

A의 행공간, A의 열공간, A의 퇴화공간, A^t의 퇴화공간

이 절에서는 이러한 네 개 공간의 차원의 관계에 대해서 논한다.

정리 2.6.1

행렬 A의 행공간의 차원과 열공간의 차원은 같다.

증명 행렬 A에 기본행연산을 시행하여 기약행 사다리꼴 B로 변형했다고 하자. 그러면 정리 2.5.2에 의하여 A의 행공간의 차원은 B의 행공간의 차원과 같고, 정리 2.5.7(2)에 의하여 A의 열공간의 차원과 B의 열공간의 차원은 같다. 따라서 A의 행공간과 열공간의 차원이 같음을 증명하기 위하여 B의 행공간과 열공간의 차원이 같음을 증명하면 된다. 그런데 행렬 B는 기약행 사다리꼴이므로 B의 행공간의 차원과 열공간의 차원은 행렬 B에 있는 첫 성분 1의 개수와 각각 같다. 그러므로 행렬 A의 행공간의 차원과 열공간의 차원은 같다. ■

정의 2.6.2

행렬 A의 행공간 (또는 열공간)의 차원을 행렬 A의 **계수**(rank)라 하고 $r(A)$로 나타내며, 행렬 A의 퇴화공간의 차원을 행렬 A의 **퇴화차수**(nullity)라 하고 $n(A)$로 나타낸다.

예제 2.6.1

다음 행렬 A의 $r(A)$와 $n(A)$를 각각 구하여라.

$$A = \begin{bmatrix} 2 & 1 & -1 & 1 & 3 \\ 1 & -1 & -2 & 5 & 0 \\ 5 & 1 & -4 & 7 & 1 \end{bmatrix}$$

풀이

행렬 A는 기본행연산에 의하여 다음과 같은 기약행 사다리꼴 행렬 B로 변형된다.

$$A = \begin{bmatrix} 2 & 1 & -1 & 1 & 3 \\ 1 & -1 & -2 & 5 & 0 \\ 5 & 1 & -4 & 7 & 1 \end{bmatrix} \to \begin{bmatrix} 1 & 0 & -1 & 2 & 0 \\ 0 & 1 & 1 & -3 & 0 \\ 0 & 0 & 0 & 0 & 1 \end{bmatrix} = B$$

따라서 행렬 B에 있는 첫 성분 1의 개수가 3이므로 $r(A)=3$이다.

이제, 행렬 A의 퇴화차수를 구하기 위해서 다음과 같은 연립일차방정식의 해공간의 차원을 구해야 한다.

$$\begin{cases} x_1 \quad\; - x_3 + 2x_4 \qquad = 0 \\ \quad x_2 + x_3 - 3x_4 \qquad = 0 \\ \qquad\qquad\qquad\quad x_5 = 0 \end{cases}$$

첫 번째 식의 x_1과 두 번째 식의 x_2를 각각 미지수 x_3, x_4를 중심으로 나타내고 다시 쓰면

$$x_1 = x_3 - 2x_4, \quad x_2 = -x_3 + 3x_4, \quad x_5 = 0$$

따라서 위 연립일차방정식의 일반해는

$$x_1 = s - 2t, \quad x_2 = -s + 3t, \quad x_3 = s, \quad x_4 = t, \quad x_5 = 0$$

즉,

$$\begin{bmatrix} x_1 \\ x_2 \\ x_3 \\ x_4 \\ x_5 \end{bmatrix} = s \begin{bmatrix} 1 \\ -1 \\ 1 \\ 0 \\ 0 \end{bmatrix} + t \begin{bmatrix} -2 \\ 3 \\ 0 \\ 1 \\ 0 \end{bmatrix} \quad (s,\ t \in \mathbb{R})$$

이며, 우변에 있는 두 개의 벡터가 해공간의 기저를 이룬다. 그러므로 $n(A)=2$이다.

정리 2.6.3

행렬 A의 계수와 A^t의 계수는 같다.

증명 $$r(A) = A\text{의 행공간의 차원} = A^t\text{의 열공간의 차원} = r(A^t)$$

이므로 위 정리의 결과가 성립한다. ■

정리 2.6.4 **행렬의 차원 정리**

행렬 A의 열의 개수가 n이면,

$$r(A) + n(A) = n$$

증명 기본행연산을 이용하여 행렬 A를 기약행 사다리꼴 행렬 B로 변형하였다고 하자. 그러면

$$r(A) = r(B), \quad n(A) = n(B)$$

이므로

$$r(B) + n(B) = n$$

이 성립함을 증명하자.

행렬 B가 n개의 열을 가지므로 방정식 $B\mathbf{x} = \mathbf{0}$은 n개의 미지수를 갖는다. 이 때 n개의 변수는 행렬 B에서 첫 성분 1을 포함하고 있는 열에 대응되는 선두변수와 그렇지 않은 열에 대응되는 자유변수로 나눌 수 있으며,

$$\text{선두변수의 개수} + \text{자유변수의 개수} = n$$

이 성립한다. 또한,

$$\text{선두변수의 개수} = r(B), \ \text{자유변수의 개수} = n(B)$$

이다. 그러므로 위 정리가 성립한다. ■

예제 2.6.2

행렬 $A = \begin{bmatrix} 1 & -2 & 0 & 0 & 3 \\ 2 & -5 & -3 & -2 & 6 \\ 0 & 5 & 15 & 10 & 0 \\ 2 & 6 & 18 & 8 & 6 \end{bmatrix}$는 5개의 열을 가지므로

$$r(A) + n(A) = 5$$

가 성립한다. 실제로 행렬 A는 기본행연산에 의하여 행렬

$$B = \begin{bmatrix} 1 & -2 & 0 & 0 & 3 \\ 0 & 1 & 3 & 2 & 0 \\ 0 & 0 & 1 & 1 & 0 \\ 0 & 0 & 0 & 0 & 0 \end{bmatrix}$$

로 변형되므로 $r(A) = 3$이고, $n(A) = 2$ 이다.

예제 2.6.3

행렬 A의 크기가 4×6이고 $r(A) = 2$일 때, 연립일차방정식 $A\mathbf{x} = \mathbf{0}$의 해집합에 있는 매개변수의 개수는 얼마인가?

풀이

해집합에 있는 매개변수의 개수는 $n(A)$와 같으므로 정리 2.6.4에 의하여

$$n(A) = 6 - r(A) = 4$$

이다. 따라서 매개변수의 개수는 4이다.

정리 2.6.5

다음은 서로 동치이다.

(1) 연립일차방정식 $A\mathbf{x} = \mathbf{b}$가 적어도 하나의 해를 갖는다.

(2) 벡터 $\mathbf{b}$가 A의 열공간에 속한다.

(3) $r(A) = r([A : \mathbf{b}])$

증명 정리 2.5.4에 의하여 (1)과 (2)는 동치이다.

(2) ⇒ (3) 벡터 $\mathbf{b}$가 A의 열공간에 속하므로 행렬 $[A : \mathbf{b}]$도 행렬 A와 같은 일차독립인 열을 갖는다. 따라서 $r(A) = r([A : \mathbf{b}])$이다.

(3) $\Rightarrow$ (2) 벡터 $\mathbf{b}$가 A의 열공간에 속하지 않는다고 하자. 그러면 $n([A:\mathbf{b}])$는 $n(A)$ 보다 1이 더 많고, 따라서 $r(A) \neq r([A:\mathbf{b}])$이다.
그러므로 $\sim(2) \Rightarrow \sim(3)$의 대우명제에 의하여 (3) $\Rightarrow$ (2)가 성립한다. ■

예제 2.6.4

다음 연립일차방정식이 해를 갖는지 정리 2.6.5를 이용하여 판단하여라.

$$\begin{cases} x_1 + 2x_2 + 4x_3 = 1 \\ 2x_1 + x_2 - x_3 = 8 \\ 3x_1 + x_2 - 3x_3 = -12 \end{cases}$$

풀이

기본행연산에 의하여

$$A = \begin{bmatrix} 1 & 2 & 4 \\ 2 & 1 & -1 \\ 3 & 1 & -3 \end{bmatrix} \rightarrow \begin{bmatrix} 1 & 2 & 4 \\ 0 & 1 & 3 \\ 0 & 0 & 0 \end{bmatrix}$$

으로 변형되므로 $r(A) = 2$이다.
또한,

$$[A:\mathbf{b}] = \begin{bmatrix} 1 & 2 & 4 & 1 \\ 2 & 1 & -1 & 8 \\ 3 & 1 & -3 & -12 \end{bmatrix} \rightarrow \begin{bmatrix} 1 & 2 & 4 & 1 \\ 0 & 1 & 3 & -2 \\ 0 & 0 & 0 & 1 \end{bmatrix}$$

로 변형되므로 $r([A:\mathbf{b}]) = 3$이다. 그러므로 $r(A) \neq r([A:b])$이고, 정리 2.6.5의 (1) $\Leftrightarrow$ (3)에 의하여 이 연립일차방정식은 해를 갖지 않는다.

이제까지 다룬 내용을 정사각행렬에 적용하여 요약하면 다음과 같다.

정리 2.6.6

$n \times n$ 크기의 정사각행렬 A에 대하여 다음 (ⅰ)~(ⅹ)는 동치이다.

(ⅰ) A는 정칙이다.

(ⅱ) $A\mathbf{x} = \mathbf{0}$은 오직 자명한 해 $\mathbf{x} = \mathbf{0}$만 갖는다.

(ⅲ) 모든 $n \times 1$ 크기의 행렬 $\mathbf{b}$에 대하여 $A\mathbf{x} = \mathbf{b}$는 유일한 해를 갖는다.

(ⅳ) A는 기본행연산에 의하여 I_n으로 변형된다. 즉, A는 I_n과 행동치이다.

(v) A는 기본행렬의 곱으로 나타낼 수 있다.

(vi) $\det A \neq 0$

(vii) A의 계수는 n이다.

(viii) $\dim_{\mathbb{R}}\{\mathbf{x} \mid A\mathbf{x} = \mathbf{0}\} = 0$

(ix) A의 행벡터는 일차독립이다.

(x) A의 열벡터는 일차독립이다.

증명 위 정리의 각 명제에서 몇 가지를 확인하고 이것으로 증명을 생략한다.

(1) I_n은 영벡터가 아닌 n개의 행을 가지므로, (iv)를 가정하면 A의 행공간은 n차원이고, A의 계수는 n이다. ((iv) ⇒ (vii))

(2) (vii)를 가정하면 A의 행공간은 n차원이고, 따라서 n개의 행벡터는 A의 행공간을 생성한다. 그러므로 A의 행벡터는 일차독립이다. ((vii) ⇒ (ix))

(3) (ix)를 가정하면 A의 행공간은 n차원이고, 따라서 A의 열공간도 n차원이다. 그러므로 n개의 열벡터는 A의 열공간을 생성하므로 A의 열벡터는 일차독립이다. ((ix) ⇒ (x))

(4) (x)를 가정하면 (3)과 같은 방법으로 A의 열공간은 n차원이고, 따라서 A의 행공간도 n차원이다. 이것은 A의 기약행 사다리꼴 행렬이 영벡터가 아닌 n개의 행벡터를 갖는다는 의미이다. 그러므로 이 기약행 사다리꼴 행렬은 I_n이다. 따라서 $A \to I_n$이다. ((x) ⇒ (iv))

그리고 (iv)이면, 즉 A가 I_n과 행동치이면 (i)이 성립한다. ((iv) ⇒ (i))

이미 행렬과 연립일차방정식을 다룰 때, (i)이면 (ii), (iii), (v), (vi)이 성립하고 이 명제들은 동치임을 알고 있다. 이상으로 정리 2.6.6을 확인하였다. ■

연습문제 2.6

1. 다음 행렬의 계수와 퇴화차수를 각각 구하여라.

(1) $\begin{bmatrix} 1 & 1 & 0 \\ 0 & 1 & 1 \\ 1 & 1 & 0 \end{bmatrix}$ (2) $\begin{bmatrix} 1 & 1 & 0 & 1 \\ 2 & 1 & 1 & 2 \\ 1 & 1 & 1 & 4 \end{bmatrix}$

(3) $\begin{bmatrix} 2 & 4 & 1 & 0 & 3 \\ 5 & 0 & -2 & 2 & 4 \\ 3 & 2 & 1 & -2 & 3 \end{bmatrix}$ (4) $\begin{bmatrix} -1 & 2 & 0 & 4 & 5 & -3 \\ 3 & -7 & 2 & 0 & 1 & 4 \\ 2 & -5 & 2 & 4 & 6 & 1 \\ 4 & -9 & 2 & -4 & -4 & 7 \end{bmatrix}$

2. 다음 각 경우에 행렬 A의 계수로 가능한 가장 큰 값과 A의 퇴화차수로 가능한 가장 작은 값을 각각 구하여라.

(1) A는 4×4 행렬 (2) A는 3×5 행렬

(3) A는 5×3 행렬

3. 다음 행렬 A에 대하여 A의 계수와 A^t의 계수가 같음을 확인하여라.

$$A = \begin{bmatrix} 1 & 2 & 0 & 1 \\ 2 & 4 & 1 & 3 \\ 3 & 6 & 2 & 5 \\ 4 & -8 & 1 & -3 \end{bmatrix}$$

4. 다음 행렬의 계수가 2이기 위한 필요충분조건을 구하여라.

$$A = \begin{bmatrix} a_{11} & a_{12} & a_{13} \\ a_{21} & a_{22} & a_{23} \end{bmatrix}$$

5. $m\times n$ 행렬 A의 계수가 0이면 A는 영행렬이다. 그 이유를 설명하여라.

6. (1) A가 3×5 행렬이면, A의 열들이 일차종속이어야만 하는 이유를 설명하여라.
(2) A가 4×2 행렬이면, A의 행들이 일차종속이어야만 하는 이유를 설명하여라.

7. A가 3×5 행렬일 때, A의 퇴화차수로 가능한 값은 무엇인가?

8. 다음에 주어진 행렬 A의 계수가 t에 따라 어떻게 변하는지 말하여라.

(1) $A = \begin{bmatrix} 1 & -1 & t \\ 1 & t & -1 \\ t^2 & 1 & -1 \end{bmatrix}$ (2) $A = \begin{bmatrix} t & 3 & -1 \\ 3 & 6 & -2 \\ -1 & -3 & t \end{bmatrix}$

9. 다음에 주어진 행렬 A의 계수가 1 또는 2가 되는 r과 s의 값이 존재하는가? 만약 존재한다면 그 값을 구하여라.

$$A = \begin{bmatrix} 1 & 0 & 0 \\ 0 & r-2 & 2 \\ 0 & s-1 & r+2 \\ 0 & 0 & 3 \end{bmatrix}$$

10. $k \neq 0$ 이라면 행렬 A의 계수와 kA의 계수는 같음을 보여라.

11. A가 $m \times n$ 행렬일 때, A의 퇴화공간의 모든 벡터는 행공간의 모든 벡터와 수직임을 보여라.

12. 다음 (1)~(5)의 명제들이 참인지 거짓인지 밝히고, 그 이유를 설명하여라.

(1) 영행렬이 아닌 $m \times n$ 행렬의 퇴화차수는 기껏해야 m이다.

(2) 어떤 행렬에 하나의 열을 추가하면 새로운 행렬의 계수도 1 증가한다.

(3) 일차종속인 행이 있는 정사각행렬의 퇴화차수는 1 이상이다.

(4) A가 정사각행렬이고 $A\mathbf{x} = \mathbf{b}$가 어떤 벡터 $\mathbf{b}$에 대해 해를 갖고 있지 않다면 A의 퇴화차수는 0이다

(5) A의 계수와 A^t의 계수가 같으면 A는 정사각행렬이다.

13. 임의의 두 행렬 A, B에 대하여 행렬 AB의 계수는 행렬 B의 계수보다 작거나 같음을 보여라. 여기서 행렬 AB의 곱이 정의됨을 가정한다.

제 3 장　선형변환

3.1 선형변환

이 절에서는 벡터공간 V에서 벡터공간 W로의 사상 중에서 특별한 성질을 가지는 사상에 대하여 논하기로 한다. 여기서 사상 또는 변환이란 정의역과 공역이 모두 벡터공간인 함수를 말한다.

정의 3.1.1

V, W를 벡터공간이라고 하자. 사상 $T: V \to W$가 벡터공간의 덧셈과 스칼라 곱셈을 보존시킬 때, 즉 임의의 벡터 $\mathbf{v}_1, \mathbf{v}_2, \mathbf{v} \in V$와 스칼라 $a \in \mathbb{R}$에 대하여

$$\text{(i)}\ \ T(\mathbf{v}_1 + \mathbf{v}_2) = T(\mathbf{v}_1) + T(\mathbf{v}_2)$$

$$\text{(ii)}\ \ T(a\mathbf{v}) = aT(\mathbf{v})$$

일 때, T를 V에서 W로의 **선형변환**(linear transformation)이라고 한다.
특히, V에서 V 자신으로의 선형변환 $T: V \to V$를 V 위의 **선형작용소**(linear operator)라고 한다.

예제 3.1.1

행렬 $A \in \mathrm{Mat}_{m\times n}(\mathbb{R})$에 의하여 정의되는 사상

$$T: \mathrm{Mat}_{n\times r}(\mathbb{R}) \to \mathrm{Mat}_{\mathrm{m}\times \mathrm{r}}(\mathbb{R}),\ \ T(X) = AX$$

는 선형변환이다. 실제로, 임의의 $X, Y \in \mathrm{Mat}_{n\times r}(\mathbb{R})$과 $a \in \mathbb{R}$에 대하여

$$T(X+Y) = A(X+Y) = AX + AY = T(X) + T(Y),$$

$$T(aX) = A(aX) = aAX = aT(X)$$

예제 3.1.2

벡터공간 $P(\mathbb{R})$ 위에 정의된 사상

$$D: P(\mathbb{R}) \to P(\mathbb{R}),\ \ D(f(x)) = f'(x)$$

는 선형변환이다. 실제로, 임의의 $f(x), g(x) \in P(\mathbb{R})$와 $a \in \mathbb{R}$에 대하여

$$D(f(x)+g(x)) = f'(x)+g'(x) = D(f(x))+D(g(x)),$$
$$D(af(x)) = af'(x) = aD(f(x))$$

예제 3.1.3

벡터공간 $C[a,b]$ 위에 정의된 사상

$$I:\ C[a,b] \to \mathbb{R},\ I(f) = \int_a^b f(x)\,dx$$

는 선형변환이다. 실제로, 임의의 $f(x), g(x) \in C[a,b]$와 $k \in \mathbb{R}$에 대하여

$$I(f+g) = \int_a^b (f(x)+g(x))\,dx = \int_a^b f(x)\,dx + \int_a^b g(x)\,dx = I(f)+I(g),$$

$$I(kf) = \int_a^b kf(x)\,dx = k\int_a^b f(x)\,dx = kI(f)$$

$m \times n$ 크기의 행렬 A에 대하여 벡터공간 $\mathbb{R}^n$의 열벡터 $\mathbf{v}$에 $\mathbb{R}^m$의 열벡터 $A\mathbf{v}$를 대응시키는 사상

$$T:\ \mathbb{R}^n \to \mathbb{R}^m,\ T(\mathbf{v}) = A\mathbf{v}$$

는 선형변환이며 이것을 **행렬변환**(matrix transformation)이라 한다. 실제로, 임의의 $\mathbf{v}, \mathbf{w} \in \mathbb{R}^n$, $k \in \mathbb{R}$에 대하여

$$T(\mathbf{v}+\mathbf{w}) = A(\mathbf{v}+\mathbf{w}) = A\mathbf{v}+A\mathbf{w} = T(\mathbf{v})+T(\mathbf{w}),$$
$$T(k\mathbf{v}) = A(k\mathbf{v}) = k(A\mathbf{v}) = kT(\mathbf{v})$$

가 성립한다. 이와 같이 행렬 A에 의해서 정의되는 행렬변환을

$$T_A : \mathbb{R}^n \to \mathbb{R}^m$$

으로 나타내기도 한다.

예제 3.1.4

행렬 $A=\begin{bmatrix}1 & 0\\ 2 & -1\\ 3 & 4\end{bmatrix}$에 의해 정의되는 행렬변환 $T_A : \mathbb{R}^2 \to \mathbb{R}^3$는 다음과 같이 $\mathbb{R}^2$의 열벡터에 $\mathbb{R}^3$의 열벡터를 대응시킨다.

$$T_A\left(\begin{bmatrix}x\\ y\end{bmatrix}\right)=\begin{bmatrix}x\\ 2x-y\\ 3x+4y\end{bmatrix}$$

기술적으로 문제가 있을지라도 이와 같은 선형변환의 표현에서는 앞으로 괄호를 생략하기로 한다. 즉,

$$T_A\begin{bmatrix}x\\ y\end{bmatrix}=\begin{bmatrix}x\\ 2x-y\\ 3x+4y\end{bmatrix}$$

위 예제에서와 같이 벡터공간 $\mathbb{R}^n$ 및 $\mathbb{R}^m$의 원소를 표시할 때 앞으로 편의상 열벡터로 나타내기로 하자.

예제 3.1.5

벡터공간 $\mathbb{R}^2$ 위에 행렬 $A=\begin{bmatrix}1 & 0\\ 0 & -1\end{bmatrix}$에 의해서 정의되는 행렬변환

$$T_A : \mathbb{R}^2 \to \mathbb{R}^3, \quad T_A\begin{bmatrix}x\\ y\end{bmatrix}=\begin{bmatrix}1 & 0\\ 0 & -1\end{bmatrix}\begin{bmatrix}x\\ y\end{bmatrix}=\begin{bmatrix}x\\ -y\end{bmatrix}$$

는 평면에서 x축으로의 대칭이동을 나타낸다.

이 밖에도 행렬

$$\begin{bmatrix}-1 & 0\\ 0 & -1\end{bmatrix}, \quad \begin{bmatrix}k & 0\\ 0 & k\end{bmatrix}, \quad \begin{bmatrix}1 & k\\ 0 & 1\end{bmatrix}$$

에 의해서 정의되는 행렬변환은 각각 평면에서 원점에 관한 대칭이동, 확대 또는 축소, x축 방향의 층밀림 이동을 나타낸다 (연습문제 3.1의 3번).

선형변환은 다음과 같은 성질을 갖는다.

정리 3.1.2

V, W를 벡터공간이라 하고 $T: V \to W$를 선형변환이라고 할 때, 다음이 성립한다.

(1) $T(\mathbf{0}) = \mathbf{0}$ (좌변의 $\mathbf{0}$은 V의 영벡터, 우변의 $\mathbf{0}$은 W의 영벡터)

(2) 임의의 $\mathbf{v}, \mathbf{v}' \in V$에 대하여

$$T(-\mathbf{v}) = -T(\mathbf{v}), \quad T(\mathbf{v} - \mathbf{v}') = T(\mathbf{v}) - T(\mathbf{v}')$$

(3) 임의의 $\mathbf{v}_1, \cdots, \mathbf{v}_n \in V$와 $a_1, \cdots, a_n \in \mathbb{R}$에 대하여

$$T(a_1\mathbf{v}_1 + \cdots + a_n\mathbf{v}_n) = a_1 T(\mathbf{v}_1) + \cdots + a_n T(\mathbf{v}_n)$$

증명 (1) 분명히

$$T(\mathbf{0}) = T(\mathbf{0} + \mathbf{0}) = T(\mathbf{0}) + T(\mathbf{0})$$

이므로, 정리 2.1.2에 의하여 $T(\mathbf{0}) = \mathbf{0}$이다.

(2) 위 (1)에 의하여

$$\mathbf{0} = T(\mathbf{0}) = T(\mathbf{v} + (-\mathbf{v})) = T(\mathbf{v}) + T(-\mathbf{v})$$

따라서 $T(-\mathbf{v}) = -T(\mathbf{v})$이고 (정의 2.1.1의 A.4),

$$T(\mathbf{v} - \mathbf{v}') = T(\mathbf{v} + (-\mathbf{v}')) = T(\mathbf{v}) + T(-\mathbf{v}') = T(\mathbf{v}) - T(\mathbf{v}')$$

(3) 선형변환의 정의에 의하여

$$T(a_1\mathbf{v}_1 + \cdots + a_n\mathbf{v}_n) = T(a_1\mathbf{v}_1) + \cdots + T(a_n\mathbf{v}_n)$$
$$= a_1 T(\mathbf{v}_1) + \cdots + a_n T(\mathbf{v}_n)$$ ■

정리 3.1.3

V, W, U를 벡터공간이라고 할 때, 두 선형변환

$$T: V \to W, \quad S: W \to U$$

의 합성사상

$$S \circ T: V \to U, \quad (S \circ T)(\mathbf{v}) = S(T(\mathbf{v}))$$

는 V에서 U로의 선형변환이다.

증명 임의의 $\mathbf{v}_1, \mathbf{v}_2, \mathbf{v} \in V$와 $a \in \mathbb{R}$에 대하여

$$\begin{aligned}(S \circ T)(\mathbf{v}_1+\mathbf{v}_2) &= S(T(\mathbf{v}_1+\mathbf{v}_2)) \\ &= S(T(\mathbf{v}_1)+T(\mathbf{v}_2)) \\ &= S(T(\mathbf{v}_1))+S(T(\mathbf{v}_2)) \\ &= (S \circ T)(\mathbf{v}_1)+(S \circ T)(\mathbf{v}_2),\end{aligned}$$

$$(S \circ T)(a\mathbf{v}) = S(T(a\mathbf{v})) = S(aT(\mathbf{v})) = aS(T(\mathbf{v})) = a(S \circ T)(\mathbf{v})$$

따라서 $S \circ T: V \to U$는 선형변환이다. ■

예제 3.1.6

벡터공간 $P(\mathbb{R})$ 위에 정의된 두 선형변환

$$D: P(\mathbb{R}) \to P(\mathbb{R}),\ D(f(x)) = f'(x),$$

$$T: P(\mathbb{R}) \to P(\mathbb{R}),\ T(f(x)) = xf(x)$$

에 대하여 합성변환

$$T \circ D: P(\mathbb{R}) \to P(\mathbb{R}), \qquad D \circ T: P(\mathbb{R}) \to P(\mathbb{R})$$

는 각각 다음과 같이 정의되는 선형변환이다.

$$(T \circ D)(f(x)) = T(D(f(x))) = T(f'(x)) = xf'(x),$$

$$(D \circ T)(f(x)) = D(T(f(x))) = D(xf(x)) = f(x) + xf'(x)$$

앞에서 행렬변환은 선형변환임을 공부하였다. 역으로, 다음 정리에 의하면 벡터공간 $\mathbb{R}^n$에서 $\mathbb{R}^m$으로의 선형변환은 모두 행렬변환으로 나타낼 수 있다.

정리 3.1.4

행렬 $A \in \mathrm{Mat}_{m \times n}(\mathbb{R})$에 대하여 행렬변환

$$T_A: \mathbb{R}^n \to \mathbb{R}^m,\ T_A(\mathbf{v}) = A\mathbf{v}$$

는 선형변환이다.

또한, 벡터공간 $\mathbb{R}^n$에서 벡터공간 $\mathbb{R}^m$으로의 선형변환은 모두 행렬변환으로 나타낼

수 있다. 실제로, 선형변환 $T: \mathbb{R}^n \to \mathbb{R}^m$에 대하여

$$(*)\ T(\mathbf{e}_1)=\begin{bmatrix} a_{11} \\ a_{21} \\ \vdots \\ a_{m1} \end{bmatrix},\ T(\mathbf{e}_2)=\begin{bmatrix} a_{12} \\ a_{22} \\ \vdots \\ a_{m2} \end{bmatrix}, \cdots,\ T(\mathbf{e})_n=\begin{bmatrix} a_{1n} \\ a_{2n} \\ \vdots \\ a_{mn} \end{bmatrix},\ A=\begin{bmatrix} a_{11} & a_{12} \cdots & a_{1n} \\ a_{21} & a_{22} \cdots & a_{2n} \\ \vdots & \vdots & \vdots \\ a_{m1} & a_{m2} \cdots & a_{mn} \end{bmatrix}$$

$$\qquad\qquad\qquad\qquad\qquad\qquad \uparrow \quad \uparrow \quad \uparrow$$

$$\qquad\qquad\qquad\qquad\qquad\qquad T(\mathbf{e}_1)\ \ T(\mathbf{e}_2)\ \ T(\mathbf{e}_n)$$

이라고 하면, $T = T_A$이다. 여기서 $\beta = \{\mathbf{e}_1, \cdots, \mathbf{e}_n\}$는 $\mathbb{R}^n$의 표준기저이며 각 벡터는 모두 열행렬로 나타낸 것이다.

증명 행렬 $A \in \mathrm{Mat}_{m\times n}(\mathbb{R})$에 대하여 행렬변환 $T_A: \mathbb{R}^n \to \mathbb{R}^m$는 모두 선형변환임은 이미 공부하였으므로, 벡터공간 $\mathbb{R}^n$에서 벡터공간 $\mathbb{R}^m$으로의 임의의 선형변환은 모두 행렬변환으로 나타낼 수 있음을 증명하자.

선형변환 $T: \mathbb{R}^n \to \mathbb{R}^m$에 대하여 (*)가 성립할 때, $A = [a_{ij}]_{m\times n}$이라고 하자. 그러면

$$T\begin{bmatrix} x_1 \\ x_2 \\ \vdots \\ x_n \end{bmatrix} = T(x_1\mathbf{e}_1 + x_2\mathbf{e}_2 + \cdots + x_n\mathbf{e}_n) = x_1 T(\mathbf{e}_1) + x_2 T(\mathbf{e}_2) + \cdots + x_n T(\mathbf{e}_n)$$

$$= x_1\begin{bmatrix} a_{11} \\ a_{21} \\ \vdots \\ a_{m1} \end{bmatrix} + x_2\begin{bmatrix} a_{12} \\ a_{22} \\ \vdots \\ a_{m2} \end{bmatrix} + \cdots + x_n\begin{bmatrix} a_{1n} \\ a_{2n} \\ \vdots \\ a_{mn} \end{bmatrix} = A\begin{bmatrix} x_1 \\ x_2 \\ \vdots \\ x_n \end{bmatrix}$$

따라서 $T = T_A$이다. ■

정리 3.1.4에 의하면, 벡터공간 $\mathbb{R}^n$에서 벡터공간 $\mathbb{R}^m$으로의 선형변환은 $m\times n$행렬에 의한 행렬변환 뿐이다.

예제 3.1.7

사상

$$T: \mathbb{R}^3 \to \mathbb{R}^2, \quad T\begin{bmatrix} x_1 \\ x_2 \\ x_3 \end{bmatrix} = \begin{bmatrix} x_1 + 2x_2 - x_3 \\ 2x_1 + x_3 \end{bmatrix}$$

는 행렬변환이므로 선형변환이다. 실제로

$$A = \begin{bmatrix} 1 & 2 & -1 \\ 2 & 0 & 1 \end{bmatrix}$$

이라고 하면 $T = T_A$이다.

예제 3.1.8

사상

$$S: \mathbb{R}^3 \to \mathbb{R}^2, \quad S\begin{bmatrix} x_1 \\ x_2 \\ x_3 \end{bmatrix} = \begin{bmatrix} x_1 + 3x_3 + 5 \\ 2x_2 - x_3 \end{bmatrix},$$

$$R: \mathbb{R}^2 \to \mathbb{R}^2, \quad R\begin{bmatrix} x_1 \\ x_2 \end{bmatrix} = \begin{bmatrix} x_1^2 \\ x_1 + x_2 \end{bmatrix}$$

는 모두 행렬변환이 아니며, 따라서 선형변환이 아니다. 실제로,

$$S\begin{bmatrix} 0 \\ 0 \\ 0 \end{bmatrix} = \begin{bmatrix} 5 \\ 0 \end{bmatrix} \neq \begin{bmatrix} 0 \\ 0 \end{bmatrix}, \quad R\begin{bmatrix} 2 \\ 0 \end{bmatrix} = \begin{bmatrix} 4 \\ 2 \end{bmatrix} \neq 2R\begin{bmatrix} 1 \\ 0 \end{bmatrix}$$

정리 3.1.5

벡터공간 $\mathbb{R}^n$ 에서 $\mathbb{R}^m$ 으로의 두 행렬변환

$$T_A: \mathbb{R}^n \to \mathbb{R}^m, \quad A \in \mathrm{Mat}_{m \times n}(\mathbb{R}),$$

$$T_B: \mathbb{R}^n \to \mathbb{R}^m, \quad B \in \mathrm{Mat}_{m \times n}(\mathbb{R})$$

와 $k \in \mathbb{R}$ 에 대하여 다음이 성립한다.

$$T_A + T_B = T_{A+B}, \quad kT_A = T_{kA}$$

증명

임의의 $\begin{bmatrix} x_1 \\ x_2 \\ \vdots \\ x_n \end{bmatrix} \in \mathbb{R}^n$에 대하여

$$(T_A + T_B)\begin{bmatrix} x_1 \\ x_2 \\ \vdots \\ x_n \end{bmatrix} = T_A\begin{bmatrix} x_1 \\ x_2 \\ \vdots \\ x_n \end{bmatrix} + T_B\begin{bmatrix} x_1 \\ x_2 \\ \vdots \\ x_n \end{bmatrix} = A\begin{bmatrix} x_1 \\ x_2 \\ \vdots \\ x_n \end{bmatrix} + B\begin{bmatrix} x_1 \\ x_2 \\ \vdots \\ x_n \end{bmatrix},$$

$$T_{A+B}\begin{bmatrix} x_1 \\ x_2 \\ \vdots \\ x_n \end{bmatrix} = (A+B)\begin{bmatrix} x_1 \\ x_2 \\ \vdots \\ x_n \end{bmatrix} = A\begin{bmatrix} x_1 \\ x_2 \\ \vdots \\ x_n \end{bmatrix} + B\begin{bmatrix} x_1 \\ x_2 \\ \vdots \\ x_n \end{bmatrix}$$

따라서 $T_A + T_B = T_{A+B}$이다.

마찬가지로, $kT_A = T_{kA}$ 임을 증명할 수 있다. ■

정리 3.1.6

벡터공간 $\mathbb{R}^n$, $\mathbb{R}^r$, $\mathbb{R}^m$에 대하여 두 행렬변환

$$T_A : \mathbb{R}^n \to \mathbb{R}^r, \quad A \in \mathrm{Mat}_{r\times n}(\mathbb{R}),$$

$$T_B : \mathbb{R}^r \to \mathbb{R}^m, \quad B \in \mathrm{Mat}_{m\times r}(\mathbb{R})$$

의 합성변환 $T_B \circ T_A : \mathbb{R}^n \to \mathbb{R}^m$는 행렬변환 $T_{BA} : \mathbb{R}^n \to \mathbb{R}^m$와 같다. 즉,

$$T_B \circ T_A = T_{BA}$$

증명

임의의 $\begin{bmatrix} x_1 \\ x_2 \\ \vdots \\ x_n \end{bmatrix} \in \mathbb{R}^n$에 대하여

$$(T_B \circ T_A)\begin{bmatrix} x_1 \\ x_2 \\ \vdots \\ x_n \end{bmatrix} = T_B(T_A\begin{bmatrix} x_1 \\ x_2 \\ \vdots \\ x_n \end{bmatrix}) = T_B(A\begin{bmatrix} x_1 \\ x_2 \\ \vdots \\ x_n \end{bmatrix}) = B(A\begin{bmatrix} x_1 \\ x_2 \\ \vdots \\ x_n \end{bmatrix}) = (BA)\begin{bmatrix} x_1 \\ x_2 \\ \vdots \\ x_n \end{bmatrix},$$

$$T_{BA}\begin{bmatrix} x_1 \\ x_2 \\ \vdots \\ x_n \end{bmatrix} = (BA)\begin{bmatrix} x_1 \\ x_2 \\ \vdots \\ x_n \end{bmatrix}$$

따라서 $T_B \circ T_A = T_{BA}$ ■

예제 3.1.9

다음 두 선형변환 T_1, T_2의 합성변환 $T_2 \circ T_1 : \mathbb{R}^2 \to \mathbb{R}^3$ 을 구해 보자.

$$T_1 : \mathbb{R}^2 \to \mathbb{R}^2, \quad T_1\begin{bmatrix} x_1 \\ x_2 \end{bmatrix} = \begin{bmatrix} 2x_1 + 5x_2 \\ x_1 + 3x_2 \end{bmatrix},$$

$$T_2 : \mathbb{R}^2 \to \mathbb{R}^3, \quad T_2\begin{bmatrix} x_1 \\ x_2 \end{bmatrix} = \begin{bmatrix} x_1 - x_2 \\ 2x_1 - x_2 \\ x_1 + x_2 \end{bmatrix}$$

풀이 $A = \begin{bmatrix} 2 & 5 \\ 1 & 3 \end{bmatrix}$, $B = \begin{bmatrix} 1 & -1 \\ 2 & -1 \\ 1 & 1 \end{bmatrix}$ 이라고 하면,

$$T_1 = T_A, \quad T_2 = T_B$$

이다. 한편, $BA = \begin{bmatrix} 1 & -1 \\ 2 & -1 \\ 1 & 1 \end{bmatrix}\begin{bmatrix} 2 & 5 \\ 1 & 3 \end{bmatrix} = \begin{bmatrix} 1 & 2 \\ 3 & 7 \\ 3 & 8 \end{bmatrix}$. 그러므로

$$\begin{aligned}(T_2 \circ T_1)\begin{bmatrix} x_1 \\ x_2 \end{bmatrix} &= (T_B \circ T_A)\begin{bmatrix} x_1 \\ x_2 \end{bmatrix} \\ &= T_{BA}\begin{bmatrix} x_1 \\ x_2 \end{bmatrix} \\ &= \begin{bmatrix} 1 & 2 \\ 3 & 7 \\ 3 & 8 \end{bmatrix}\begin{bmatrix} x_1 \\ x_2 \end{bmatrix} = \begin{bmatrix} x_1 + 2x_2 \\ 3x_1 + 7x_2 \\ 3x_1 + 8x_2 \end{bmatrix}\end{aligned}$$

연습문제 3.1

1. 다음 사상 중에서 선형변환인 것을 찾아라.

(1) $T:\mathbb{R}^2 \to \mathbb{R}^2,\quad T\begin{bmatrix} x_1 \\ x_2 \end{bmatrix} = \begin{bmatrix} 3x_1 - x_2 \\ x_2^2 \end{bmatrix}$

(2) $T:\mathbb{R}^3 \to \mathbb{R}^2,\quad T\begin{bmatrix} x_1 \\ x_2 \\ x_3 \end{bmatrix} = \begin{bmatrix} 3x_1 + 2x_3 \\ x_2 \end{bmatrix}$

(3) $T:\mathbb{R}^3 \to \mathbb{R}^4,\quad T\begin{bmatrix} x_1 \\ x_2 \\ x_3 \end{bmatrix} = \begin{bmatrix} x_1 - 5x_2 \\ x_3 \\ x_1 \\ 0 \end{bmatrix}$

(4) $T:\mathbb{R}^3 \to \mathbb{R}^4,\quad T\begin{bmatrix} x_1 \\ x_2 \\ x_3 \end{bmatrix} = \begin{bmatrix} x_1 + x_2 \\ 7x_1 \\ 2x_1 - 3x_2 \\ 5 \end{bmatrix}$

2. 다음 사상은 모두 선형변환이 아니다. 그 이유를 말하여라.

(1) $T:\mathbb{R}^2 \to \mathbb{R}^2,\quad T\begin{bmatrix} x_1 \\ x_2 \end{bmatrix} = \begin{bmatrix} x_1 + 1 \\ x_1 + x_2 \end{bmatrix}$

(2) $T: P_2(\mathbb{R}) \to P_1(\mathbb{R}),\quad T(a + bx + cx^2) = 1 + bx$

(3) $T:\mathbb{R}^2 \to \mathbb{R}^2,\quad T\begin{bmatrix} x_1 \\ x_2 \end{bmatrix} = \begin{bmatrix} x_1 + 1 \\ 2x_1x_2 \end{bmatrix}$

(4) $T: \mathrm{Mat}_2(\mathbb{R}) \to \mathrm{Mat}_2(\mathbb{R}),\quad T(A) = AA^t$

3. 다음 선형변환은 좌표평면 $\mathbb{R}^2$ 위에서 기하학적으로 어떤 변환인지 말하여라. 또, 행렬변환

$$T\begin{bmatrix} x_1 \\ x_2 \end{bmatrix} = A\begin{bmatrix} x_1 \\ x_2 \end{bmatrix}$$

의 꼴로 나타내고, $T\begin{bmatrix} 1 \\ 0 \end{bmatrix}$과 $T\begin{bmatrix} 0 \\ 1 \end{bmatrix}$을 구하여라.

(1) $T: \mathbb{R}^2 \to \mathbb{R}^2, \quad T\begin{bmatrix} x_1 \\ x_2 \end{bmatrix} = \begin{bmatrix} x_1 \\ -x_2 \end{bmatrix}$

(2) $T: \mathbb{R}^2 \to \mathbb{R}^2, \quad T\begin{bmatrix} x_1 \\ x_2 \end{bmatrix} = \begin{bmatrix} -x_1 \\ x_2 \end{bmatrix}$

(3) $T: \mathbb{R}^2 \to \mathbb{R}^2, \quad T\begin{bmatrix} x_1 \\ x_2 \end{bmatrix} = \begin{bmatrix} -x_1 \\ -x_2 \end{bmatrix}$

(4) $T: \mathbb{R}^2 \to \mathbb{R}^2, \quad T\begin{bmatrix} x_1 \\ x_2 \end{bmatrix} = \begin{bmatrix} 3x_1 \\ x_2 \end{bmatrix}$

(5) $T: \mathbb{R}^2 \to \mathbb{R}^2, \quad T\begin{bmatrix} x_1 \\ x_2 \end{bmatrix} = \begin{bmatrix} kx_1 \\ kx_2 \end{bmatrix}$, 여기서, k는 고정된 실수이다.

4. 다음과 같이 정의된 선형변환에 대하여 아래 물음에 답하여라.

$$T: \mathbb{R}^4 \to \mathbb{R}^3, \quad T\begin{bmatrix} x_1 \\ x_2 \\ x_3 \\ x_4 \end{bmatrix} = \begin{bmatrix} 4x_1 + 2x_2 - x_3 + x_4 \\ 2x_2 + x_3 + x_4 \\ x_1 + x_4 \end{bmatrix}$$

(1) $T\begin{bmatrix} 1 \\ 0 \\ 0 \\ 0 \end{bmatrix}, \quad T\begin{bmatrix} 0 \\ 1 \\ 0 \\ 0 \end{bmatrix}, \quad T\begin{bmatrix} 0 \\ 0 \\ 1 \\ 0 \end{bmatrix}, \quad T\begin{bmatrix} 0 \\ 0 \\ 0 \\ 1 \end{bmatrix}$을 구하여라.

(2) $T\begin{bmatrix} x_1 \\ x_2 \\ x_3 \\ x_4 \end{bmatrix} = A\begin{bmatrix} x_1 \\ x_2 \\ x_3 \\ x_4 \end{bmatrix}$를 만족하는 행렬 A를 구하여라.

(3) $T\begin{bmatrix} x_1 \\ x_2 \\ x_3 \\ x_4 \end{bmatrix} = \begin{bmatrix} 0 \\ 0 \\ 0 \end{bmatrix}$인 벡터 $\begin{bmatrix} x_1 \\ x_2 \\ x_3 \\ x_4 \end{bmatrix}$를 구하여라.

5. 벡터공간 $\mathbb{R}^2$ 위의 두 선형변환

$$T_1: \mathbb{R}^2 \to \mathbb{R}^2, \quad T_1\begin{bmatrix} x_1 \\ x_2 \end{bmatrix} = \begin{bmatrix} 2x_1 + x_2 \\ 3x_1 + x_2 \end{bmatrix},$$

$$T_2: \mathbb{R}^2 \to \mathbb{R}^2, \quad T_2\begin{bmatrix} x_1 \\ x_2 \end{bmatrix} = \begin{bmatrix} x_1 - x_2 \\ x_1 + x_2 \end{bmatrix}$$

에 대하여 $T_2 \circ T_1: \mathbb{R}^2 \to \mathbb{R}^2$과 $T_1 \circ T_2: \mathbb{R}^2 \to \mathbb{R}^2$를 각각 구하여라.

6. V, W를 벡터공간이라고 할 때, 사상 $T: V \to W$에 대하여 다음 두 명제는 서로 동치임을 증명하여라.

(1) T는 선형변환이다.

(2) 임의의 $\mathbf{v}_1, \mathbf{v}_2 \in V$와 $a_1, a_2 \in \mathbb{R}$에 대하여

$$T(a_1\mathbf{v}_1 + a_2\mathbf{v}_2) = a_1 T(\mathbf{v}_1) + a_2 T(\mathbf{v}_2)$$

7. 다음과 같이 주어지는 선형변환을 행렬변환 T_A로 나타낼 때 대응하는 행렬 A를 각각 구하고, 그 행렬의 크기를 말하여라.

(1) $T\begin{bmatrix} x_1 \\ x_2 \end{bmatrix} = \begin{bmatrix} 2x_1 - x_2 \\ x_1 + x_2 \end{bmatrix}$

(2) $T\begin{bmatrix} x_1 \\ x_2 \\ x_3 \end{bmatrix} = \begin{bmatrix} x_1 + 2x_2 + x_3 \\ x_1 + 5x_2 \\ x_3 \end{bmatrix}$

(3) $T\begin{bmatrix} x_1 \\ x_2 \\ x_3 \end{bmatrix} = \begin{bmatrix} 7x_1 + x_3 \\ x_2 \\ x_1 \\ -x_1 + 2x_2 \end{bmatrix}$

(4) $T\begin{bmatrix} x_1 \\ x_2 \\ x_3 \\ x_4 \end{bmatrix} = \begin{bmatrix} x_4 \\ x_1 \\ x_3 \\ x_2 \\ x_1 - x_3 \end{bmatrix}$

8. 벡터공간 $\mathbb{R}^3$ 위의 두 선형변환

$$T: \mathbb{R}^3 \to \mathbb{R}^3, \quad T\begin{bmatrix} x_1 \\ x_2 \\ x_3 \end{bmatrix} = \begin{bmatrix} 4x_1 + x_2 + 2x_3 \\ -2x_1 + x_2 \\ x_2 - 3x_3 \end{bmatrix},$$

$$S: \mathbb{R}^3 \to \mathbb{R}^2, \quad S\begin{bmatrix} x_1 \\ x_2 \\ x_3 \end{bmatrix} = \begin{bmatrix} x_1 - x_2 \\ x_1 + x_2 \end{bmatrix}$$

에 대하여 $S \circ T: \mathbb{R}^3 \to \mathbb{R}^2$를 행렬변환으로 나타낼 때 대응하는 행렬을 구하여라.

9. 다음에 정의된 각 사상은 선형변환이 아니다. 그 이유를 말하여라.

(1) $T: \mathrm{Mat}_2(\mathbb{R}) \to \mathbb{R}, \quad T(A) = \det A$

(2) $T: \mathbb{R} \to \mathbb{R}, \quad T(x) = 2^x$

(3) $T: \mathbb{R} \to \mathbb{R}, \quad T(x) = x + 1$

10. 벡터공간 $\mathbb{R}$에서 $\mathbb{R}$ 자신으로의 선형변환을 모두 구하여라.

3.2 선형변환의 상공간과 핵

이 절에서 논하는 선형변환의 성질은 앞으로 자주 이용된다.

정리 3.2.1

V, W를 벡터공간이라 하고 $T: V \to W$를 선형변환이라고 할 때, 다음이 성립한다.

(1) V의 부분공간 U에 대하여

$$T(U) = \{T(\mathbf{u}) \mid \mathbf{u} \in U\}$$

는 W의 부분공간이다.

특히,

$$\operatorname{im} T = T(V) = \{T(\mathbf{v}) \mid \mathbf{v} \in V\}$$

는 W의 부분공간이다.

(2) $\ker T = \{\mathbf{v} \in V \mid T(\mathbf{v}) = \mathbf{0}\}$는 V의 부분공간이다.

증명 (1) $\mathbf{w}_1, \mathbf{w}_2 \in T(U)$, $a \in \mathbb{R}$ 이라고 하면, 적당한 $\mathbf{u}_1, \mathbf{u}_2 \in U$에 대하여

$$T(\mathbf{u}_1) = \mathbf{w}_1, \quad T(\mathbf{u}_2) = \mathbf{w}_2$$

이다. 이 때, $\mathbf{u}_1 + \mathbf{u}_2 \in U$, $a\mathbf{u}_1 \in U$이므로

$$\mathbf{w}_1 + \mathbf{w}_2 = T(\mathbf{u}_1) + T(\mathbf{u}_2) = T(\mathbf{u}_1 + \mathbf{u}_2) \in T(U),$$

$$a\mathbf{w}_1 = aT(\mathbf{u}_1) = T(a\mathbf{u}_1) \in T(U)$$

따라서 $T(U)$는 W의 부분공간이다.

(2) $\mathbf{v}_1, \mathbf{v}_2 \in \ker T$, $a \in \mathbb{R}$ 이라고 하면,

$$T(\mathbf{v}_1) = \mathbf{0}, \quad T(\mathbf{v}_2) = \mathbf{0}$$

이므로

$$T(\mathbf{v}_1 + \mathbf{v}_2) = T(\mathbf{v}_1) + T(\mathbf{v}_2) = \mathbf{0} + \mathbf{0} = \mathbf{0},$$

$$T(a\mathbf{v}_1) = aT(\mathbf{v}_1) = a\mathbf{0} = \mathbf{0}$$

따라서 $\mathbf{v}_1 + \mathbf{v}_2$, $a\mathbf{v}_1 \in \ker T$이고, $\ker T$는 V의 부분공간이다. ■

2.6절에서 행렬의 계수와 퇴화차수에 대해서 공부하였다. 다음 정의는 선형변환에서도 이와 같은 개념이 있음을 보여준다.

정의 3.2.2

V, W를 벡터공간이라 하고 $T: V \to W$를 선형변환이라고 할 때, W의 부분공간

$$\text{im } T = T(V) = \{T(\mathbf{v}) \mid \mathbf{v} \in V\}$$

를 T의 **상공간**(image space)이라 하고, V의 부분공간

$$\ker T = \{\mathbf{v} \in V \mid T(\mathbf{v}) = \mathbf{0}\}$$

을 T의 **핵**(kernel)이라고 한다.

또한, T의 상공간 $\text{im } T$의 차원을 T의 **계수**(rank)라 하고 이것을 $r(T)$로 나타내며, T의 핵 $\ker T$의 차원을 T의 **퇴화차수**(nullity)라 하고 이것을 $n(T)$로 나타낸다. 즉,

$$r(T) = \dim_{\mathbb{R}} \text{im } T, \quad n(T) = \dim_{\mathbb{R}} \ker T$$

예제 3.2.1

선형변환

$$T: P_3(\mathbb{R}) \to P_2(\mathbb{R}), \ T(f(x)) = f'(x)$$

의 상공간과 핵을 구하여라.

풀이 $P_2(\mathbb{R})$의 임의의 원소 $a + bx + cx^2$에 대하여

$$T\left(ax + \left(\frac{b}{2}\right)x^2 + \left(\frac{c}{3}\right)x^3\right) = a + bx + cx^2$$

이므로 $\text{im } T = P_2(\mathbb{R})$ 이다. 또한

$$\begin{aligned}\ker T &= \{a + bx + cx^2 + dx^3 \in P_3(\mathbb{R}) \mid T(a + bx + cx^2 + dx^3) = 0\} \\ &= \{a + bx + cx^2 + dx^3 \in P_3(\mathbb{R}) \mid b + 2cx + 3dx^2 = 0\}\end{aligned}$$

여기서 $b + 2cx + 3dx^2 = 0$ 이기 위한 필요충분조건은 $b = c = d = 0$이다. 따라서

$$\begin{aligned}\ker T &= \{a + bx + cx^2 + dx^3 \in P_3(\mathbb{R}) \mid b = c = d = 0\} \\ &= \{a \mid a \in \mathbb{R}\} = \mathbb{R}\end{aligned}$$

예제 3.2.2

선형변환

$$S: P_1(\mathbb{R}) \to \mathbb{R}, \ S(f(x)) = \int_0^1 f(x)\,dx$$

의 상공간과 핵을 구하여라.

풀이 $\mathbb{R}$ 의 임의의 원소 $a \in \mathbb{R}$ 에 대하여

$$S(a) = \int_0^1 a\,dx = a$$

이므로 $\mathrm{im}\, S = \mathbb{R}$ 이다. 또한

$$\begin{aligned} S(a+bx) &= \int_0^1 (a+bx)dx \\ &= \left[ax + \frac{b}{2}x^2\right]_0^1 \\ &= \left(a + \frac{b}{2}\right) - 0 = a + \frac{b}{2} \end{aligned}$$

이므로

$$\begin{aligned} \ker S &= \{a+bx \in P_1(\mathbb{R}) \mid S(a+bx) = 0\} \\ &= \left\{a+bx \in P_1(\mathbb{R}) \mid a + \frac{b}{2} = 0\right\} \\ &= \left\{-\frac{b}{2} + bx \mid b \in \mathbb{R}\right\} \end{aligned}$$

정리 3.2.3

$m \times n$ 행렬 A와 행렬변환 $T_A : \mathbb{R}^n \to \mathbb{R}^m$에 대하여 다음이 성립한다.

(1) T_A의 상공간은 행렬 A의 열공간과 같고, 따라서 T_A의 계수와 행렬 A의 계수는 서로 같다.

(2) T_A의 핵은 다음 연립방정식의 해공간 즉, 행렬 A의 퇴화공간과 같다.

$$A\begin{bmatrix} x_1 \\ \vdots \\ x_n \end{bmatrix} = \begin{bmatrix} 0 \\ \vdots \\ 0 \end{bmatrix} \qquad (*)$$

따라서 T_A의 퇴화차수와 행렬 A의 퇴화차수는 서로 같다.

증명 (1) $A = [a_{ij}]_{m\times n}$ 이고, $\alpha = \{\mathbf{e}_1, \cdots, \mathbf{e}_n\}$를 벡터공간 $\mathbb{R}^n$의 표준기저라고 하면,

$$T_A(\mathbf{e}_j) = \begin{bmatrix} a_{1j} \\ a_{2j} \\ \vdots \\ a_{mj} \end{bmatrix}, \quad (1 \le j \le n),$$

$$\operatorname{im} T_A = \operatorname{lin}\{T_A(\mathbf{e}_1), \cdots, T_A(\mathbf{e}_n)\}$$

이므로 $\operatorname{im} T_A$는 A의 열공간과 같다. 따라서 정리 2.6.1에 의하여

$$r(T_A) = \dim_{\mathbb{R}} \operatorname{im} T_A = r(A^t) = r(A)$$

(2) $\begin{bmatrix} c_1 \\ c_2 \\ \vdots \\ c_n \end{bmatrix} \in \ker T_A$이기 위한 필요충분조건은 $A\begin{bmatrix} c_1 \\ c_2 \\ \vdots \\ c_n \end{bmatrix} = \begin{bmatrix} 0 \\ 0 \\ \vdots \\ 0 \end{bmatrix}$ 즉, $\begin{bmatrix} c_1 \\ c_2 \\ \vdots \\ c_n \end{bmatrix}$이 동차 연립일차방정식 (*)의 해인 것이므로 $\ker T_A$는 (*)의 해공간과 같다. 따라서

$$n(T_A) = \dim \ker T_A = n(A)$$ ■

예제 3.2.3

행렬변환

$$T_A : \mathbb{R}^3 \to \mathbb{R}^2, \quad A = \begin{bmatrix} 1 & 3 & 1 \\ 2 & 7 & -1 \end{bmatrix}$$

에 대하여 T_A의 상공간과 핵을 구하여라.

풀이

정리 3.2.3에 의하여 $\operatorname{im} T_A$는 행렬 A의 열공간과 같다. 한편, 행렬 A는 기본행연산

에 의하여 다음과 같이 기약행 사다리꼴로 변형된다.

$$A = \begin{bmatrix} 1 & 3 & 1 \\ 2 & 7 & -1 \end{bmatrix} \rightarrow \begin{bmatrix} 1 & 3 & 0 \\ 0 & 1 & -3 \end{bmatrix}$$

따라서 정리 2.5.3과 2.5.7 (2)에 의해

$$\text{im}\, T_A = \text{lin}\left\{ \begin{bmatrix} 1 \\ 2 \end{bmatrix}, \begin{bmatrix} 3 \\ 7 \end{bmatrix} \right\} = \mathbb{R}^2$$

또한, $\ker T_A$는 다음 동차 연립일차방정식의 해공간이다.

$$\begin{bmatrix} 1 & 3 & 1 \\ 2 & 7 & -1 \end{bmatrix} \begin{bmatrix} x_1 \\ x_2 \\ x_3 \end{bmatrix} = \begin{bmatrix} 0 \\ 0 \end{bmatrix}$$

한편, 확장된 계수행렬 $[A : O]$을 기약행 사다리꼴로 변형하면 다음과 같다.

$$\begin{bmatrix} 1 & 3 & 1 & 0 \\ 2 & 7 & -1 & 0 \end{bmatrix} \rightarrow \begin{bmatrix} 1 & 3 & 1 & 0 \\ 0 & 1 & -3 & 0 \end{bmatrix} \rightarrow \begin{bmatrix} 1 & 0 & 10 & 0 \\ 0 & 1 & -3 & 0 \end{bmatrix},$$

$$\begin{cases} x_1 \quad\quad + 10x_3 = 0 \\ \quad\quad x_2 - \;\, 3x_3 = 0 \end{cases}, \quad \begin{bmatrix} x_1 \\ x_2 \\ x_3 \end{bmatrix} = t \begin{bmatrix} -10 \\ 3 \\ 1 \end{bmatrix} \quad (t \in \mathbb{R})$$

따라서

$$\ker T_A = \left\{ t \begin{bmatrix} -10 \\ 3 \\ 1 \end{bmatrix} \,\middle|\, t \in \mathbb{R} \right\} = \text{lin}\left\{ \begin{bmatrix} -10 \\ 3 \\ 1 \end{bmatrix} \right\}$$

예제 3.2.4

선형변환

$$T : \mathbb{R}^2 \rightarrow \mathbb{R}^3, \quad T\begin{bmatrix} x_1 \\ x_2 \end{bmatrix} = \begin{bmatrix} x_1 - x_2 \\ x_2 \\ 3x_1 - 3x_2 \end{bmatrix}$$

의 상공간과 핵을 구하여라.

풀이 $A = \begin{bmatrix} 1 & -1 \\ 0 & 1 \\ 3 & -3 \end{bmatrix}$이라고 하면 $T = T_A$이다. 한편, 행렬 A는 기본행연산에 의해 다음과 같이 기약행 사다리꼴로 변형된다.

$$A = \begin{bmatrix} 1 & -1 \\ 0 & 1 \\ 3 & -3 \end{bmatrix} \rightarrow \begin{bmatrix} 1 & -1 \\ 0 & 1 \\ 0 & 0 \end{bmatrix}$$

따라서 정리 2.5.3과 2.5.7 (2)에 의해

$$\text{im } T = \text{im } T_A = \text{lin}\left\{ \begin{bmatrix} 1 \\ 0 \\ 3 \end{bmatrix}, \begin{bmatrix} -1 \\ 1 \\ -3 \end{bmatrix} \right\}$$

이다. 또한, 확장된 계수행렬 $[A : O]$을 기약행 사다리꼴로 변형하면 다음과 같다.

$$\begin{bmatrix} 1 & -1 & 0 \\ 0 & 1 & 0 \\ 3 & -3 & 0 \end{bmatrix} \rightarrow \begin{bmatrix} 1 & -1 & 0 \\ 0 & 1 & 0 \\ 0 & 0 & 0 \end{bmatrix}$$

따라서

$$\ker T = \left\{ \begin{bmatrix} 0 \\ 0 \end{bmatrix} \right\}$$

정리 3.2.4

V, W를 벡터공간이라 하고 $T: V \rightarrow W$를 선형변환이라고 할 때, 다음이 성립한다.

(1) $\ker T = \{\mathbf{0}\} \Leftrightarrow T: V \rightarrow W$는 일대일 변환이다.

(2) $\text{im } T = W \Leftrightarrow T: V \rightarrow W$는 위로의 변환이다.

증명 (1) 먼저 $\ker T = \{\mathbf{0}\}$이면,

$$T(\mathbf{v}_1) = \mathrm{T}(\mathbf{v}_2) \Rightarrow \mathrm{T}(\mathbf{v}_1 - \mathbf{v}_2) = \mathbf{0} \Rightarrow \mathbf{v}_1 - \mathbf{v}_2 \in \ker T = \{\mathbf{0}\} \Rightarrow \mathbf{v}_1 = \mathbf{v}_2$$

이므로 T는 일대일 변환이다. 역으로, T가 일대일 변환이면,

$$\mathbf{v} \in \ker T \Rightarrow T(\mathbf{v}) = \mathbf{0} = T(\mathbf{0}) \Rightarrow \mathbf{v} = \mathbf{0}$$

이므로 $\ker T = \{\mathbf{0}\}$이다.

(2) $\text{im } T$의 정의에 의하여 (2)가 성립한다. ■

예제 3.2.5

벡터공간 $P(\mathbb{R})$ 위에 정의된 선형변환

$$D: P(\mathbb{R}) \rightarrow P(\mathbb{R}), \quad D(f(x)) = f'(x)$$

의 상공간과 핵은 각각

$$\operatorname{im} D = P(\mathbb{R}), \quad \ker D = \{a \mid a \in \mathbb{R}\}$$

이다. 실제로, 임의의 함수 $g(x) \in P(\mathbb{R})$ 에 대하여

$$f(x) = \int g(x)dx$$

이라고 하면 $D(f(x)) = f'(x) = g(x)$이므로 $\operatorname{im} D = P(\mathbb{R})$이고,

$$\ker D = \{f(x) \in P(\mathbb{R}) \mid f'(x) = 0\} = \{a \mid a \in \mathbb{R}\}$$

이다.

따라서 D는 위로의 변환이지만 $\ker D \neq \{\mathbf{0}\}$이므로 일대일 변환은 아니다.

정의 3.2.5

V, W를 벡터공간이라고 하자. 다음 두 조건을 만족시키는 사상 $T: V \to W$를 V에서 W 위로의 **동형변환**(vector space isomorphism)이라고 한다.

(i) $T: V \to W$는 선형변환이다. 즉,

$$T(\mathbf{v} + \mathbf{v}') = T(\mathbf{v}) + T(\mathbf{v}'), \quad T(a\mathbf{v}) = aT(\mathbf{v})$$

(ii) T는 일대일 대응이다. 즉 $\ker T = \{\mathbf{0}\}$, $\operatorname{im} T = W$

또, V에서 W 위로의 동형변환이 존재할 때, V와 W는 서로 **동형**인(isomorphic) 벡터공간이라 하고 이 사실을 $V \cong W$로 나타낸다.

동형변환 $T: V \to W$는 벡터공간의 덧셈과 스칼라 곱셈을 보존시키고 V와 W를 일대일로 대응시키므로, 동형인 두 벡터공간 V, W는 벡터공간으로서 본질적으로 동일하다고 말할 수 있다.

예제 3.2.6

벡터공간 V에서, 항등변환

$$1_V : V \to V, \quad 1_V(\mathbf{v}) = \mathbf{v}$$

는 동형변환이다. 선형변환 1_V를 V 위의 **항등 선형변환**(identity linear transformation)이라고 한다.

예제 3.2.7

선형변환

$$T:\ \mathrm{Mat}_{m\times n}(\mathbb{R})\rightarrow \mathrm{Mat}_{n\times m}(\mathbb{R}),\quad T(A)=A^t$$

는 동형변환이고 따라서

$$\mathrm{Mat}_{m\times n}(\mathbb{R})\cong \mathrm{Mat}_{n\times m}(\mathbb{R})$$

이다. 즉,

(i) T는 선형변환이다. 실제로, 임의의 $A,\ B\in \mathrm{Mat}_{m\times n}(\mathbb{R})$와 $a\in\mathbb{R}$에 대하여

$$T(A+B)=(A+B)^t=A^t+B^t=T(A)+T(B),$$

$$T(aA)=(aA)^t=aA^t=aT(A)$$

(ii) T는 일대일 대응이다. 실제로,

$$T(A)=T(B)\ \Rightarrow\ A^t=B^t\ \Rightarrow\ A=B$$

이므로 T는 일대일 변환이다. 또한 임의의 $C\in \mathrm{Mat}_{n\times m}(\mathbb{R})$에 대하여

$$T(C^t)=(C^t)^t=C$$

이므로 $\mathrm{im}\,T=\mathrm{Mat}_{n\times m}(\mathbb{R})$이다.

다음 정리가 성립함은 분명하다(정리 3.1.3).

정리 3.2.6

$V,\ W,\ U$를 벡터공간이라고 할 때,

$$T:\ V\rightarrow W,\quad S:\ W\rightarrow U$$

가 동형변환이면, $S\circ T:\ V\rightarrow U$는 동형변환이다.

일반적으로, 선형변환 $T:\ V\rightarrow W$에 대하여

$$S\circ T=1_V,\ T\circ S=1_W$$

인 선형변환 $S:\ W\rightarrow V$가 존재할 때, S를 T의 **역변환**(inverse linear transformation)이라 하고 S를 T^{-1}로 나타낸다. 즉,

$$T^{-1}\circ T=1_V,\ T\circ T^{-1}=1_W,$$

$$T^{-1}(\mathbf{w}) = \mathbf{v} \iff T(\mathbf{v}) = \mathbf{w}$$

정리 3.1.6에 의해서 다음이 성립한다.

정리 3.2.7

정사각행렬 $A \in \mathrm{Mat}_n(\mathbb{R})$에 의한 선형변환 $T_A : \mathbb{R}^n \to \mathbb{R}^n$가 역변환

$$T_A{}^{-1}: \mathbb{R}^n \to \mathbb{R}^n$$

를 갖기 위한 필요충분조건은 행렬 A가 정칙인 것이며, 이 때 $T_A{}^{-1} = T_{A^{-1}}$이다.

예제 3.2.8

선형변환

$$T: \mathbb{R}^2 \to \mathbb{R}^2,\ T\left(\begin{bmatrix} x \\ y \end{bmatrix}\right) = \begin{bmatrix} 3x+5y \\ x+2y \end{bmatrix}$$

는 역변환을 갖는다. 실제로 $A = \begin{bmatrix} 3 & 5 \\ 1 & 2 \end{bmatrix}$이라고 하면 $T = T_A$ 이고, 행렬 A가 정칙이므로 선형변환 T는 역변환을 갖는다. 또한, $A^{-1} = \begin{bmatrix} 2 & -5 \\ -1 & 3 \end{bmatrix}$이므로

$$T^{-1}\begin{bmatrix} x \\ y \end{bmatrix} = \begin{bmatrix} 2 & -5 \\ -1 & 3 \end{bmatrix}\begin{bmatrix} x \\ y \end{bmatrix} = \begin{bmatrix} 2x-5y \\ -x+3y \end{bmatrix}$$

정리 3.2.8

V, W를 벡터공간이라고 할 때, $T: V \to W$가 동형변환이면 $T^{-1}: W \to V$도 동형변환이다.

증명 선형변환 $T: V \to W$가 동형변환이라고 하자. 이 때, $T^{-1}: W \to V$는 일대일 대응이다. 또, 임의의 $\mathbf{w}_1, \mathbf{w}_2 \in W$와 $a \in \mathbb{R}$에 대하여

$$T^{-1}(\mathbf{w}_1) = \mathbf{v}_1, \quad T^{-1}(\mathbf{w}_2) = \mathbf{v}_2$$

라고 하면,

$$T(\mathbf{v}_1) = \mathbf{w}_1, \quad T(\mathbf{v}_2) = \mathbf{w}_2$$

이므로

$$T(\mathbf{v}_1+\mathbf{v}_2)=T(\mathbf{v}_1)+T(\mathbf{v}_2)=\mathbf{w}_1+\mathbf{w}_2,$$

$$T(a\mathbf{v}_1)=aT(\mathbf{v}_1)=a\mathbf{w}_1$$

즉,

$$T^{-1}(\mathbf{w}_1+\mathbf{w}_2)=\mathbf{v}_1+\mathbf{v}_2=T^{-1}(\mathbf{w}_1)+T^{-1}(\mathbf{w}_2),$$

$$T^{-1}(a\mathbf{w}_1)=a\mathbf{v}_1=aT^{-1}(\mathbf{w}_1)$$

따라서 $T^{-1}: W\to V$는 동형변환이다. ■

예제 3.2.6, 정리 3.2.8, 정리 3.2.6에 의하여 다음 정리가 성립한다.

정리 3.2.9

V, W, U를 벡터공간이라고 할 때,

(1) $V\cong V$

(2) $V\cong W \Rightarrow W\cong V$

(3) $V\cong W,\ W\cong U \Rightarrow V\cong U$

연습문제 3.2

1. 다음 선형변환의 상공간과 핵을 구하여라.

(1) $T: \mathbb{R}^2\to\mathbb{R}^2,\quad T\begin{bmatrix}x_1\\x_2\end{bmatrix}=\begin{bmatrix}x_1+x_2\\2x_1+2x_2\end{bmatrix}$

(2) $T: \mathbb{R}^4\to\mathbb{R}^3,\quad T\begin{bmatrix}x_1\\x_2\\x_3\\x_4\end{bmatrix}=\begin{bmatrix}x_1+4x_2+5x_3+2x_4\\2x_1+x_2+3x_3\\-x_1+3x_2+2x_3+2x_4\end{bmatrix}$

2. 다음 선형변환의 핵을 구하고, 이 선형변환이 일대일 변환인지를 조사하여라.

(1) $T: \mathbb{R}^3 \to \mathbb{R}^2$, $T\begin{bmatrix} x_1 \\ x_2 \\ x_3 \end{bmatrix} = \begin{bmatrix} x_1 + 2x_2 + x_3 \\ 3x_1 - x_2 + 2x_3 \end{bmatrix}$

(2) $T: \mathbb{R}^4 \to \mathbb{R}^5$, $T\begin{bmatrix} x_1 \\ x_2 \\ x_3 \\ x_4 \end{bmatrix} = \begin{bmatrix} x_3 - 3x_4 \\ 0 \\ 2x_1 + x_2 \\ x_3 \\ x_3 + x_4 \end{bmatrix}$

3. 다음 선형변환 T에 대하여 상공간과 핵을 구하여라.

(1) $T: \mathrm{Mat}_2(\mathbb{R}) \to \mathbb{R}$, $T(\begin{bmatrix} a & b \\ c & d \end{bmatrix}) = a + d$

(2) $T: \mathrm{Mat}_2(\mathbb{R}) \to \mathrm{Mat}_2(\mathbb{R})$, $T(\begin{bmatrix} a & b \\ c & d \end{bmatrix}) = \begin{bmatrix} a & 0 \\ 0 & d \end{bmatrix}$

(3) $T: P_2(\mathbb{R}) \to \mathbb{R}^2$, $T(a + bx + cx^2) = \begin{bmatrix} a - b \\ b + c \end{bmatrix}$

(4) $T: P_2(\mathbb{R}) \to P_2(\mathbb{R})$, $T(f(x)) = xf'(x)$

4. 다음 선형변환이 일대일 변환인지를 조사하여라.

(1) $T: P_2(\mathbb{R}) \to P_2(\mathbb{R})$, $T(a + bx + cx^2) = bx + cx^2$

(2) $T: P_1(\mathbb{R}) \to P_3(\mathbb{R})$, $T(a + bx) = a + 2ax + (a - b)x^2 + bx^3$

5. 다음 선형변환은 동형변환임을 증명하여라.

(1) $T: \mathbb{R}^3 \to P_2(\mathbb{R})$, $T\begin{bmatrix} a \\ b \\ c \end{bmatrix} = a + bx + cx^2$

(2) $T: \mathbb{R}^4 \to P_3(\mathbb{R})$, $T\begin{bmatrix} a \\ b \\ c \\ d \end{bmatrix} = a + bx + cx^2 + dx^3$

6. 다음 선형변환은 동형변환임을 증명하여라.

(1) $T: \mathbb{R}^4 \to \mathrm{Mat}_2(\mathbb{R})$, $T\begin{bmatrix} a \\ b \\ c \\ d \end{bmatrix} = \begin{bmatrix} a & b \\ c & d \end{bmatrix}$

(2) $T:\ \mathbb{R}^3 \to \mathrm{Mat}_{3\times 1}(\mathbb{R}),\quad T\begin{bmatrix} x_1 \\ x_2 \\ x_3 \end{bmatrix} = \begin{bmatrix} x_1 \\ x_2 \\ x_3 \end{bmatrix}$

7. 다음 선형변환 $T: \mathbb{R}^3 \to \mathbb{R}^3$가 역변환을 갖는가를 조사하고, 역변환을 가질 경우 $T^{-1}\begin{bmatrix} y_1 \\ y_2 \\ y_3 \end{bmatrix}$를 구하여라.

(1) $T\begin{bmatrix} x_1 \\ x_2 \\ x_3 \end{bmatrix} = \begin{bmatrix} 2x_1 + 5x_2 + 5x_3 \\ -x_1 - x_2 \\ 2x_1 + 4x_2 + 3x_3 \end{bmatrix}$ (2) $T\begin{bmatrix} x_1 \\ x_2 \\ x_3 \end{bmatrix} = \begin{bmatrix} 4x_1 + 2x_2 + 8x_3 \\ -2x_1 + x_2 - 4x_3 \\ 3x_1 + x_2 + 6x_3 \end{bmatrix}$

8. 선형변환이 역변환을 가지면 그 역변환은 유일함을 증명하여라.

9. 선형변환 $T: V \to W$가 일대일이고 $S = \{\mathbf{v}_1, \mathbf{v}_2, \cdots, \mathbf{v}_k\}$가 V에서 일차독립이면

$$T(S) = \{T(\mathbf{v}_1), T(\mathbf{v}_2), \cdots, T(\mathbf{v}_k)\}$$

도 W에서 일차독립임을 증명하여라.

10. 선형변환

$$T:\ \mathbb{R}^3 \to \mathbb{R}^3,\quad T\begin{bmatrix} x_1 \\ x_2 \\ x_3 \end{bmatrix} = \begin{bmatrix} 2x_1 + 2x_2 \\ 3x_2 \\ 4x_2 - x_3 \end{bmatrix}$$

는 일대일 변환임을 밝히고, 문제 9번의 결과를 이용하여 다음에 답하여라.

(1) $\mathbb{R}^3$의 부분공간 $U = \mathrm{lin}\left\{ \begin{bmatrix} -1 \\ 3 \\ 5 \end{bmatrix}, \begin{bmatrix} 1 \\ 0 \\ 4 \end{bmatrix} \right\}$에 대하여 $T(U)$의 기저를 구하여라.

(2) $\mathbb{R}^3$의 부분공간 $W = \left\{ \begin{bmatrix} a \\ b \\ c \end{bmatrix} \mid b = a + c,\ a, b, c \in \mathbb{R} \right\}$에 대하여 $T(W)$의 기저를 구하여라.

11. 다음과 같이 정의된 사상 T는 벡터공간 $C(\mathbb{R})$ 위의 선형변환임을 증명하여라.

$$T:\ C(\mathbb{R}) \to C(\mathbb{R}),\quad T(f(x)) = \int_0^x f(t)\,dt$$

또, T는 일대일 변환이지만 위로의 변환은 아님을 증명하여라.

3.3 유한차원 벡터공간 사이의 선형변환

이 절에서는 유한차원 벡터공간 사이의 선형변환에 대하여 논한다.

정리 3.3.1

V를 유한차원 벡터공간이라 하고 $\alpha = \{\mathbf{v}_1, \cdots, \mathbf{v}_n\}$를 V의 기저라고 하자. 이 때, 임의의 벡터공간 W와 임의의 $\mathbf{w}_1, \cdots, \mathbf{w}_n \in W$에 대하여, 다음 조건을 만족시키는 선형변환 $T: V \to W$가 단 하나 존재한다.

$$T(\mathbf{v}_i) = \mathbf{w}_i \qquad (1 \le i \le n)$$

여기서, $\mathbf{w}_1, \cdots, \mathbf{w}_n$ 중에서 같은 것이 있을 수 있다.

증명 정리 2.4.2에 의하여 각 $\mathbf{v} \in V$는 단 한 가지 방법으로 $\mathbf{v}_1, \cdots, \mathbf{v}_n$의 일차결합

$$\mathbf{v} = a_1\mathbf{v}_1 + \cdots + a_n\mathbf{v}_n \qquad (a_1, \cdots, a_n \in \mathbb{R})$$

으로 나타내어지므로, 다음과 같은 변환 T를 정의할 수 있다.

$$T : V \to W, \quad T(a_1\mathbf{v}_1 + \cdots + a_n\mathbf{v}_n) = a_1\mathbf{w}_1 + \cdots + a_n\mathbf{w}_n$$

이 때, $T(\mathbf{v}_i) = \mathbf{w}_i \ (1 \le i \le n)$ 이다.

다음에, 한 선형변환 $S : V \to W$에 대하여

$$S(\mathbf{v}_i) = \mathbf{w}_i \quad (1 \le i \le n)$$

이 성립한다고 가정하면, 임의의 $\mathbf{v} = a_1\mathbf{v}_1 + \cdots + a_n\mathbf{v}_n \in V$에 대하여

$$\begin{aligned} S(\mathbf{v}) &= S(a_1\mathbf{v}_1 + \cdots + a_n\mathbf{v}_n) = a_1S(\mathbf{v}_1) + \cdots + a_nS(\mathbf{v}_n) \\ &= a_1\mathbf{w}_1 + \cdots + a_n\mathbf{w}_n = a_1T(\mathbf{v}_1) + \cdots + a_nT(\mathbf{v}_n) \\ &= T(a_1\mathbf{v}_1 + \cdots + a_n\mathbf{v}_n) \\ &= T(\mathbf{v}) \end{aligned}$$

이므로 $S = T$이다.

따라서, 주어진 조건을 만족시키는 선형변환은 T뿐이다. ■

예제 3.3.1

선형변환 $T: \mathbb{R}^2 \to P_2(\mathbb{R})$가

$$T\begin{bmatrix}1\\1\end{bmatrix} = 2-3x+x^2, \quad T\begin{bmatrix}2\\3\end{bmatrix} = 1-x^2$$

일 때 $T\begin{bmatrix}a\\b\end{bmatrix}$를 구하여라.

풀이 $\alpha = \left\{\begin{bmatrix}1\\1\end{bmatrix}, \begin{bmatrix}2\\3\end{bmatrix}\right\}$가 $\mathbb{R}^2$의 기저이므로 벡터 $\begin{bmatrix}a\\b\end{bmatrix}$를 다음과 같이 나타낼 수 있다.

$$\begin{bmatrix}a\\b\end{bmatrix} = (3a-2b)\begin{bmatrix}1\\1\end{bmatrix} + (b-a)\begin{bmatrix}2\\3\end{bmatrix}$$

따라서

$$\begin{aligned} T\begin{bmatrix}a\\b\end{bmatrix} &= T\left((3a-2b)\begin{bmatrix}1\\1\end{bmatrix} + (b-a)\begin{bmatrix}2\\3\end{bmatrix}\right) \\ &= (3a-2b)\,T\begin{bmatrix}1\\1\end{bmatrix} + (b-a)\,T\begin{bmatrix}2\\3\end{bmatrix} \\ &= (3a-2b)(2-3x+x^2) + (b-a)(1-x^2) \\ &= (5a-3b) + (-9a+6b)x + (4a-3b)x^2 \end{aligned}$$

예제 3.3.2

$T: \mathrm{Mat}_2(\mathbb{R}) \to \mathbb{R}$를 선형변환이라 할 때, $x, y, z, w \in \mathbb{R}$가 존재하여 $\mathrm{Mat}_2(\mathbb{R})$의 모든 원소 $\begin{bmatrix}a & b\\c & d\end{bmatrix}$에 대하여

$$T\left(\begin{bmatrix}a & b\\c & d\end{bmatrix}\right) = ax+by+cz+dw$$

를 만족함을 보여라.

풀이 집합 $\{E_{11}, E_{12}, E_{21}, E_{22}\}$는 벡터공간 $\mathrm{Mat}_2(\mathbb{R})$의 기저이므로 (예제 2.4.2),

$$T(E_{11}) = x, \ T(E_{12}) = y, \ T(E_{21}) = z, \ T(E_{22}) = w$$

를 만족하는 선형변환 $T: \mathrm{Mat}_2(\mathbb{R}) \to \mathbb{R}$가 존재하며, 이 때 $\mathrm{Mat}_2(\mathbb{R})$의 모든 원소 $\begin{bmatrix}a & b\\c & d\end{bmatrix}$에 대하여

$$
\begin{aligned}
T(\begin{bmatrix} a & b \\ c & d \end{bmatrix}) &= T(aE_{11} + bE_{12} + cE_{21} + dE_{22}) \\
&= aT(E_{11}) + bT(E_{12}) + cT(E_{21}) + dT(E_{22}) \\
&= ax + by + cz + dw
\end{aligned}
$$

정리 3.3.1의 증명에 의하여 다음 정리가 성립한다.

정리 3.3.2

V를 유한차원 벡터공간이라 하고

$$T: V \to W, \quad S: V \to W$$

를 선형변환이라고 하자. 이 때, V의 임의의 기저 $\alpha = \{\mathbf{v}_1, \cdots, \mathbf{v}_n\}$에 대하여

$$T(\mathbf{v}_i) = S(\mathbf{v}_i) \ \ (1 \le i \le n)$$

이면 $T = S$이다.

다음 정리는 유한차원 벡터공간 위에서 정의된 선형변환의 계수와 퇴화차수와의 관계를 말해준다.

정리 3.3.3 차원정리

V, W를 벡터공간이라 하고 $\dim_{\mathbb{R}} V = n \ge 1$이라고 할 때, 선형변환 $T: V \to W$에 대하여 다음 등식이 성립한다.

$$r(T) + n(T) = \dim_{\mathbb{R}} V = n$$

여기서 $r(T)$는 T의 계수, $n(T)$는 T의 퇴화차수이다.

증명 먼저 $n(T) = 0$ 이면 $\ker T = \{\mathbf{0}\}$이므로 T는 일대일이다.

따라서 $\dim_{\mathbb{R}} \operatorname{im} T = \dim_{\mathbb{R}} V$이고, $r(T) = \dim_{\mathbb{R}} V$이다. 그러므로

$$r(T) + n(T) = \dim_{\mathbb{R}} V + 0 = \dim_{\mathbb{R}} V = n$$

이다.

만일, $n(T)=n$ 이면 $\dim_{\mathbb{R}} \ker T=n$이므로 $\ker T=V$이다. 따라서 $\mathrm{im}\, T=\{\mathbf{0}\}$이고, $r(T)=0$ 이다. 그러므로

$$r(T)+n(T)=0+n=\dim_{\mathbb{R}} V$$

이다.

이제 $n(T)=\dim_{\mathbb{R}} \ker T=m,\quad 1\le m<n$ 이라고 가정하자. 또,

$$\alpha_1=\{\mathbf{w}_1, \cdots, \mathbf{w}_m\}$$

을 $\ker T$의 기저라 하고 α_1에 r개의 벡터 $\mathbf{u}_1, \cdots, \mathbf{u}_r$을 첨가한 집합

$$\alpha=\{\mathbf{w}_1, \cdots, \mathbf{w}_m, \mathbf{u}_1, \cdots, \mathbf{u}_r\}$$

를 V의 기저라고 하자. 이 때, $\{T(\mathbf{u}_1), \cdots, T(\mathbf{u}_r)\}$이 $\mathrm{im}\, T$의 기저임을 증명한다.

먼저 $T(\mathbf{w}_1)=\cdots=T(\mathbf{w}_m)=\mathbf{0}$ 이므로, 다음이 성립한다.

$$\begin{aligned}\mathrm{im}\, T&=\mathrm{lin}\{T(\mathbf{w}_1), \cdots, T(\mathbf{w}_m), T(\mathbf{u}_1), \cdots, T(\mathbf{u}_r)\}\\&=\mathrm{lin}\{T(\mathbf{u}_1), \cdots, T(\mathbf{u}_r)\}\end{aligned}$$

다음에 $b_1T(\mathbf{u}_1)+\cdots+b_rT(\mathbf{u}_r)=\mathbf{0}\ \ (b_i\in\mathbb{R})$이라고 가정하자. 이 때,

$$T(b_1\mathbf{u}_1+\cdots+b_r\mathbf{u}_r)=\mathbf{0}$$

이므로

$$b_1\mathbf{u}_1+\cdots+b_r\mathbf{u}_r\in\ker T=\mathrm{lin}\{\mathbf{w}_1, \cdots, \mathbf{w}_m\}$$

이고, 따라서 적당한 $a_1, \cdots, a_m\in\mathbb{R}$ 이 존재하여 다음이 성립한다.

$$b_1\mathbf{u}_1+\cdots+b_r\mathbf{u}_r=a_1\mathbf{w}_1+\cdots+a_m\mathbf{w}_m$$

즉, $$a_1\mathbf{w}_1+\cdots+a_m\mathbf{w}_m+(-b_1)\mathbf{u}_1+\cdots+(-b_r)\mathbf{u}_r=\mathbf{0}$$

한편, α는 V의 기저이므로,

$$a_1=\cdots=a_m=0,\quad b_1=\cdots=b_r=0$$

이다. 그러므로 $\{T(\mathbf{u}_1), \cdots, T(\mathbf{u}_r)\}$은 일차독립이다.

위의 두 사실에 의하여 $\{T(\mathbf{u}_1), \cdots, T(\mathbf{u}_r)\}$은 $\mathrm{im}\, T$의 기저이고, 따라서

$$r(T)=\dim_{\mathbb{R}}\mathrm{im}\, T=r,\quad r(T)+n(T)=r+m=n=\dim_{\mathbb{R}} V$$

이다. ■

예제 3.3.3

선형변환

$$T: P_3(\mathbb{R}) \rightarrow P_2(\mathbb{R}), \quad T(f(x)) = f'(x)$$

의 계수를 구하고, 차원정리를 이용하여 T의 퇴화차수를 구하여라. 또한, 이 퇴화차수를 예제 3.2.1에서 구한 T의 핵을 이용하여 직접 확인하여라.

풀이 예제 3.2.1에서 $\mathrm{im}\ T = P_2(\mathbb{R})$임을 보았다. 따라서

$$r(T) = \dim P_2(\mathbb{R}) = 3$$

이고, 차원정리에 의하여

$$n(T) = \dim P_3(\mathbb{R}) - r(T) = 4 - 3 = 1$$

이다. 또한, 이 결과는 예제 3.2.1에서 구한

$$\ker T = \{a \mid a \in \mathbb{R}\} = \mathbb{R}$$

의 차원인 1과도 일치한다.

예제 3.3.4

선형변환

$$S: P_1(\mathbb{R}) \rightarrow \mathbb{R}, \quad S(f(x)) = \int_0^1 f(x)\,dx$$

의 계수를 구하고, 차원정리를 이용하여 S의 퇴화차수를 구하여라. 또한, 이 퇴화차수를 예제 3.2.2에서 구한 T의 핵을 이용하여 직접 확인하여라.

풀이 예제 3.2.2에서 $\mathrm{im}\ S = \mathbb{R}$ 임을 보았다. 따라서

$$r(S) = \dim \mathbb{R} = 1$$

이고, 차원정리에 의하여

$$n(S) = \dim P_1(\mathbb{R}) - r(T) = 2 - 1 = 1$$

이다. 또한, 이 결과는 예제 3.2.2에서 구한

$$\ker S \equiv \left\{-\frac{b}{2} + bx \mid b \in (\mathbb{R})\right\}$$

의 차원인 1과도 일치한다.

차원이 같은 두 유한차원 벡터공간에 대해서는 다음 정리가 성립한다.

정리 3.3.4

유한차원 벡터공간 V, W의 차원이 같을 때, 즉

$$\dim_{\mathbb{R}} V = \dim_{\mathbb{R}} W$$

일 때, 선형변환 $T: V \to W$에 대하여 다음 세 명제는 서로 동치이다.

(1) T는 동형변환이다.

(2) T는 일대일 변환이다. 즉, $\ker T = \{\mathbf{0}\}$

(3) T는 위로의 변환이다. 즉, $\operatorname{im} T = W$

증명 (1) ⇒ (2), (1) ⇒ (3) $T: V \to W$가 동형변환이면, T는 일대일 대응이므로 T는 일대일 변환인 동시에 위로의 변환이다.

(2) ⇒ (1), (3) ⇒ (1) $r(T) + n(T) = \dim_{\mathbb{R}} V = \dim_{\mathbb{R}} W$이므로

$$\ker T = \{\mathbf{0}\} \Leftrightarrow n(T) = 0 \Leftrightarrow r(T) = \dim_{\mathbb{R}} W \Leftrightarrow \operatorname{im} T = W$$

즉, T가 일대일 변환이면 T는 위로의 변환이고 따라서 일대일 대응이며, 또 T가 위로의 변환이면 T는 일대일 변환이고 따라서 일대일 대응이다. 따라서 (2) ⇒ (1), (3) ⇒ (1)이 성립한다. ■

정리 3.3.5

V, W를 유한차원 벡터공간이라고 할 때,

$$V \cong W \Leftrightarrow \dim_{\mathbb{R}} V = \dim_{\mathbb{R}} W$$

증명 먼저, $V \cong W$이라 가정하고 $T: V \to W$를 동형변환이라고 하자. 그러면 V의 임의의 기저 $\alpha = \{\mathbf{v}_1, \cdots, \mathbf{v}_n\}$에 대하여 $\{T(\mathbf{v}_1), \cdots, T(\mathbf{v}_n)\}$는 $W = \operatorname{im} T$의 기저이므로,

$$\dim_{\mathbb{R}} W = n = \dim_{\mathbb{R}} V$$

이다.

역으로, $\dim_{\mathbb{R}} V = \dim_{\mathbb{R}} W = n$ 일 때,

$$\alpha = \{\mathbf{v}_1, \cdots, \mathbf{v}_n\}, \quad \beta = \{\mathbf{w}_1, \cdots, \mathbf{w}_n\}$$

를 각각 V, W의 기저라고 하면, 정리 3.3.1에 의하여 선형변환

$$T: V \to W, \quad T(a_1\mathbf{v}_1 + \cdots + a_n\mathbf{v}_n) = a_1\mathbf{w}_1 + \cdots + a_n\mathbf{w}_n$$

가 존재한다. 그런데,

$$\operatorname{im} T = \operatorname{lin}\{T(\mathbf{v}_1), \cdots, T(\mathbf{v}_n)\} = \operatorname{lin}\{\mathbf{w}_1, \cdots, \mathbf{w}_n\} = W$$

이므로 T는 위로의 변환이고, 정리 3.3.4에 의하여 동형변환이다. 그러므로 $V \cong W$이다. ■

연습문제 3.3

1. 다음 조건을 만족시키는 선형변환 $T: \mathbb{R}^2 \to \mathbb{R}^2$는 존재한다.

$$T\begin{bmatrix}7\\5\end{bmatrix} = \begin{bmatrix}4\\3\end{bmatrix}, \qquad T\begin{bmatrix}3\\2\end{bmatrix} = \begin{bmatrix}2\\2\end{bmatrix}$$

실제로, 2×2 행렬 A에 대하여 $T\begin{bmatrix}x_1\\x_2\end{bmatrix} = A\begin{bmatrix}x_1\\x_2\end{bmatrix}$이라고 할 때,

$$A\begin{bmatrix}7&3\\5&2\end{bmatrix} = \begin{bmatrix}4&2\\3&2\end{bmatrix}$$

임을 이용하여 $T\begin{bmatrix}x_1\\x_2\end{bmatrix}$를 구하여라.

2. 벡터공간 $\mathbb{R}^3$의 기저 $\left\{\mathbf{u}=\begin{bmatrix}1\\1\\1\end{bmatrix}, \mathbf{v}=\begin{bmatrix}1\\1\\0\end{bmatrix}, \mathbf{w}=\begin{bmatrix}1\\0\\0\end{bmatrix}\right\}$에 대하여 선형변환 $T: \mathbb{R}^3 \to \mathbb{R}^2$가

$$T(\mathbf{u}) = \begin{bmatrix}1\\0\end{bmatrix}, \quad \mathrm{T}(\mathbf{v}) = \begin{bmatrix}2\\-1\end{bmatrix}, \quad \mathrm{T}(\mathbf{w}) = \begin{bmatrix}4\\3\end{bmatrix}$$

일 때, $T\begin{bmatrix}x_1\\x_2\\x_3\end{bmatrix}$를 구하여라.

3. 다음 선형변환 T의 $r(T)$를 구하고, 차원정리를 이용하여 $n(T)$를 구하여라.

(1) $T: \mathbb{R}^3 \to \mathbb{R}^2$, $\quad T\begin{bmatrix} x_1 \\ x_2 \\ x_3 \end{bmatrix} = \begin{bmatrix} 3x_1 - 2x_2 \\ x_2 \end{bmatrix}$

(2) $T: \mathbb{R}^2 \to \mathbb{R}^3$, $\quad T\begin{bmatrix} x_1 \\ x_2 \end{bmatrix} = \begin{bmatrix} x_1 \\ x_2 \\ 2x_1 + x_2 \end{bmatrix}$

(3) $T: P_2(\mathbb{R}) \to P_3(\mathbb{R})$, $\ T(f(x)) = xf(x)$

(4) $T: \mathrm{Mat}_2(\mathbb{R}) \to P_2(\mathbb{R})$, $\ T(\begin{bmatrix} a & b \\ c & d \end{bmatrix}) = (a-b) + (b-c)x + (c-a)x^2$

4. 선형변환 $T: \mathbb{R}^3 \to \mathbb{R}^2$가

$$T\begin{bmatrix} 1 \\ 1 \\ 1 \end{bmatrix} = \begin{bmatrix} 1 \\ 1 \end{bmatrix}, \quad T\begin{bmatrix} 1 \\ 1 \\ 0 \end{bmatrix} = \begin{bmatrix} 2 \\ 0 \end{bmatrix}, \quad T\begin{bmatrix} 1 \\ 0 \\ 0 \end{bmatrix} = \begin{bmatrix} 1 \\ 1 \end{bmatrix}$$

을 만족할 때, $T\begin{bmatrix} x_1 \\ x_2 \\ x_3 \end{bmatrix}$를 구하여라.

5. 선형변환 $T: P_2(\mathbb{R}) \to P_2(\mathbb{R})$가 조건

$$T(1+x) = 1 + x^2, \quad T(x + x^2) = x - x^2, \quad T(1 + x^2) = 1 + x + x^2$$

을 만족할 때 $T(a + bx + cx^2)$을 구하여라.

6. 다음의 성질을 만족하는 선형변환 $T: \mathbb{R}^3 \to P_2(\mathbb{R})$는 존재하지 않음을 보여라.

$$T\begin{bmatrix} 2 \\ 1 \\ 0 \end{bmatrix} = 1 + x, \quad T\begin{bmatrix} 3 \\ 0 \\ 2 \end{bmatrix} = 2 - x + x^2, \quad T\begin{bmatrix} 0 \\ 6 \\ -8 \end{bmatrix} = -2 + 2x^2$$

7. 다음 벡터공간 중에서 서로 동형인 벡터공간을 찾아라.

(1) $\mathbb{R}^4$ (2) $P_2(\mathbb{R})$ (3) $\mathrm{Mat}_2(\mathbb{R})$

(4) $P_3(\mathbb{R})$ (5) $\mathrm{Mat}_{4\times 1}(\mathbb{R})$ (6) $\mathbb{R}^3$

8. 다음과 같이 정의된 선형변환 T의 계수와 퇴화차수 중 하나를 구하여라. 그리고 차원정리를 이용하여 나머지 하나도 구하여라.

(1) $T: \mathrm{Mat}_2(\mathbb{R}) \to \mathrm{Mat}_2(\mathbb{R})$, $T(A) = AB$, 단, $B = \begin{bmatrix} 1 & -1 \\ -1 & 1 \end{bmatrix}$

(2) $T: P_2(\mathbb{R}) \to \mathbb{R}$, $T(f(x)) = f'(0)$

9. 두 벡터공간 $\mathbb{R}^n$과 $P_n(\mathbb{R})$은 동형이 아님을 보여라.

10. $\{\mathbf{v}_1, \mathbf{v}_2, \cdots, \mathbf{v}_n\}$을 벡터공간 V의 기저라 하고 $T: V \to V$를 선형변환이라 하자. 만일

$$T(\mathbf{v}_1) = \mathbf{v}_1,\ \ T(\mathbf{v}_2) = \mathbf{v}_2,\ \cdots\ ,\ T(\mathbf{v}_n) = \mathbf{v}_n$$

이면 T는 항등변환임을 증명하여라.

3.4 선형변환과 행렬

앞으로, 유한차원 벡터공간의 기저를 다룰 때에는 기저에 속하는 벡터의 순서까지 고려하기로 한다. 예를 들어, 한 벡터공간의 두 기저

$$\{\mathbf{v}_1, \mathbf{v}_2, \mathbf{v}_3\}\text{와 } \{\mathbf{v}_1, \mathbf{v}_3, \mathbf{v}_2\}$$

는 서로 다르다고 생각한다. 이와 같이 기저에 속해 있는 벡터의 순서까지 고려한 기저를 **순서 기저**(ordered basis)라고 한다.

정의 3.4.1

V를 유한차원 벡터공간이라 하고 $\alpha = \{\mathbf{v}_1, \cdots, \mathbf{v}_n\}$를 V의 (순서) 기저라고 할 때, 각 벡터 $\mathbf{v} \in V$는 단 한 가지 방법으로 $\mathbf{v}_1, \cdots, \mathbf{v}_n$의 일차결합

$$\mathbf{v} = a_1\mathbf{v}_1 + \cdots + a_n\mathbf{v}_n \qquad (a_1, \cdots, a_n \in \mathbb{R})$$

으로 나타내어진다(정리 2.4.2). 이 때 $\begin{bmatrix} a_1 \\ a_2 \\ \vdots \\ a_n \end{bmatrix} \in \mathbb{R}^n$을 기저 α에 관한 $\mathbf{v}$의 **좌표행렬**

(coordinate matrix)이라 하고

$$[\mathbf{v}]_\alpha = \begin{bmatrix} a_1 \\ a_2 \\ \vdots \\ a_n \end{bmatrix}$$

으로 나타낸다.

예제 3.4.1

$\alpha = \{\mathbf{e}_1, \mathbf{e}_2, \mathbf{e}_3\}$를 벡터공간 $\mathbb{R}^3$의 표준기저라 하고 $\mathbf{v} = \begin{bmatrix} 3 \\ 5 \\ 2 \end{bmatrix} \in \mathbb{R}^3$ 이라 하면

$[\mathbf{v}]_\alpha = \begin{bmatrix} 3 \\ 5 \\ 2 \end{bmatrix}$ 이다. 또한 $\beta = \{\mathbf{e}_2, \mathbf{e}_1, \mathbf{e}_3\}$라고 하면 $[\mathbf{v}]_\beta = \begin{bmatrix} 5 \\ 3 \\ 2 \end{bmatrix}$ 이다.

예제 3.4.2

$\alpha = \left\{ \mathbf{v}_1 = \begin{bmatrix} 1 \\ 1 \\ 0 \end{bmatrix}, \mathbf{v}_2 = \begin{bmatrix} 1 \\ 1 \\ 1 \end{bmatrix}, \mathbf{v}_3 = \begin{bmatrix} 0 \\ 1 \\ -1 \end{bmatrix} \right\}$를 벡터공간 $\mathbb{R}^3$의 기저라 하고

$\mathbf{v} = \begin{bmatrix} 2 \\ 3 \\ 1 \end{bmatrix} \in \mathbb{R}^3$이라고 하면

$$\mathbf{v} = 0\mathbf{v}_1 + 2\mathbf{v}_2 + 1\mathbf{v}_3$$

이다. 따라서

$$[\mathbf{v}]_\alpha = \begin{bmatrix} 0 \\ 2 \\ 1 \end{bmatrix}$$

이제 V, W를 각각 n차원, m차원 벡터공간이라 하고

$$\alpha = \{\mathbf{v}_1, \cdots, \mathbf{v}_n\}, \quad \beta = \{\mathbf{w}_1, \cdots, \mathbf{w}_m\}$$

를 V, W의 (순서)기저라고 할 때, 임의의 선형변환 $T: V \to W$에 대하여 $T(\mathbf{v}_1), \cdots$,

$T(\mathbf{v}_n)$은 다음과 같이 단 한 가지 방법으로 $\mathbf{w}_1, \cdots, \mathbf{w}_m$의 일차결합으로 나타내어진다.

$$\begin{aligned} T(\mathbf{v}_1) &= a_{11}\mathbf{w}_1 + a_{21}\mathbf{w}_2 + \cdots + a_{m1}\mathbf{w}_m \\ T(\mathbf{v}_2) &= a_{12}\mathbf{w}_1 + a_{22}\mathbf{w}_2 + \cdots + a_{m2}\mathbf{w}_m \qquad (a_{ij} \in \mathbb{R}) \\ &\cdots\cdots\cdots\cdots\cdots \\ T(\mathbf{v}_n) &= a_{1n}\mathbf{w}_1 + a_{2n}\mathbf{w}_2 + \cdots + a_{mn}\mathbf{w}_m \end{aligned}$$

따라서 T에 의하여 아래와 같은 $m \times n$ 행렬이 단 하나 결정된다.

$$A = [a_{ij}]_{m \times n} = \begin{bmatrix} a_{11} & a_{12} & \cdots & a_{1n} \\ a_{21} & a_{22} & \cdots & a_{2n} \\ \vdots & \vdots & & \vdots \\ a_{m1} & a_{m2} & \cdots & a_{mn} \end{bmatrix} \in \mathrm{Mat}_{m \times n}(\mathbb{R})$$

$$\uparrow \quad \uparrow \quad \cdots \quad \uparrow$$

$$T(\mathbf{v}_1)\ T(\mathbf{v}_2) \cdots T(\mathbf{v}_n)$$

이 결과로부터 다음 정의를 얻는다.

정의 3.4.2

V, W를 벡터공간이라 하고 $\alpha = \{\mathbf{v}_1, \cdots, \mathbf{v}_n\}$, $\beta = \{\mathbf{w}_1, \cdots, \mathbf{w}_m\}$를 각각 V, W의 (순서)기저라고 하자. 선형변환 $T: V \to W$에 대하여

$$T(\mathbf{v}_j) = a_{1j}\mathbf{w}_1 + a_{2j}\mathbf{w}_2 + \cdots + a_{mj}\mathbf{w}_m = \sum_{i=1}^{m} a_{ij}\mathbf{w}_i \qquad (1 \le j \le n)$$

일 때, 행렬

$$A = [a_{ij}]_{m \times n} \in \mathrm{Mat}_{m \times n}(\mathbb{R})$$

를 **기저 α, β에 관한 T의 행렬**(matrix of T with respect to α and β)이라 하고 이 행렬을 $[T]_\alpha^\beta$로 나타낸다.

특히, $V = W$이고 $\alpha = \beta$일 때 $[T]_\alpha^\alpha$를 간단히 $[T]_\alpha$로 나타내고 이것을 **기저 α에 관한 T의 행렬**(matrix of T with respect to α)이라 한다.

예제 3.4.3

$\alpha = \{1, x, x^2\}$, $\beta = \{1, x\}$를 각각 벡터공간 $P_2(\mathbb{R})$, $P_1(\mathbb{R})$의 기저라 할 때, 선형변환

$$T: P_2(\mathbb{R}) \to P_1(\mathbb{R}), \quad T(f(x)) = f'(x)$$

에 대하여

$$T(1) = 0 = 0 \cdot 1 + 0 \cdot x$$

$$T(x) = 1 = 1 \cdot 1 + 0 \cdot x$$

$$T(x^2) = 2x = 0 \cdot 1 + 2 \cdot x$$

이므로 $[T]_\alpha^\beta = \begin{bmatrix} 0 & 1 & 0 \\ 0 & 0 & 2 \end{bmatrix}$

예제 3.4.4

$\alpha = \left\{ \begin{bmatrix} 1 \\ 0 \\ 0 \end{bmatrix}, \begin{bmatrix} 0 \\ 1 \\ 0 \end{bmatrix}, \begin{bmatrix} 0 \\ 0 \\ 1 \end{bmatrix} \right\}$, $\beta = \left\{ \begin{bmatrix} 1 \\ 0 \end{bmatrix}, \begin{bmatrix} 0 \\ 1 \end{bmatrix} \right\}$를 각각 $\mathbb{R}^3$, $\mathbb{R}^2$의 표준기저라 할 때, 행렬

$A = \begin{bmatrix} 1 & 1 & 2 \\ 3 & -1 & 4 \end{bmatrix}$에 대해서 정의되는 행렬변환

$$T_A : \mathbb{R}^3 \to \mathbb{R}^2, \quad T_A \begin{bmatrix} x_1 \\ x_2 \\ x_3 \end{bmatrix} = \begin{bmatrix} x_1 + x_2 + 2x_3 \\ 3x_1 - x_2 + 4x_3 \end{bmatrix}$$

에 대하여

$$T_A \begin{bmatrix} 1 \\ 0 \\ 0 \end{bmatrix} = \begin{bmatrix} 1 \\ 3 \end{bmatrix} = 1 \begin{bmatrix} 1 \\ 0 \end{bmatrix} + 3 \begin{bmatrix} 0 \\ 1 \end{bmatrix}$$

$$T_A \begin{bmatrix} 0 \\ 1 \\ 0 \end{bmatrix} = \begin{bmatrix} 1 \\ -1 \end{bmatrix} = 1 \begin{bmatrix} 1 \\ 0 \end{bmatrix} + (-1) \begin{bmatrix} 0 \\ 1 \end{bmatrix}$$

$$T_A \begin{bmatrix} 0 \\ 0 \\ 1 \end{bmatrix} = \begin{bmatrix} 2 \\ 4 \end{bmatrix} = 2 \begin{bmatrix} 1 \\ 0 \end{bmatrix} + 4 \begin{bmatrix} 0 \\ 1 \end{bmatrix}$$

따라서

$$[T_A]_\alpha^\beta = \begin{bmatrix} 1 & 1 & 2 \\ 3 & -1 & 4 \end{bmatrix} = A$$

일반적으로,

$$\alpha = \{\mathbf{e}_1, \cdots, \mathbf{e}_n\},\ \beta = \{\mathbf{e}_1{}', \cdots, \mathbf{e}_m{}'\}$$

를 각각 벡터공간 $\mathbb{R}^n$, $\mathbb{R}^m$의 표준기저라 할 때, $m \times n$ 행렬 $A = [a_{ij}]_{m\times n}$에 의하여 정의되는 선형변환 $T_A : \mathbb{R}^n \to \mathbb{R}^m$에 대하여

$$T_A(\mathbf{e}_j) = \begin{bmatrix} a_{1j} \\ a_{2j} \\ \vdots \\ a_{mj} \end{bmatrix} = a_{1j}\mathbf{e}_1{}' + a_{2j}\mathbf{e}_2{}' + \cdots + a_{mj}\mathbf{e}_m{}'$$

이므로 $[T_A]_\alpha^\beta = A$이다.

예제 3.4.5

$\alpha = \left\{\begin{bmatrix}1\\0\\0\end{bmatrix}, \begin{bmatrix}1\\1\\0\end{bmatrix}, \begin{bmatrix}1\\1\\2\end{bmatrix}\right\}$, $\beta = \left\{\begin{bmatrix}1\\3\end{bmatrix}, \begin{bmatrix}2\\2\end{bmatrix}\right\}$를 각각 $\mathbb{R}^3$, $\mathbb{R}^2$의 기저라 할 때, 행렬 $A = \begin{bmatrix}1 & 1 & 2\\ 3 & -1 & 4\end{bmatrix}$에 의해 정의되는 행렬변환

$$T_A : \mathbb{R}^3 \to \mathbb{R}^2,\quad T_A\begin{bmatrix}x_1\\x_2\\x_3\end{bmatrix} = \begin{bmatrix}x_1 + x_2 + 2x_3\\ 3x_1 - x_2 + 4x_3\end{bmatrix}$$

에 대하여 (예제 3.4.4)

$$T_A\begin{bmatrix}1\\0\\0\end{bmatrix} = \begin{bmatrix}1\\3\end{bmatrix} = 1\begin{bmatrix}1\\3\end{bmatrix} + 0\begin{bmatrix}2\\2\end{bmatrix}$$

$$T_A\begin{bmatrix}1\\1\\0\end{bmatrix} = \begin{bmatrix}2\\2\end{bmatrix} = 0\begin{bmatrix}1\\3\end{bmatrix} + 1\begin{bmatrix}2\\2\end{bmatrix}$$

$$T_A\begin{bmatrix}1\\1\\2\end{bmatrix} = \begin{bmatrix}6\\10\end{bmatrix} = 2\begin{bmatrix}1\\3\end{bmatrix} + 2\begin{bmatrix}2\\2\end{bmatrix}$$

이다. 따라서

$$[T_A]_\alpha^\beta = \begin{bmatrix}1 & 0 & 2\\ 0 & 1 & 2\end{bmatrix} \neq A$$

이다.

예제 3.4.6

$\alpha = \{x^2, x, 1\}$를 벡터공간 $P_2(\mathbb{R})$의 기저라고 할 때, 선형변환

$$T: P_2(\mathbb{R}) \to P_2(\mathbb{R}), \quad T(f(x)) = xf'(x)$$

에 대하여

$$\begin{aligned} T(x^2) &= x \cdot 2x = 2 \cdot x^2 + 0 \cdot x + 0 \cdot 1 \\ T(x) &= x \cdot 1 = 0 \cdot x^2 + 1 \cdot x + 0 \cdot 1 \\ T(1) &= \quad 0 \quad = 0 \cdot x^2 + 0 \cdot x + 0 \cdot 1 \end{aligned}$$

이므로 $[T]_\alpha = \begin{bmatrix} 2 & 0 & 0 \\ 0 & 1 & 0 \\ 0 & 0 & 0 \end{bmatrix}$ 이다.

이제, 벡터공간의 기저와 선형변환이 주어졌을 때, 좌표행렬을 이용하여 선형변환의 행렬이 어떻게 그 선형변환을 나타내는지 알아보자.

정리 3.4.3

V, W를 각각 벡터공간이라 하고 $\alpha = \{\mathbf{v}_1, \cdots, \mathbf{v}_n\}$, $\beta = \{\mathbf{w}_1, \cdots, \mathbf{w}_m\}$를 V, W의 (순서)기저라고 하자. 선형변환 $T: V \to W$에 대하여 $[T]_\alpha^\beta = A$를 기저 α, β에 관한 T의 행렬이라 할 때, 임의의 $\mathbf{v} \in V$에 대하여

$$[T(\mathbf{v})]_\beta = A[\mathbf{v}]_\alpha$$

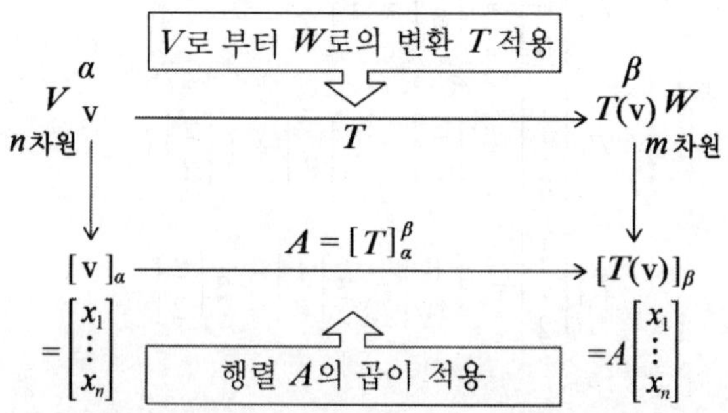

증명 임의의 $\mathbf{v} \in V$에 대하여

$$[\mathbf{v}]_\alpha = \begin{bmatrix} x_1 \\ \vdots \\ x_n \end{bmatrix}, \quad [T(\mathbf{v})]_\beta = \begin{bmatrix} y_1 \\ \vdots \\ y_m \end{bmatrix}$$

이라고 하자. 그러면

$$\begin{aligned} \sum_{i=1}^{m} y_i \mathbf{w}_i = T(\mathbf{v}) &= T\left(\sum_{j=1}^{n} x_j \mathbf{v}_j\right) \\ &= \sum_{j=1}^{n} x_j T(\mathbf{v}_j) \\ &= \sum_{j=1}^{n} \left\{ x_j \left(\sum_{i=1}^{m} a_{ij} \mathbf{w}_i \right) \right\} \\ &= \sum_{i=1}^{m} \left(\sum_{j=1}^{n} a_{ij} x_j \right) \mathbf{w}_i \end{aligned}$$

그러므로 $y_i = \sum_{j=1}^{n} a_{ij} x_j$ 이고, 따라서

$$[T(\mathbf{v})]_\beta = \begin{bmatrix} y_1 \\ \vdots \\ y_m \end{bmatrix} = A \begin{bmatrix} x_1 \\ \vdots \\ x_n \end{bmatrix} = A[\mathbf{v}]_\alpha$$

■

예제 3.4.7

$\alpha = \{1, x\}$, $\beta = \{1, x, x^2\}$를 각각 벡터공간 $P_1(\mathbb{R})$, $P_2(\mathbb{R})$의 기저라 할 때, 선형변환

$$T: P_1(\mathbb{R}) \to P_2(\mathbb{R}), \quad T(f(x)) = x f(x)$$

에 대하여

(1) 행렬 $[T]_\alpha^\beta = A$를 구하여라.

(2) $T(1+2x)$를 (1)에서 구한 행렬 A를 이용하여 구하여라.

풀이

(1)
$$T(1) = x = 0 \cdot 1 + 1 \cdot x + 0 \cdot x^2$$
$$T(x) = x^2 = 0 \cdot 1 + 0 \cdot x + 1 \cdot x^2$$

따라서 $$[T]_\alpha^\beta = A = \begin{bmatrix} 0 & 0 \\ 1 & 0 \\ 0 & 1 \end{bmatrix}$$

(2) $\mathbf{v} = 1 + 2x$라고 하면 $[\mathbf{v}]_\alpha = \begin{bmatrix} 1 \\ 2 \end{bmatrix}$이다. 그러므로

$$[T(\mathbf{v})]_\beta = A[\mathbf{v}]_\alpha = \begin{bmatrix} 0 & 0 \\ 1 & 0 \\ 0 & 1 \end{bmatrix} \begin{bmatrix} 1 \\ 2 \end{bmatrix} = \begin{bmatrix} 0 \\ 1 \\ 2 \end{bmatrix}$$

이고, 이로부터

$$T(\mathbf{v}) = x + 2x^2$$

행렬 $A = [a_{ij}]_{m \times n} \in \mathrm{Mat}_{m \times n}(\mathbb{R})$에 의해 정의되는 선형변환 $T_A : \mathbb{R}^n \to \mathbb{R}^m$에 대해서 다음이 성립함을 정리 3.2.3에서 공부하였다.

$$\mathrm{im}\, T_A = A\text{의 열공간}, \quad \ker T_A = \text{연립방정식 } A\mathbf{x} = \mathbf{0}\text{의 해공간}$$

이 결과와 정리 3.4.3을 이용하면, 다음 예제와 같이 일반적인 선형변환의 상공간과 핵을 구할 수 있다.

예제 3.4.8

선형변환

$$T: P_2(\mathbb{R}) \to P_2(\mathbb{R}), \quad T(a + bx + cx^2) = (2a - b + c) + (a + c)x + (b + c)x^2$$

에 대하여 다음을 구하여라.

(1) 기저 $\alpha = \{1, x, x^2\}$에 관한 T의 행렬 $[T]_\alpha$

(2) T의 상공간과 핵

풀이

(1)
$$\begin{aligned} T(1) &= 2 + x = 2\cdot 1 + 1\cdot x + 0\cdot x^2 \\ T(x) &= -1 + x^2 = -1\cdot 1 + 0\cdot x + 1\cdot x^2 \\ T(x^2) &= 1 + x + x^2 = 1\cdot 1 + 1\cdot x + 1\cdot x^2 \end{aligned}$$

이므로

$$[T]_\alpha = \begin{bmatrix} 2 & -1 & 1 \\ 1 & 0 & 1 \\ 0 & 1 & 1 \end{bmatrix} = A$$

이다.

(2) 위 (1)에서 구한 행렬 A는 기본행연산에 의해서 다음과 같이 기약행 사다리꼴로 변형된다.

$$A = \begin{bmatrix} 2 & -1 & 1 \\ 1 & 0 & 1 \\ 0 & 1 & 1 \end{bmatrix} \rightarrow \begin{bmatrix} 1 & 1 & 0 \\ 0 & 1 & 1 \\ 0 & 0 & 0 \end{bmatrix}$$

따라서 행렬 A의 열공간은

$$\mathrm{lin}\left\{\begin{bmatrix} 2 \\ 1 \\ 0 \end{bmatrix}, \begin{bmatrix} -1 \\ 0 \\ 1 \end{bmatrix}\right\}$$

이고, 이 두 벡터가 기저 $\alpha = \{1, x, x^2\}$에 관한 좌표행렬이므로 이것을 $P_2(\mathbb{R})$의 원소로 바꾸면

$$\mathrm{im}(T) = \mathrm{lin}\{2+x, -1+x^2\}$$

이다. 또한 $[A:0] = \begin{bmatrix} 2 & -1 & 0 & 0 \\ 1 & 0 & 1 & 0 \\ 0 & 1 & 1 & 0 \end{bmatrix} \rightarrow \begin{bmatrix} 1 & 0 & 1 & 0 \\ 0 & 1 & 1 & 0 \\ 0 & 0 & 0 & 0 \end{bmatrix}$이므로

행렬 A의 퇴화공간은

$$\mathrm{lin}\left\{\begin{bmatrix} -1 \\ -1 \\ 1 \end{bmatrix}\right\}$$

이고, 이것을 $P_2(\mathbb{R})$의 원소로 바꾸면

$$\ker T = \{t(-1-x+x^2) \mid t \in \mathbb{R}\}$$

예제 3.4.9

T를 $\mathbb{R}^2$ 위의 각 점을 θ만큼 회전시키는 사상이라고 하면 이 회전이동은 선형변환임이 알려져 있다. $xy-$평면 위의 점 (x, y)를 θ만큼 회전시킨 점의 좌표를 구하여라.

풀이

벡터공간 $\mathbb{R}^2$ 위의 표준기저 $\alpha = \{\mathbf{e}_1, \mathbf{e}_2\}$에 대하여

$$T(\mathbf{e}_1) = \cos\theta \cdot \mathbf{e}_1 + \sin\theta \cdot \mathbf{e}_2$$

$$T(\mathbf{e}_2) = -\sin\theta \cdot \mathbf{e}_1 + \cos\theta \cdot \mathbf{e}_2$$

이므로
$$[T]_\alpha = \begin{bmatrix} \cos\theta & -\sin\theta \\ \sin\theta & \cos\theta \end{bmatrix} = A$$

따라서

$$T\begin{bmatrix} x \\ y \end{bmatrix} = [T\begin{bmatrix} x \\ y \end{bmatrix}]_\alpha = A\begin{bmatrix} x \\ y \end{bmatrix}_\alpha = A\begin{bmatrix} x \\ y \end{bmatrix} = \begin{bmatrix} \cos\theta & -\sin\theta \\ \sin\theta & \cos\theta \end{bmatrix}\begin{bmatrix} x \\ y \end{bmatrix}$$

$$= \begin{bmatrix} x\cos\theta - y\sin\theta \\ x\sin\theta + y\cos\theta \end{bmatrix}$$

다음 두 정리는 정리 3.1.5와 3.1.6을 각각 일반화한 것이다.

정리 3.4.4

벡터공간 V와 W의 기저를 각각 α, β라고 하자. 이 때, 선형변환

$$T: V \to W, \quad S: V \to W$$

와 실수 k에 대하여

$$[T+S]_\alpha^\beta = [T]_\alpha^\beta + [S]_\alpha^\beta, \qquad [kT]_\alpha^\beta = k[T]_\alpha^\beta$$

증명 $\alpha = \{\mathbf{v}_1, \cdots, \mathbf{v}_n\}$, $\beta = \{\mathbf{w}_1, \cdots, \mathbf{w}_m\}$이라 하고

$$[T]_\alpha^\beta = [a_{ij}]_{m\times n}, \quad \text{즉 } T(\mathbf{v}_j) = \sum_{i=1}^{m} a_{ij}\mathbf{w}_i \quad (1 \le j \le n),$$

$$[S]_\alpha^\beta = [b_{ij}]_{m\times n}, \quad \text{즉 } S(\mathbf{v}_j) = \sum_{i=1}^{m} b_{ij}\mathbf{w}_i \quad (1 \le j \le n)$$

이라고 하면,

$$(T+S)(\mathbf{v}_j) = T(\mathbf{v}_j) + S(\mathbf{v}_j)$$

$$= \sum_{i=1}^{m} a_{ij}\mathbf{w}_i + \sum_{i=1}^{m} b_{ij}\mathbf{w}_i$$

$$= \sum_{i=1}^{m} (a_{ij} + b_{ij})\mathbf{w}_i$$

이므로

$$[T+S]_\alpha^\beta = [a_{ij}]_{m\times n} + [b_{ij}]_{m\times n} = [T]_\alpha^\beta + [S]_\alpha^\beta$$

마찬가지로, $[kT]_\alpha^\beta = k[T]_\alpha^\beta$가 성립한다. ■

정리 3.4.5

벡터공간 V, W, U의 기저를 각각 α, β, γ라고 하자. 이 때, 선형변환

$$T: V \to W, \quad S: W \to U$$

에 대하여

$$[S \circ T]_\alpha^\gamma = [S]_\beta^\gamma [T]_\alpha^\beta$$

증명 $\alpha = \{\mathbf{v}_1, \cdots, \mathbf{v}_n\}$, $\beta = \{\mathbf{w}_1, \cdots, \mathbf{w}_m\}$, $\gamma = \{\mathbf{u}_1, \cdots, \mathbf{u}_r\}$라 하고

$$[T]_\alpha^\beta = [a_{ij}]_{m\times n}, \quad 즉 \ T(\mathbf{v}_j) = \sum_{i=1}^{m} a_{ij}\mathbf{w}_i \quad (1 \le j \le n),$$

$$[S]_\beta^\gamma = [b_{ij}]_{r\times m}, \quad 즉 \ S(\mathbf{w}_j) = \sum_{i=1}^{r} b_{ij}\mathbf{u}_i \quad (1 \le j \le m)$$

이라고 하면,

$$(S \circ T)(\mathbf{v}_j) = S(T(\mathbf{v}_j)) = S(\sum_{i=1}^{m} a_{ij}\mathbf{w}_i)$$

$$= \sum_{i=1}^{m} a_{ij} S(\mathbf{w}_i) = \sum_{i=1}^{m} a_{ij}(\sum_{k=1}^{r} b_{ki}\mathbf{u}_k)$$

$$= \sum_{k=1}^{r}(\sum_{i=1}^{m} b_{ki}a_{ij})\mathbf{u}_k = \sum_{i=1}^{r}(\sum_{t=1}^{m} b_{it}a_{tj})\mathbf{u}_i$$

이므로

$$[S \circ T]_\alpha^\gamma = [b_{ij}]_{r\times m}[a_{ij}]_{m\times n} = [S]_\beta^\gamma [T]_\alpha^\beta$$ ■

예제 3.4.10

벡터공간 $P_1(\mathbb{R})$과 $P_2(\mathbb{R})$의 기저를 각각 $\alpha=\{1, x\}$, $\beta=\{1, x, x^2\}$라고 할 때, 선형변환

$$T: P_1(\mathbb{R}) \to P_2(\mathbb{R}), \quad T(f(x)) = xf(x),$$

$$S: P_2(\mathbb{R}) \to P_2(\mathbb{R}), \quad S(f(x)) = f(3x-5)$$

에 대하여 $[S \circ T]_\alpha^\beta = [S]_\beta [T]_\alpha^\beta$ 임을 확인하여라.

풀이

예제 3.4.7에 의하여 $[T]_\alpha^\beta = \begin{bmatrix} 0 & 0 \\ 1 & 0 \\ 0 & 1 \end{bmatrix}$ 이다. 또한,

$$S(1) = 1 = 1 \cdot 1 + 0 \cdot x + 0 \cdot x^2$$

$$S(x) = 3x-5 = (-5) \cdot 1 + 3 \cdot x + 0 \cdot x^2$$

$$S(x^2) = (3x-5)^2 = 25 \cdot 1 - 30 \cdot x + 9 \cdot x^2$$

이므로 $[S]_\beta = \begin{bmatrix} 1 & -5 & 25 \\ 0 & 3 & -30 \\ 0 & 0 & 9 \end{bmatrix}$ 이다. 따라서

$$[S]_\beta [T]_\alpha^\beta = \begin{bmatrix} 1 & -5 & 25 \\ 0 & 3 & -30 \\ 0 & 0 & 9 \end{bmatrix} \begin{bmatrix} 0 & 0 \\ 1 & 0 \\ 0 & 1 \end{bmatrix} = \begin{bmatrix} -5 & 25 \\ 3 & -30 \\ 0 & 9 \end{bmatrix}$$

한편, $(S \circ T)(f(x)) = (3x-5)f(3x-5)$이므로

$$(S \circ T)(1) = 3x-5 = (-5) \cdot 1 + 3 \cdot x + 0 \cdot x^2$$

$$(S \circ T)(x) = (3x-5)^2 = 25 \cdot 1 - 30 \cdot x + 9 \cdot x^2$$

따라서 $[S \circ T]_\alpha^\beta = \begin{bmatrix} -5 & 25 \\ 3 & -30 \\ 0 & 9 \end{bmatrix}$ 이고, 이로부터

$$[S \circ T]_\alpha^\beta = [S]_\beta [T]_\alpha^\beta$$

임을 알 수 있다.

다음은 정리 3.2.7을 일반화한 것으로 정리 3.4.5에 의해 성립한다.

정리 3.4.6

차원이 같은 두 벡터공간 V와 W의 기저를 각각 α, β라 하고, $T: V \to W$를 선형변환이라 할 때, T가 역변환을 갖기 위한 즉, 동형변환이기 위한 필요충분조건은 행렬 $[T]_\alpha^\beta$가 정칙인 것이며, 이 때

$$[T^{-1}]_\beta^\alpha = ([T]_\alpha^\beta)^{-1}$$

이다.

예제 3.4.11

선형변환 $T: P_1[x] \to \mathbb{R}^2$, $T(f(x)) = \begin{bmatrix} f(0) \\ f(1) \end{bmatrix}$은 동형변환이다. 실제로 $P_1(\mathbb{R})$과 $\mathbb{R}^2$의 표준기저 $\alpha = \{1, x\}$와 $\beta = \left\{ \begin{bmatrix} 1 \\ 0 \end{bmatrix}, \begin{bmatrix} 0 \\ 1 \end{bmatrix} \right\}$에 대하여

$$T(1) = \begin{bmatrix} 1 \\ 1 \end{bmatrix} = 1 \cdot \begin{bmatrix} 1 \\ 0 \end{bmatrix} + 1 \cdot \begin{bmatrix} 0 \\ 1 \end{bmatrix}$$

$$T(x) = \begin{bmatrix} 0 \\ 1 \end{bmatrix} = 0 \cdot \begin{bmatrix} 1 \\ 0 \end{bmatrix} + 1 \cdot \begin{bmatrix} 0 \\ 1 \end{bmatrix}$$

이므로 $[T]_\alpha^\beta = \begin{bmatrix} 1 & 0 \\ 1 & 1 \end{bmatrix}$이며, 이 행렬이 정칙이므로 선형변환 T는 동형변환이다. 또,

$$[T^{-1}]_\beta^\alpha = ([T]_\alpha^\beta)^{-1} = \begin{bmatrix} 1 & 0 \\ 1 & 1 \end{bmatrix}^{-1} = \begin{bmatrix} 1 & 0 \\ -1 & 1 \end{bmatrix}$$

이므로

$$[T^{-1} \begin{bmatrix} a \\ b \end{bmatrix}]_\alpha = [T^{-1}]_\beta^\alpha [\begin{bmatrix} a \\ b \end{bmatrix}]_\beta = \begin{bmatrix} 1 & 0 \\ -1 & 1 \end{bmatrix} \begin{bmatrix} a \\ b \end{bmatrix} = \begin{bmatrix} a \\ b-a \end{bmatrix}$$

이다. 따라서

$$T^{-1} \begin{bmatrix} a \\ b \end{bmatrix} = a + (b-a)x$$

예제 3.4.12

$V = P_2(\mathbb{R})$라고 할 때, V 위의 선형변환

$$D: V \to V, \quad D(f(x)) = f'(x)$$

에 대하여 벡터공간 V의 표준기저 $\alpha=\{1, x, x^2\}$에 관한 D의 행렬은 다음과 같다.

$$[D]_\alpha = \begin{bmatrix} 0 & 1 & 0 \\ 0 & 0 & 2 \\ 0 & 0 & 0 \end{bmatrix}$$

여기서, 행렬 $[D]_\alpha$는 정칙행렬이 아니므로 D는 역변환을 갖지 않는다. 또,

$$[D^2]_\alpha = \begin{bmatrix} 0 & 0 & 2 \\ 0 & 0 & 0 \\ 0 & 0 & 0 \end{bmatrix}, \quad [D^3]_\alpha = \begin{bmatrix} 0 & 0 & 0 \\ 0 & 0 & 0 \\ 0 & 0 & 0 \end{bmatrix}$$

이므로

$$D \neq 0_V, \quad D^2 \neq 0_V, \quad D^3 = 0_V$$

정리 3.4.4와 3.3.1, 3.3.2를 이용하면 다음 정리를 증명할 수 있다.

정리 3.4.7

V, W가 각각 n차원, m차원 벡터공간일 때 V에서 W로의 선형변환 전체의 집합을 $\mathrm{Hom}_{\mathbb{R}}(V, W)$이라 하자. 이 때 $\mathrm{Hom}_{\mathbb{R}}(V, W)$는 벡터공간을 이루며

$$\mathrm{Hom}_{\mathbb{R}}(V, W) \cong \mathrm{Mat}_{m\times n}(\mathbb{R})$$

연습문제 3.4

1. 벡터공간 $\mathbb{R}^2$에서 다음과 같이 주어진 기저 α에 대하여 벡터 $\mathbf{v}=\begin{bmatrix} 2 \\ -5 \end{bmatrix}$의 좌표행렬 $[\mathbf{v}]_\alpha$를 구하여라.

(1) $\alpha=\left\{\begin{bmatrix} 1 \\ 0 \end{bmatrix}, \begin{bmatrix} 0 \\ 1 \end{bmatrix}\right\}$　　(2) $\alpha=\left\{\begin{bmatrix} 0 \\ 1 \end{bmatrix}, \begin{bmatrix} 1 \\ 0 \end{bmatrix}\right\}$

(3) $\alpha=\left\{\begin{bmatrix} 6 \\ -5 \end{bmatrix}, \begin{bmatrix} 2 \\ 5 \end{bmatrix}\right\}$　　(4) $\alpha=\left\{\begin{bmatrix} 3 \\ 1 \end{bmatrix}, \begin{bmatrix} -2 \\ 6 \end{bmatrix}\right\}$

2. 다음에 주어진 벡터공간 V의 기저 α에 관한 $\mathbf{v}$의 좌표행렬 $[\mathbf{v}]_\alpha$를 구하여라.

(1) $V=\mathbb{R}^3,\quad \alpha=\left\{\begin{bmatrix}0\\0\\1\end{bmatrix},\begin{bmatrix}1\\0\\0\end{bmatrix},\begin{bmatrix}0\\1\\0\end{bmatrix}\right\},\quad \mathrm{v}=\begin{bmatrix}3\\-2\\5\end{bmatrix}$

(2) $V=\mathbb{R}^3,\quad \alpha=\left\{\begin{bmatrix}1\\-1\\0\end{bmatrix},\begin{bmatrix}1\\1\\1\end{bmatrix},\begin{bmatrix}1\\1\\-2\end{bmatrix}\right\},\quad \mathrm{v}=\begin{bmatrix}3\\-1\\-11\end{bmatrix}$

(3) $V=P_2(\mathbb{R}),\ \alpha=\{x+1,\ 1,\ x^2-2\},\quad \mathrm{v}=-4x^2+2x+10$

(4) $V=\mathrm{Mat}_2(\mathbb{R}),\ \alpha=\left\{\begin{bmatrix}0&0\\1&0\end{bmatrix},\begin{bmatrix}2&0\\0&0\end{bmatrix},\begin{bmatrix}0&-1\\0&0\end{bmatrix},\begin{bmatrix}0&0\\0&5\end{bmatrix}\right\},\quad \mathrm{v}=\begin{bmatrix}-2&-2\\3&5\end{bmatrix}$

3. α와 β를 각각 벡터공간 $\mathbb{R}^3$, $\mathbb{R}^2$의 표준기저라고 할 때, 다음 선형변환 $T:\mathbb{R}^3\to\mathbb{R}^2$의 α,β에 관한 행렬을 구하여라.

(1) $T:\mathbb{R}^3\to\mathbb{R}^2,\quad T\begin{bmatrix}x_1\\x_2\\x_3\end{bmatrix}=\begin{bmatrix}2x_1+3x_2-x_3\\x_1+x_3\end{bmatrix}$

(2) $T:\mathbb{R}^3\to\mathbb{R}^2,\quad T\begin{bmatrix}x_1\\x_2\\x_3\end{bmatrix}=\begin{bmatrix}2x_1-x_3\\3x_1+4x_2\end{bmatrix}$

4. 선형변환 $T:\mathbb{R}^2\to\mathbb{R}^3$가 다음과 같이 정의되어 있을 때, $\mathbb{R}^2$와 $\mathbb{R}^3$의 기저

$$\alpha=\left\{\begin{bmatrix}7\\3\end{bmatrix},\begin{bmatrix}5\\2\end{bmatrix}\right\},\quad \beta=\left\{\begin{bmatrix}1\\3\\1\end{bmatrix},\begin{bmatrix}1\\4\\-2\end{bmatrix},\begin{bmatrix}2\\6\\3\end{bmatrix}\right\}$$

에 관한 T의 행렬을 구하여라.

(1) $T\begin{bmatrix}x_1\\x_2\end{bmatrix}=\begin{bmatrix}x_1-2x_2\\0\\x_2\end{bmatrix}$ (2) $T\begin{bmatrix}x_1\\x_2\end{bmatrix}=\begin{bmatrix}-2x_1+4x_2\\-8x_1+20x_2\\-4x_1-10x_2\end{bmatrix}$

5. 선형변환

$$T:P_2(\mathbb{R})\to P_2(\mathbb{R}),\quad T(f(x))=f(2x+1)$$

에 대하여 다음 물음에 답하여라.

(1) $P_2(\mathbb{R})$의 기저 $\alpha=\{1,x,x^2\}$에 관한 $[T]_\alpha$를 구하여라.

(2) 정리 3.4.3을 이용하여 $T(2-3x+4x^2)$을 구하여라.

(3) $T(2-3x+4x^2)$을 직접 계산하여 (2)에서 구한 결과를 확인하여라.

6. 선형변환 $T: P_2(\mathbb{R}) \to P_2(\mathbb{R})$가

$$T(a+bx+cx^2) = 3a+b+5c+(2a+b+4c)x+(a+b+3c)x^2$$

으로 정의될 때, 다음 물음에 답하여라.

(1) 벡터공간 $P_2(\mathbb{R})$의 표준기저 $\alpha = \{1, x, x^2\}$에 대하여 $A = [T]_\alpha$라고 할 때, 행렬 A의 행공간과 퇴화공간을 구하여라.

(2) T의 상공간과 핵의 기저를 각각 구하여라.

7. $W = \mathrm{lin}\{e^{3x}, xe^{3x}, x^2e^{3x}\}$를 벡터공간 $D(\mathbb{R})$의 부분공간이라 하자. 여기서 $\alpha = \{e^{3x}, xe^{3x}, x^2e^{3x}\}$는 일차독립이므로 W의 기저이다. 선형변환

$$T: W \to W, \quad T(f(x)) = f'(x)$$

에 대하여 다음 물음에 답하여라.

(1) 기저 α에 대한 T의 행렬을 구하여라.

(2) T의 상공간과 핵을 구하여라.

8. 적당한 기저에 대한 행렬표현을 이용하여 선형변환

$$T: P_2(\mathbb{R}) \to P_2(\mathbb{R}),\ T(a+bx+cx^2) = a+b(x-1)+c(x-1)^2$$

의 상공간과 핵을 구하여라.

9. 벡터공간 $\mathbb{R}^3$에서 정의된 선형변환

$$T\begin{bmatrix} x_1 \\ x_2 \\ x_3 \end{bmatrix} = \begin{bmatrix} 2x_1 - 3x_2 \\ x_2 + 4x_3 \\ -2x_1 + 3x_2 \end{bmatrix}$$

와 $\mathbb{R}^3$의 표준기저 α에 대하여

$$[T]_\alpha^\beta = \begin{bmatrix} 2 & 0 & 1 \\ -1 & 1 & 0 \\ 0 & 3 & 0 \end{bmatrix}$$

이 되는 $\mathbb{R}^3$의 기저 β를 구하여라.

10. 선형변환

$$T:\ \mathbb{R}^2 \to P_1(\mathbb{R}),\quad T\begin{bmatrix} a \\ b \end{bmatrix} = a + (a+b)x$$

는 동형변환임을 보이고, 역변환 T^{-1}를 구하여라.

11. 선형변환

$$T: P_3(\mathbb{R}) \to P_2(\mathbb{R}),\ \ T(f(x)) = f'(x)$$

와 $P_3(\mathbb{R})$의 기저 $\alpha = \{1, x, x^2, x^3\}$ 및 $P_2(\mathbb{R})$의 기저 $\beta = \{1, x, x^2\}$에 대하여 다음 물음에 답하여라.

(1) $[T]_\alpha^\beta$를 구하여라.

(2) (1)의 결과를 이용하여 $T(5 - x + 2x^3)$과 $T(a + bx + cx^2 + dx^3)$을 구하고, 직접 계산하여 확인하여라.

(3) $P_3(\mathbb{R})$의 기저 $\alpha' = \{x^3, x^2, x, 1\}$에 대하여 $[T]_{\alpha'}^\beta$를 구하여라.

12. 두 선형변환

$$T:\ P_1(\mathbb{R}) \to P_2(\mathbb{R}),\quad T(a+bx) = 2a - 3bx + x^2,$$

$$S:\ P_2(\mathbb{R}) \to P_3(\mathbb{R}),\quad S(a+bx+cx^2) = c + 2ax - bx^2 + 3cx^3$$

와 기저 $\alpha = \{1, x\}$, $\beta = \{1, x, x^2, x^3\}$에 대해서 $[S \circ T]_\alpha^\beta$를 구하여라.

13. 벡터공간 $\mathbb{R}^2$ 위의 점을 원점에 관하여 반시계방향으로 90° 회전한 후, x축으로 대칭이동시키는 선형변환을 T라고 할 때, $\mathbb{R}^2$의 표준기저 α에 대한 $[T]_\alpha$를 구하여라.

14. 집합 $\alpha = \{1, x\}$와 $\beta = \{\mathsf{e}_1, \mathsf{e}_2\}$를 각각 벡터공간 $P_1(\mathbb{R})$, $\mathbb{R}^2$의 표준기저라 하고,

$$T: P_1(\mathbb{R}) \to \mathbb{R}^2,\ \ T(f(x)) = \begin{bmatrix} f(0) \\ f(1) \end{bmatrix},\qquad S: \mathbb{R}^2 \to \mathbb{R}^2,\ \ S\begin{bmatrix} a \\ b \end{bmatrix} = \begin{bmatrix} a - 2b \\ 2a - b \end{bmatrix}$$

라고 할 때 $[S \circ T]_\alpha^\beta$를 다음 두 가지 방법으로 구하여라.

(1) 합성변환 $S \circ T$를 직접구하고, 기저 α, β에 대한 이 변환의 행렬을 구하여라.

(2) S와 T의 행렬을 각각 구한 후 정리 3.4.5를 이용하여라.

15. 벡터공간 $D(\mathbb{R})$의 부분공간 W를

$$W = \text{lin}\{e^{2x},\ e^{2x}\cos x,\ e^{2x}\sin x\}$$

라고 하자.

(1) 기저 $\beta = \{e^{2x},\ e^{2x}\cos x,\ e^{2x}\sin x\}$에 대한 선형변환

$$T : W \to W, \quad T(f(x)) = f'(x)$$

의 행렬을 구하여라.

(2) $f(x) = 3e^{2x} - e^{2x}\cos x + e^{2x}\sin x \in W$에 대하여 정리 3.4.3을 이용하여 $T(f(x))$를 구하고, $f(x)$를 직접 미분하여 이 결과와 서로 일치하는지 확인하여라.

3.5 기저의 변환

여러 응용에서 하나의 좌표계에 주어진 문제를 다른 새로운 좌표계의 문제로 변환함으로써 쉽게 문제를 해결할 수 있다.

선형대수학에서는 기저를 이용한 좌표벡터의 개념을 통하여 벡터공간을 좌표계로 생각하며, 종종 복잡한 문제도 그에 적합한 기저를 선택함으로써 아주 간단해 진다.

이 절에서는 이러한 벡터공간에 주어진 기저의 변환에 대하여 알아보자.

정의 3.5.1

$\alpha = \{\mathbf{v}_1, \cdots, \mathbf{v}_n\}$, $\beta = \{\mathbf{w}_1, \cdots, \mathbf{w}_n\}$를 벡터공간 V의 기저라고 하자.
각 $j\ (1 \le j \le n)$에 대하여

$$\mathbf{w}_j = \sum_{i=1}^{n} p_{ij}\mathbf{v}_i$$

일 때, 행렬 $P = [p_{ij}]_{n \times n}$을 기저 β에서 α로의 **추이행렬**(transition matrix)이라 한다.

예제 3.5.1

벡터공간 $\mathbb{R}^3$의 표준기저 $\alpha = \{\mathbf{e}_1, \mathbf{e}_2, \mathbf{e}_3\}$와 기저 $\beta = \left\{\begin{bmatrix}1\\2\\1\end{bmatrix}, \begin{bmatrix}2\\3\\0\end{bmatrix}, \begin{bmatrix}3\\5\\2\end{bmatrix}\right\}$에 대해서 β에서 α로의 추이행렬을 구하여라.

풀이 $\begin{bmatrix}1\\2\\1\end{bmatrix} = 1\mathbf{e}_1 + 2\mathbf{e}_2 + 1\,\mathbf{e}_3$, $\begin{bmatrix}2\\3\\0\end{bmatrix} = 2\mathbf{e}_1 + 3\mathbf{e}_2 + 0\,\mathbf{e}_3$, $\begin{bmatrix}3\\5\\2\end{bmatrix} = 3\mathbf{e}_1 + 5\mathbf{e}_2 + 2\,\mathbf{e}_3$

이므로 β에서 α로의 추이행렬은 $P = \begin{bmatrix}1 & 2 & 3\\2 & 3 & 5\\1 & 0 & 2\end{bmatrix}$이다.

α를 기존 기저, β를 새로운 기저라 할 때, 새로운 기저 β에 의한 좌표행렬을 구하려면 α에서 β로의 추이행렬이 필요하지만, 위 정의에서는 거꾸로 β에서 α로의 추이행렬을 정의하였다. 그 이유는 일반적으로 기존 기저 α를 표준기저로 택하면 β에서 α로의 추이행렬을 쉽게 구할 수 있으며, 다음 정리에서와 같이 그 행렬의 역행렬을 구함으로써 필요로 하는 α에서 β로의 추이행렬을 구할 수 있다.

정리 3.5.2

α, β를 벡터공간 V의 기저라 하고 행렬 P를 기저 β에서 α로의 추이행렬이라 하자. 이 때 다음이 성립한다.

(1) 임의의 $\mathbf{v} \in V$에 대하여, $[\mathbf{v}]_\alpha = P[\mathbf{v}]_\beta$

(2) 행렬 P는 정칙이고 P^{-1}는 α에서 β로의 추이행렬이다. 즉, $[\mathbf{v}]_\beta = P^{-1}[\mathbf{v}]_\alpha$

(3) 임의의 선형변환 $T: V \to V$에 대하여 $[T]_\beta = P^{-1}[T]_\alpha P$ 이다.

증명 (1) $\beta = \{\mathbf{w}_1, \cdots, \mathbf{w}_n\}$를 벡터공간 V의 기저라 하고, V의 임의의 원소 $\mathbf{v}$에 대하여

$$[\mathbf{v}]_\beta = \begin{bmatrix}a_1\\a_2\\\vdots\\a_n\end{bmatrix}$$

이라 하자. 즉, $\mathbf{v} = a_1\mathbf{w}_1 + a_2\mathbf{w}_2 + \cdots + a_n\mathbf{w}_n$이라 두면, 다음이 성립한다.

$$\begin{aligned}[\mathbf{v}]_\alpha &= [\,a_1\mathbf{w}_1 + a_2\mathbf{w}_2 + \cdots + a_n\mathbf{w}_n]_\alpha\\ &= a_1[\mathbf{w}_1]_\alpha + a_2[\mathbf{w}_2]_\alpha + \cdots + a_n[\mathbf{w}_n]_\alpha\end{aligned}$$

$$= [[\mathbf{w}_1]_\alpha : [\mathbf{w}_2]_\alpha : \cdots : [\mathbf{w}_n]_\alpha] \begin{bmatrix} a_1 \\ a_2 \\ \vdots \\ a_n \end{bmatrix}$$

$$= P[\mathbf{v}]_\beta$$

(2) $\{\mathbf{w}_1, \cdots, \mathbf{w}_n\}$이 V에서 일차독립이므로 $\{[\mathbf{w}_1]_\alpha, \cdots, [\mathbf{w}_n]_\alpha\}$은 $\mathbb{R}^n$에서 일차독립이다. 따라서

$$P = [[\mathbf{w}_1]_\alpha : [\mathbf{w}_2]_\alpha : \cdots : [\mathbf{w}_n]_\alpha]$$

는 정칙행렬이다. 그러므로 $[\mathbf{v}]_\alpha = P[\mathbf{v}]_\beta$를 $[\mathbf{v}]_\beta$에 대해 풀면

$$[\mathbf{v}]_\beta = P^{-1}[\mathbf{v}]_\alpha$$

이고, P^{-1}는 α에서 β로의 추이행렬이다.

(3) 행렬 P는 기저 β에서 α로의 추이행렬이고, $[T]_\alpha$는 α에서 α로의 T의 행렬이며, P^{-1}는 α에서 β로의 추이행렬이다. 따라서 $P^{-1}[T]_\alpha P$는 β에서 β로의 T의 행렬이다. 그러므로

$$[T]_\beta = P^{-1}[T]_\alpha P$$

가 성립한다. ■

예제 3.5.2

벡터공간 $\mathbb{R}^3$의 기저 $\beta = \left\{ \begin{bmatrix} 1 \\ 2 \\ 1 \end{bmatrix}, \begin{bmatrix} 2 \\ 3 \\ 0 \end{bmatrix}, \begin{bmatrix} 3 \\ 5 \\ 2 \end{bmatrix} \right\}$와 $\mathbf{v} = \begin{bmatrix} x_1 \\ x_2 \\ x_3 \end{bmatrix} \in \mathbb{R}^3$에 대해서 $[\mathbf{v}]_\beta$를 구하여라.

풀이 $\mathbb{R}^3$의 표준기저 $\alpha = \{\mathbf{e}_1, \mathbf{e}_2, \mathbf{e}_3\}$와 기저 $\beta = \left\{ \begin{bmatrix} 1 \\ 2 \\ 1 \end{bmatrix}, \begin{bmatrix} 2 \\ 3 \\ 0 \end{bmatrix}, \begin{bmatrix} 3 \\ 5 \\ 2 \end{bmatrix} \right\}$에 대해서 β에서 α로의 추이행렬은

$$P = \begin{bmatrix} 1 & 2 & 3 \\ 2 & 3 & 5 \\ 1 & 0 & 2 \end{bmatrix}$$

이다 (예제 3.5.1). 따라서 정리 3.5.2 (2)에 의하여 α에서 β로의 추이행렬은

$$P^{-1}=\begin{bmatrix}-6 & 4 & -1\\ -1 & 1 & -1\\ 3 & -2 & 1\end{bmatrix}$$

이다. 그러므로

$$[\mathbf{v}]_\beta = P^{-1}[\mathbf{v}]_\alpha = P^{-1}\begin{bmatrix}x_1\\x_2\\x_3\end{bmatrix} = \begin{bmatrix}1 & 2 & 3\\ 2 & 3 & 5\\ 1 & 0 & 2\end{bmatrix}^{-1}\begin{bmatrix}x_1\\x_2\\x_3\end{bmatrix}$$

$$= \begin{bmatrix}-6 & 4 & -1\\ -1 & 1 & -1\\ 3 & -2 & 1\end{bmatrix}\begin{bmatrix}x_1\\x_2\\x_3\end{bmatrix}$$

$$= \begin{bmatrix}-6x_1+4x_2-x_3\\ -x_1+x_2-x_3\\ 3x_1-2x_2+x_3\end{bmatrix}$$

예제 3.5.3

벡터공간 $\mathbb{R}^3$의 표준기저를 $\alpha = \{\mathbf{e}_1, \mathbf{e}_2, \mathbf{e}_3\}$라 하고, 또 다른 기저를

$\beta = \left\{\begin{bmatrix}1\\0\\0\end{bmatrix}, \begin{bmatrix}1\\1\\0\end{bmatrix}, \begin{bmatrix}1\\1\\1\end{bmatrix}\right\}$라 할 때, 선형변환

$$T: \mathbb{R}^3 \to \mathbb{R}^3, \quad T\begin{bmatrix}x_1\\x_2\\x_3\end{bmatrix} = \begin{bmatrix}x_1+2x_2-x_3\\ -x_2\\ x_1+7x_3\end{bmatrix}$$

에 대하여 행렬 $[T]_\beta$를 구하여라.

풀이

기저 β에서 α로의 추이행렬은

$$P=\begin{bmatrix}1 & 1 & 1\\ 0 & 1 & 1\\ 0 & 0 & 1\end{bmatrix}$$

이고, $[T]_\alpha = \begin{bmatrix}1 & 2 & -1\\ 0 & -1 & 0\\ 1 & 0 & 7\end{bmatrix}$이다. 따라서

$$[T]_\beta = P^{-1}[T]_\alpha P = \begin{bmatrix}1&1&1\\0&1&1\\0&0&1\end{bmatrix}^{-1}\begin{bmatrix}1&2&-1\\0&-1&0\\1&0&7\end{bmatrix}\begin{bmatrix}1&1&1\\0&1&1\\0&0&1\end{bmatrix}$$

$$= \begin{bmatrix}1&0&0\\-1&1&0\\0&-1&1\end{bmatrix}\begin{bmatrix}1&2&-1\\0&-1&0\\1&0&7\end{bmatrix}\begin{bmatrix}1&1&1\\0&1&1\\0&0&1\end{bmatrix}$$

$$= \begin{bmatrix}1&3&2\\-1&-2&-1\\1&2&9\end{bmatrix}$$

예제 3.5.4

$\alpha = \{\mathbf{v}_1, \mathbf{v}_2, \mathbf{v}_3\}$, $\beta = \{\mathbf{w}_1, \mathbf{w}_2, \mathbf{w}_3\}$는 3차원 벡터공간 V의 기저로서

$$\begin{aligned}\mathbf{w}_1 &= \mathbf{v}_1 + 2\mathbf{v}_2 + \mathbf{v}_3\\ \mathbf{w}_2 &= \mathbf{v}_2 + \mathbf{v}_3\\ \mathbf{w}_3 &= \mathbf{v}_3\end{aligned}$$

를 만족하며, 선형변환 $T: V \to V$는

$$\begin{aligned}T(\mathbf{v}_1) &= \mathbf{v}_1 - 2\mathbf{v}_2 + 3\mathbf{v}_3\\ T(\mathbf{v}_2) &= -\mathbf{v}_1 + 2\mathbf{v}_2 - \mathbf{v}_3\\ T(\mathbf{v}_3) &= 2\mathbf{v}_1 + 5\mathbf{v}_3\end{aligned}$$

를 만족한다. $[T]_\beta$를 구하여라.

풀이

기저 β에서 α로의 추이행렬은 $P = \begin{bmatrix}1&0&0\\2&1&0\\1&1&1\end{bmatrix}$이고 $[T]_\alpha = \begin{bmatrix}1&-1&2\\-2&2&0\\3&-1&5\end{bmatrix}$이다. 따라서

$$[T]_\beta = P^{-1}[T]_\alpha P = \begin{bmatrix}1&0&0\\2&1&0\\1&1&1\end{bmatrix}^{-1}\begin{bmatrix}1&-1&2\\-2&2&0\\3&-1&5\end{bmatrix}\begin{bmatrix}1&0&0\\2&1&0\\1&1&1\end{bmatrix}$$

$$= \begin{bmatrix} 1 & -2 & 1 \\ 0 & 1 & -1 \\ 0 & 0 & 1 \end{bmatrix} \begin{bmatrix} 1 & -1 & 2 \\ -2 & 2 & 0 \\ 3 & -1 & 5 \end{bmatrix} \begin{bmatrix} 1 & 0 & 0 \\ 2 & 1 & 0 \\ 1 & 1 & 1 \end{bmatrix}$$

$$= \begin{bmatrix} 3 & 1 & 7 \\ -4 & -2 & -5 \\ 6 & 4 & 5 \end{bmatrix}$$

예제 3.5.5

아래 그림과 같이 평면 위의 $xy-$좌표계를 원점을 중심으로 $\theta\,(0 < \theta < \frac{\pi}{2})$ 만큼 시계바늘 반대방향으로 회전하여 $x'y'-$좌표계를 얻었다. $xy-$좌표계에서의 벡터 $\mathbf{v} = \begin{bmatrix} x \\ y \end{bmatrix}$의 $x'y'-$좌표계에서의 좌표 $\begin{bmatrix} x' \\ y' \end{bmatrix}$을 구하여라.

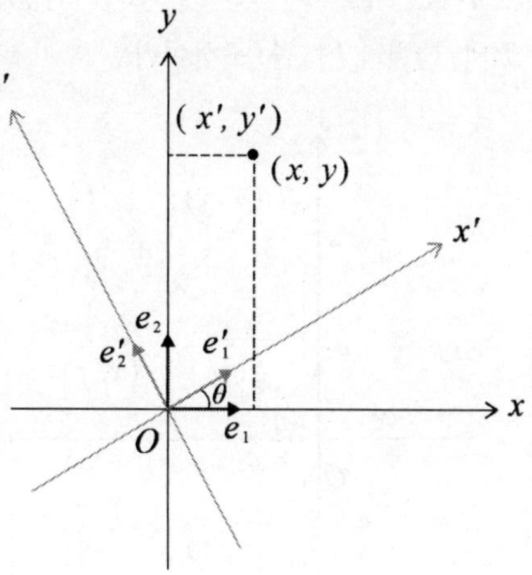

그림 3.1

풀이

위 그림과 같이 $\mathbb{R}^2$에서의 표준기저 $\alpha = \{\mathbf{e}_1, \mathbf{e}_2\}$의 각 벡터를 θ만큼 회전하여 얻은 벡터로 이루어진 기저를 $\beta = \{\mathbf{e}'_1, \mathbf{e}'_2\}$라고 하자. 그러면

$$\mathbf{e}'_1 = \cos\theta\,\mathbf{e}_1 + \sin\theta\,\mathbf{e}_2$$

$$\mathbf{e}'_2 = -\sin\theta\,\mathbf{e}_1 + \cos\theta\,\mathbf{e}_2$$

이므로 β에서 α로의 추이행렬은 $P=\begin{bmatrix}\cos\theta & -\sin\theta\\ \sin\theta & \cos\theta\end{bmatrix}$이다. 그러므로

$$\begin{bmatrix}x'\\ y'\end{bmatrix}=[\mathbf{v}]_\beta=P^{-1}[\mathbf{v}]_\alpha=\begin{bmatrix}\cos\theta & -\sin\theta\\ \sin\theta & \cos\theta\end{bmatrix}^{-1}\begin{bmatrix}x\\ y\end{bmatrix}$$

$$=\begin{bmatrix}\cos\theta & \sin\theta\\ -\sin\theta & \cos\theta\end{bmatrix}\begin{bmatrix}x\\ y\end{bmatrix}$$

$$=\begin{bmatrix}x\cos\theta+y\sin\theta\\ -x\sin\theta+y\cos\theta\end{bmatrix}$$

예제 3.5.6

아래 그림과 같이 평면 위의 각 점을 x축과 $\theta\left(0<\theta<\frac{\pi}{2}\right)$ 각을 이루는 직선 l에 대칭인 점으로 대칭이동 시키는 사상 T: $\mathbb{R}^2\to\mathbb{R}^2$는 선형변환이다. $\mathbb{R}^2$의 표준기저 $\alpha=\{\mathbf{e}_1, \mathbf{e}_2\}$에 대한 T의 행렬 $[T]_\alpha$를 구하여라.

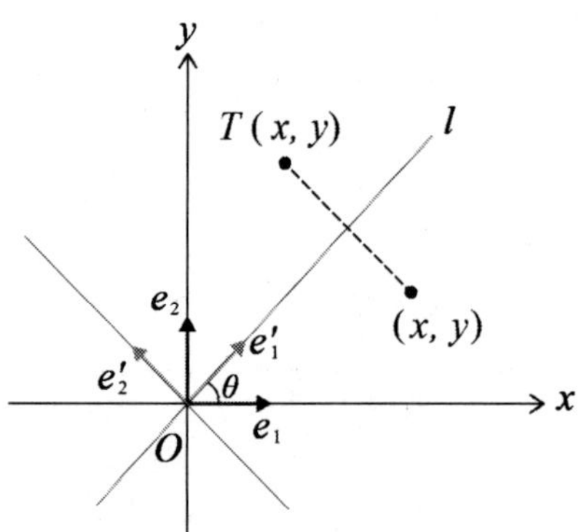

그림 3.2

풀이

기저 $\alpha=\{\mathbf{e}_1, \mathbf{e}_2\}$의 각 벡터를 θ만큼 회전하여 얻은 벡터로 이루어진 기저를 $\beta=\{\mathbf{e}'_1, \mathbf{e}'_2\}$라고 하자. 그러면

$$T(\mathbf{e}'_1)=\mathbf{e}'_1$$

$$T(\mathbf{e}'_2)=\qquad -\mathbf{e}'_2$$

이므로 $[T]_\beta = \begin{bmatrix} 1 & 0 \\ 0 & -1 \end{bmatrix}$이다. 한편

$$\mathbf{e}_1' = \cos\theta\,\mathbf{e}_1 + \sin\theta\,\mathbf{e}_2$$

$$\mathbf{e}_2' = -\sin\theta\,\mathbf{e}_1 + \cos\theta\,\mathbf{e}_2$$

이므로 β에서 α로의 추이행렬은 $P = \begin{bmatrix} \cos\theta & -\sin\theta \\ \sin\theta & \cos\theta \end{bmatrix}$이다. 따라서

$$\begin{aligned}[T]_\alpha = P[T]_\beta P^{-1} &= \begin{bmatrix} \cos\theta & -\sin\theta \\ \sin\theta & \cos\theta \end{bmatrix}\begin{bmatrix} 1 & 0 \\ 0 & -1 \end{bmatrix}\begin{bmatrix} \cos\theta & -\sin\theta \\ \sin\theta & \cos\theta \end{bmatrix}^{-1} \\ &= \begin{bmatrix} \cos\theta & -\sin\theta \\ \sin\theta & \cos\theta \end{bmatrix}\begin{bmatrix} 1 & 0 \\ 0 & -1 \end{bmatrix}\begin{bmatrix} \cos\theta & \sin\theta \\ -\sin\theta & \cos\theta \end{bmatrix} \\ &= \begin{bmatrix} \cos2\theta & \sin2\theta \\ \sin2\theta & -\cos2\theta \end{bmatrix}\end{aligned}$$

정리 3.5.3

$\alpha = \{\mathbf{v}_1, \cdots, \mathbf{v}_n\}$를 벡터공간 V의 기저라 하고 $T: V \to V$를 선형변환이라 하자. 이 때 $n \times n$ 정칙행렬 P가 존재해서

$$P^{-1}[T]_\alpha P = D$$

를 만족하면, $[T]_\beta = D$를 만족하는 V의 기저 β가 존재한다.

증명 $P = [p_{ij}]_{n\times n}$이라 하고

$$\mathbf{w}_1 = p_{11}\mathbf{v}_1 + p_{21}\mathbf{v}_2 + \cdots + p_{n1}\mathbf{v}_n$$

$$\mathbf{w}_2 = p_{12}\mathbf{v}_1 + p_{22}\mathbf{v}_2 + \cdots + p_{n2}\mathbf{v}_n$$

$$\cdots\cdots\cdots\cdots\cdots\cdots$$

$$\mathbf{w}_n = p_{1n}\mathbf{v}_1 + p_{2n}\mathbf{v}_2 + \cdots + p_{nn}\mathbf{v}_n$$

이라 하자. 그러면 $\beta = \{\mathbf{w}_1, \cdots, \mathbf{w}_n\}$는 V의 기저이고 P는 β에서 α로의 추이행렬이다. 따라서

$$[T]_\beta = P^{-1}[T]_\alpha P = D$$

를 만족한다. ■

예제 3.5.7

$\alpha = \{\mathbf{e}_1, \mathbf{e}_2, \mathbf{e}_3\}$를 $\mathbb{R}^3$의 표준기저라 하고, 선형변환 $T: \mathbb{R}^3 \to \mathbb{R}^3$가

$$T\begin{bmatrix} x_1 \\ x_2 \\ x_3 \end{bmatrix} = \begin{bmatrix} x_1 - 3x_2 + 3x_3 \\ -5x_2 + 6x_3 \\ -3x_2 + 4x_3 \end{bmatrix}$$

으로 정의되면, $[T]_\alpha = \begin{bmatrix} 1 & -3 & 3 \\ 0 & -5 & 6 \\ 0 & -3 & 4 \end{bmatrix}$이다. 한편, 5장에서 다룰 행렬의 대각화 이론에 의하면, $P = \begin{bmatrix} 1 & 0 & 1 \\ 0 & 1 & 2 \\ 0 & 1 & 1 \end{bmatrix}$이라 할 때 $P^{-1}[T]_\alpha P = \begin{bmatrix} 1 & 0 & 0 \\ 0 & 1 & 0 \\ 0 & 0 & -2 \end{bmatrix}$가 성립한다. 따라서

$$\mathbf{w}_1 = 1 \cdot \mathbf{e}_1 + 0 \cdot \mathbf{e}_2 + 0 \cdot \mathbf{e}_3 = \begin{bmatrix} 1 \\ 0 \\ 0 \end{bmatrix}$$

$$\mathbf{w}_2 = 0 \cdot \mathbf{e}_1 + 1 \cdot \mathbf{e}_2 + 1 \cdot \mathbf{e}_3 = \begin{bmatrix} 0 \\ 1 \\ 1 \end{bmatrix}$$

$$\mathbf{w}_3 = 1 \cdot \mathbf{e}_1 + 2 \cdot \mathbf{e}_2 + 1 \cdot \mathbf{e}_3 = \begin{bmatrix} 1 \\ 2 \\ 1 \end{bmatrix}$$

이라 하고, $\beta = \{\mathbf{w}_1, \mathbf{w}_2, \mathbf{w}_3\}$라고 하면, $[T]_\beta = \begin{bmatrix} 1 & 0 & 0 \\ 0 & 1 & 0 \\ 0 & 0 & -2 \end{bmatrix}$이다.

연습문제 3.5

1. 벡터공간 $\mathbb{R}^2$의 표준기저 $\alpha = \{\mathbf{e}_1, \mathbf{e}_2\}$와 기저 $\beta = \left\{\begin{bmatrix} -1 \\ 1 \end{bmatrix}, \begin{bmatrix} 1 \\ -2 \end{bmatrix}\right\}$에 대해서

(1) β에서 α로의 추이행렬 P와 α에서 β로의 추이행렬 P^{-1}를 구하여라.

(2) 벡터 $\mathbf{v} = \begin{bmatrix} x_1 \\ x_2 \end{bmatrix} \in \mathbb{R}^2$에 대해서 $[\mathbf{v}]_\beta$를 구하여라.

2. 벡터공간 $P_2(\mathbb{R})$의 표준기저 $\alpha = \{1, x, x^2\}$과 기저 $\beta = \{1-x^2, -x+3x^2, -2+x\}$ 에 대해서

(1) β에서 α로의 추이행렬 P와 α에서 β로의 추이행렬 P^{-1}를 구하여라.

(2) 벡터 $\mathbf{v} = a_0 + a_1 x + a_2 x^2$에 대해서 $[\mathbf{v}]_\beta$를 구하여라.

3. (1) $\mathbb{R}^3$에서 두 기저

$$\alpha = \left\{ \begin{bmatrix} 1 \\ 0 \\ 1 \end{bmatrix}, \begin{bmatrix} 1 \\ -1 \\ 1 \end{bmatrix}, \begin{bmatrix} -1 \\ 1 \\ 0 \end{bmatrix} \right\}, \quad \beta = \left\{ \begin{bmatrix} 1 \\ 2 \\ 1 \end{bmatrix}, \begin{bmatrix} -1 \\ 1 \\ 2 \end{bmatrix}, \begin{bmatrix} 3 \\ 1 \\ -1 \end{bmatrix} \right\}$$

가 있다. $[\mathbf{v}]_\alpha = \begin{bmatrix} x_1 \\ x_2 \\ x_3 \end{bmatrix}$이라 할 때, $[\mathbf{v}]_\beta$를 구하여라.

(2) $\mathbb{R}^3$의 표준기저로 나타낸 $\mathbf{v}$의 좌표행렬이 $\begin{bmatrix} -2 \\ -4 \\ 5 \end{bmatrix}$ 일 때, (1)에서 말한 기저 α, β에 대하여 $[\mathbf{v}]_\alpha$, $[\mathbf{v}]_\beta$를 각각 구하여라.

4. 벡터공간 $\mathbb{R}^2$ 위의 선형변환

$$T: \mathbb{R}^2 \to \mathbb{R}^2, \quad T\begin{bmatrix} x_1 \\ x_2 \end{bmatrix} = \begin{bmatrix} x_1 - 2x_2 \\ -x_2 \end{bmatrix}$$

에 대하여 $\mathbb{R}^2$의 표준기저 $\alpha = \{\mathbf{e}_1, \mathbf{e}_2\}$ 및 기저 $\beta = \left\{ \begin{bmatrix} 2 \\ 1 \end{bmatrix}, \begin{bmatrix} -3 \\ 4 \end{bmatrix} \right\}$에 대한 선형변환 T의 행렬 $[T]_\alpha$와 $[T]_\beta$를 각각 구하여라.

5. 벡터공간 $\mathbb{R}^2$ 위의 선형변환

$$T: \mathbb{R}^2 \to \mathbb{R}^2, \quad T\begin{bmatrix} x_1 \\ x_2 \end{bmatrix} = \begin{bmatrix} x_1 + 3x_2 \\ 2x_1 + 2x_2 \end{bmatrix}$$

에 대하여 $[T]_\beta$가 대각행렬이 되는 $\mathbb{R}^2$의 기저 β를 구하여라. 여기서 $P = \begin{bmatrix} 1 & 3 \\ 1 & -2 \end{bmatrix}$ 이라고 하면 $P^{-1}\begin{bmatrix} 1 & 3 \\ 2 & 2 \end{bmatrix}P = \begin{bmatrix} 4 & 0 \\ 0 & -1 \end{bmatrix}$임을 이용한다.

6. 선형변환 $T: \mathbb{R}^3 \to \mathbb{R}^3$가

$$T\begin{bmatrix} x_1 \\ x_2 \\ x_3 \end{bmatrix} = \begin{bmatrix} 2x_1 - x_2 + 4x_3 \\ x_2 + 4x_3 \\ -3x_1 + 3x_2 - x_3 \end{bmatrix}$$

로 정의될 때, $\mathbb{R}^3$의 기저 β에 대한 T의 행렬 $[T]_\beta$가 대각행렬이 되도록 하는 기저 β를 구하여라. 여기서 $P = \begin{bmatrix} 2 & 1 & 3 \\ 2 & 1 & 4 \\ -1 & 0 & 1 \end{bmatrix}$, $A = \begin{bmatrix} 2 & -1 & 4 \\ 0 & 1 & 4 \\ -3 & 3 & -1 \end{bmatrix}$이라고 하면 $P^{-1}AP = \begin{bmatrix} -1 & 0 & 0 \\ 0 & 1 & 0 \\ 0 & 0 & 2 \end{bmatrix}$임을 이용한다.

7. 벡터공간 $\mathbb{R}^3$ 위의 선형변환

$$T: \mathbb{R}^3 \to \mathbb{R}^3, \quad T\begin{bmatrix} x \\ y \\ z \end{bmatrix} = \begin{bmatrix} x \\ y \\ 0 \end{bmatrix}$$

를 xy평면 위의 정사영이라 한다. $\mathbb{R}^3$의 표준기저 $\alpha = \{\mathbf{e}_1, \mathbf{e}_2, \mathbf{e}_3\}$와 기저 $\beta = \left\{ \begin{bmatrix} 1 \\ 0 \\ 0 \end{bmatrix}, \begin{bmatrix} 1 \\ 1 \\ 0 \end{bmatrix}, \begin{bmatrix} 1 \\ 1 \\ 1 \end{bmatrix} \right\}$에 대해서 $[T]_\alpha$와 $[T]_\beta$를 각각 구하여라.

8. α, β를 각각 유한차원 벡터공간 V, W의 기저라 하고 $T: V \to W$를 선형변환이라고 하자. α', β'를 각각 유한차원 벡터공간 V, W의 또 다른 기저라 할 때, $[T]_\alpha^\beta$와 $[T]_{\alpha'}^{\beta'}$는 어떤 관계가 있는가?

9. 행렬 $P = \begin{bmatrix} 1 & 1 & 0 \\ 1 & 0 & 2 \\ 0 & 2 & 1 \end{bmatrix}$에 대하여 다음에 답하여라.

(1) P는 $\mathbb{R}^3$의 어떤 기저 β로부터 표준기저 $\alpha = \{\mathbf{e}_1, \mathbf{e}_2, \mathbf{e}_3\}$로의 추이행렬인가?

(2) P는 $\mathbb{R}^3$의 표준기저 $\alpha = \{\mathbf{e}_1, \mathbf{e}_2, \mathbf{e}_3\}$로부터 어떤 기저 β로의 추이행렬인가?

제 4 장　내적공간

4.1 내적공간

이 절에서는, 실수체 위의 벡터공간에 대한 내적을 정의하고 이를 이용하여 기하학적 개념을 정의하기로 한다.

정의 4.1.1

V를 벡터공간이라고 하자. 함수

$$< \cdot , \cdot > : V \times V \to \mathbb{R}, \quad (\mathrm{u}, \mathrm{v}) \mapsto <\mathrm{u}, \mathrm{v}>$$

가 임의의 $\mathrm{u}, \mathrm{v}, \mathrm{w} \in V$와 $k \in \mathbb{R}$에 대하여 다음 네 조건을 만족할 때, 이 함수를 V 위의 **내적**(inner product)이라 하고, $(V, < \cdot , \cdot >)$를 **내적공간**(inner product space)이라 한다.

I.1 : $<\mathrm{u}, \mathrm{v}> = <\mathrm{v}, \mathrm{u}>$

I.2 : $<\mathrm{u}+\mathrm{v}, \mathrm{w}> = <\mathrm{u}, \mathrm{w}> + <\mathrm{v}, \mathrm{w}>$

I.3 : $<k\mathrm{u}, \mathrm{v}> = k<\mathrm{u}, \mathrm{v}>$

I.4 : $<\mathrm{u}, \mathrm{u}> \geq 0$,　특히 $<\mathrm{u}, \mathrm{u}> = 0 \Leftrightarrow \mathrm{u} = \mathbf{0}$

예제 4.1.1

벡터공간 $\mathbb{R}^n$에서 임의의 두 벡터 $\mathrm{u} = \begin{bmatrix} x_1 \\ \vdots \\ x_n \end{bmatrix}$, $\mathrm{v} = \begin{bmatrix} y_1 \\ \vdots \\ y_n \end{bmatrix}$에 대하여

$$<\mathrm{u}, \mathrm{v}> = x_1 y_1 + \cdots + x_n y_n$$

으로 정의하면 $< \cdot , \cdot >$는 $\mathbb{R}^n$위의 내적이다.

이와 같이 정의된 내적을 **$\mathbb{R}^n$위의 표준내적**(standard inner product) 또는 **유클리드 내적**(Euclidean inner product)이라고 한다. 또, $\mathrm{u}, \mathrm{v} \in \mathbb{R}^n$에 대하여 $<\mathrm{u}, \mathrm{v}>$를 흔히 $\mathrm{u} \cdot \mathrm{v}$로 나타내기도 한다.

예제 4.1.2

벡터공간 $P_n(\mathbb{R})$에서 임의의 두 벡터

$$f(x) = a_0 + a_1x + \cdots + a_nx^n, \quad g(x) = b_0 + b_1x + \cdots + b_nx^n$$

에 대하여

$$< f\,,\, g > \; = a_0b_0 + a_1b_1 + \cdots + a_nb_n$$

으로 정의하면 $< \cdot\,, \cdot >$은 $P_n(\mathbb{R})$ 위의 내적이다.

이와 같이 정의된 내적을 $\boldsymbol{P_n}(\mathbb{R})$ **위의 표준내적**이라고 한다.

예제 4.1.3

벡터공간 $C[a,b]$에서 임의의 두 벡터 f, g에 대하여

$$< f, g > \; = \int_a^b f(x)g(x)dx$$

로 정의하면 $< \cdot\,, \cdot >$은 $C[a,b]$ 위의 내적이다.

이와 같이 정의된 내적을 $\boldsymbol{C}[a,b]$ **위의 표준내적**이라고 한다.

예제 4.1.4

벡터공간 V에 내적 $< \cdot\,, \cdot > : V \times V \rightarrow \mathbb{R}$ 이 정의되어 있을 때, 임의의 양의 실수 $r > 0$에 대하여

$$< \mathrm{u}, \mathrm{v} >' \; = r < \mathrm{u}, \mathrm{v} >$$

로 정의된 함수 $< \cdot\,, \cdot >' : V \times V \rightarrow \mathbb{R}$ 역시 V 위의 내적이다 (연습문제 4.1.6).

예를 들어, $\mathbb{R}^2$ 위에 정의된 표준내적의 값을 2배하는 다음 함수도 $\mathbb{R}^2$ 위의 내적이다.

$$< \begin{bmatrix} x_1 \\ x_2 \end{bmatrix}, \begin{bmatrix} y_1 \\ y_2 \end{bmatrix} >' = 2x_1y_1 + 2x_2y_2$$

정리 4.1.2

u, v, w가 내적공간의 벡터이고 k가 실수일 때 다음이 성립한다.

(1) $< \mathrm{0}, \mathrm{u} > \; = \; < \mathrm{u}, \mathrm{0} > \; = 0$

(2) $<\mathrm{u}, \mathrm{v}+\mathrm{w}> = <\mathrm{u}, \mathrm{v}> + <\mathrm{u}, \mathrm{w}>$

(3) $<\mathrm{u}, k\mathrm{v}> = k<\mathrm{u}, \mathrm{v}>$

증명

(1) $<0, \mathrm{u}> = <0+0, \mathrm{u}> \overset{\mathrm{I}.2}{=} <0, \mathrm{u}> + <0, \mathrm{u}>.$

따라서 $<0, \mathrm{u}> = 0$ 이고, $<\mathrm{u}, 0> \overset{\mathrm{I}.1}{=} <0, \mathrm{u}> = 0$

(2) $<\mathrm{u}, \mathrm{v}+\mathrm{w}> \overset{\mathrm{I}.1}{=} <\mathrm{v}+\mathrm{w}, \mathrm{u}> \overset{\mathrm{I}.2}{=} <\mathrm{v}, \mathrm{u}> + <\mathrm{w}, \mathrm{u}>$

$\overset{\mathrm{I}.1}{=} <\mathrm{u}, \mathrm{v}> + <\mathrm{u}, \mathrm{w}>$

(3) $<\mathrm{u}, k\mathrm{v}> \overset{\mathrm{I}.1}{=} <k\mathrm{v}, \mathrm{u}> \overset{\mathrm{I}.3}{=} k<\mathrm{v}, \mathrm{u}> \overset{\mathrm{I}.1}{=} k<\mathrm{u}, \mathrm{v}>$ ■

정리 4.1.3 Cauchy-Schwarz 부등식

내적공간의 벡터 u, v에 대해서 다음 부등식이 성립한다.

$$<\mathrm{u}, \mathrm{v}>^2 \leq <\mathrm{u}, \mathrm{u}><\mathrm{v}, \mathrm{v}>$$

증명 먼저, $\mathrm{u} = 0$이면 좌변$= 0 =$우변이므로 위 부등식이 성립한다.

이제 $\mathrm{u} \neq 0$이라 가정하고,

$$<\mathrm{u}, \mathrm{u}> = a, \ <\mathrm{u}, \mathrm{v}> = b, \ <\mathrm{v}, \mathrm{v}> = c$$

라고 놓자. 그러면 $a > 0$이고, 내적의 정의 I.4에 의하여 임의의 $t \in \mathbb{R}$ 에 대해

$$0 \leq <t\mathrm{u}+\mathrm{v}, t\mathrm{u}+\mathrm{v}> = t^2 <\mathrm{u}, \mathrm{u}> + 2t<\mathrm{u}, \mathrm{v}> + <\mathrm{v}, \mathrm{v}>$$

$$= at^2 + 2bt + c$$

따라서 이차방정식의 판별식 $\frac{\mathrm{D}}{4} = b^2 - ac \leq 0$ 즉,

$$<\mathrm{u}, \mathrm{v}>^2 \leq <\mathrm{u}, \mathrm{u}><\mathrm{v}, \mathrm{v}>$$

가 성립한다. ■

예제 4.1.5

임의의 실수 a, b와 각 θ에 대하여 부등식

$$(a\cos\theta + b\sin\theta)^2 \le a^2 + b^2$$

이 성립한다. 실제로, 유클리드 내적공간 $\mathbb{R}^2$에서

$$\mathbf{u} = \begin{bmatrix} a \\ b \end{bmatrix}, \quad \mathbf{v} = \begin{bmatrix} \cos\theta \\ \sin\theta \end{bmatrix}$$

라 하고 정리 4.1.3을 적용하면

$$(a\cos\theta + b\sin\theta)^2 = <\mathbf{u}, \mathbf{v}>^2 \le <\mathbf{u}, \mathbf{u}><\mathbf{v}, \mathbf{v}> = (a^2 + b^2)\cdot 1$$

이 되어 부등식 $(a\cos\theta + b\sin\theta)^2 \le a^2 + b^2$이 성립한다.

내적이 정의되어 있는 공간에서는 내적을 이용하여 벡터의 '길이', 두 벡터 사이의 '각의 크기', 두 벡터 사이의 '거리'와 같은 기하학적 개념을 도입할 수 있다.

정의 4.1.4

내적공간 V에서 각 $\mathbf{v} \in V$에 대하여 실수

$$\|\mathbf{v}\| = \sqrt{<\mathbf{v}, \mathbf{v}>}$$

를 $\mathbf{v}$의 **길이**(length) 또는 **노름**(Norm, 독일어)이라고 한다. 특히, $\|\mathbf{v}\| = 1$일 때, $\mathbf{v}$를 **단위벡터**(unit vector)라고 한다.

예제 4.1.6

유클리드 내적공간 $\mathbb{R}^n$에서 $\left\|\begin{bmatrix} x_1 \\ \vdots \\ x_n \end{bmatrix}\right\| = \sqrt{x_1^2 + \cdots + x_n^2}$이고,

표준내적이 정의된 내적공간 $C[a, b]$에서 $\|f\| = \sqrt{\int_a^b f(x)^2 dx}$이다.

정리 4.1.5

내적공간 V의 임의의 벡터 $\mathbf{v} \in V$와 $a \in \mathbb{R}$에 대하여 다음이 성립한다.

(1) $\|\mathbf{v}\| \geq 0$ 특히, $\|\mathbf{v}\| = 0 \Leftrightarrow <\mathbf{v}, \mathbf{v}> = 0 \Leftrightarrow \mathbf{v} = \mathbf{0}$

(2) $\|a\mathbf{v}\| = |a| \|\mathbf{v}\|$ 특히, $\mathbf{v} \neq \mathbf{0}$이면 $\dfrac{1}{\|\mathbf{v}\|}\mathbf{v}$는 단위벡터이다.

증명 (1) 정의 4.1.1의 조건 I.4에 의하여 $\|\mathbf{v}\| \geq 0$이고,

$$\|\mathbf{v}\| = 0 \Leftrightarrow <\mathbf{v}, \mathbf{v}> = 0 \Leftrightarrow \mathbf{v} = \mathbf{0}$$

(2) 정의 4.1.1의 조건 I.3과 정리 4.1.2 (3)에 의하여

$$\|a\mathbf{v}\|^2 = <a\mathbf{v}, a\mathbf{v}> = a^2 <\mathbf{v}, \mathbf{v}> = a^2 \|\mathbf{v}\|^2$$

이므로 $\|a\mathbf{v}\| = |a| \|\mathbf{v}\|$이다. ■

정리 4.1.3에 의하여 다음 정리가 성립한다.

정리 4.1.6

내적공간 V의 임의의 두 벡터 $\mathbf{u}, \mathbf{v} \in V$에 대하여 다음이 성립한다.

(1) $|<\mathbf{u}, \mathbf{v}>| \leq \|\mathbf{u}\| \|\mathbf{v}\|$

(2) (삼각부등식) $\|\mathbf{u} + \mathbf{v}\| \leq \|\mathbf{u}\| + \|\mathbf{v}\|$

증명 정리 4.1.3에 의하여 (1)은 자명하므로 (2)만을 증명한다.

(2) $\|\mathbf{u} + \mathbf{v}\|^2 = <\mathbf{u} + \mathbf{v}, \mathbf{u} + \mathbf{v}> = <\mathbf{u}, \mathbf{u}> + 2<\mathbf{u}, \mathbf{v}> + <\mathbf{v}, \mathbf{v}>$

$= \|\mathbf{u}\|^2 + 2<\mathbf{u}, \mathbf{v}> + \|\mathbf{v}\|^2$

그런데, (1)에 의하여 $<\mathbf{u}, \mathbf{v}> \leq |<\mathbf{u}, \mathbf{v}>| \leq \|\mathbf{u}\| \|\mathbf{v}\|$ 이므로

$$\begin{aligned} \|\mathbf{u} + \mathbf{v}\|^2 &= \|\mathbf{u}\|^2 + 2<\mathbf{u}, \mathbf{v}> + \|\mathbf{v}\|^2 \\ &\leq \|\mathbf{u}\|^2 + 2\|\mathbf{u}\| \|\mathbf{v}\| + \|\mathbf{v}\|^2 = (\|\mathbf{u}\| + \|\mathbf{v}\|)^2 \end{aligned}$$

따라서 $\|\mathbf{u} + \mathbf{v}\| \leq \|\mathbf{u}\| + \|\mathbf{v}\|$ ■

예제 4.1.7

유클리드 내적공간 $\mathbb{R}^n$에 정리 4.1.6을 적용하면,

$$\left|\sum_{i=1}^{n} x_i y_i\right| \leq \sqrt{\sum_{i=1}^{n} x_i^2}\ \sqrt{\sum_{i=1}^{n} y_i^2}$$

$$\sqrt{\sum_{i=1}^{n} (x_i + y_i)^2} \leq \sqrt{\sum_{i=1}^{n} x_i^2} + \sqrt{\sum_{i=1}^{n} y_i^2}$$

예제 4.1.8

표준내적이 정의된 내적공간 $C[a,b]$에 정리 4.1.6을 적용하면,

$$\left|\int_a^b f(x)g(x)dx\right| \leq \sqrt{\int_a^b f(x)^2 dx}\ \sqrt{\int_a^b g(x)^2 dx}$$

$$\sqrt{\int_a^b (f(x) + g(x))^2 dx} \leq \sqrt{\int_a^b f(x)^2 dx} + \sqrt{\int_a^b g(x)^2 dx}$$

정리 4.1.5와 정리 4.1.6을 이용하여 다음 정리를 증명할 수 있다.

정리 4.1.7

내적공간 V에서 $d(\mathrm{u}, \mathrm{v}) = \|\mathrm{u} - \mathrm{v}\|$로 정의하면, 임의의 $\mathrm{u}, \mathrm{v}, \mathrm{w} \in V$에 대하여 다음이 성립한다.

(1) $d(\mathrm{u}, \mathrm{v}) \geq 0$, 특히 $d(\mathrm{u}, \mathrm{v}) = 0 \Leftrightarrow \mathrm{u} = \mathrm{v}$

(2) $d(\mathrm{u}, \mathrm{v}) = d(\mathrm{v}, \mathrm{u})$

(3) $d(\mathrm{u}, \mathrm{w}) \leq d(\mathrm{u}, \mathrm{v}) + d(\mathrm{v}, \mathrm{w})$

여기서, $d(\mathrm{u}, \mathrm{v}) = \|\mathrm{u} - \mathrm{v}\|$를 u와 v 사이의 **거리**(distance)라 한다.

Cauchy-Schwarz의 부등식에 의하면, 영벡터가 아닌 두 벡터 u, v에 대하여

$$-1 \leq \frac{<\mathrm{u}, \mathrm{v}>}{\|\mathrm{u}\|\|\mathrm{v}\|} \leq 1$$

이므로 다음 조건을 만족시키는 실수 θ가 단 하나 존재한다.

$$\cos\theta = \frac{<\mathbf{u}, \mathbf{v}>}{\|\mathbf{u}\|\|\mathbf{v}\|}, \quad 0 \le \theta \le \pi$$

이러한 θ를 벡터 $\mathbf{u}, \mathbf{v}$ 사이의 **각**(angle)의 크기라고 한다. 특히,

$$<\mathbf{u}, \mathbf{v}> = 0 \Leftrightarrow \cos\theta = 0 \Leftrightarrow \theta = \pi / 2$$

이 사실에 근거하여 내적공간에서의 직교성을 다음과 같이 정의한다.

정의 4.1.8

V를 내적공간이라고 하자. 두 벡터 $\mathbf{u}, \mathbf{v} \in V$에 대하여

$$<\mathbf{u}, \mathbf{v}> = 0$$

일 때, $\mathbf{u}$와 $\mathbf{v}$는 서로 **직교한다**(orthogonal) 또는 서로 **수직**(perpendicular)이라고 한다. 특히, 영벡터는 모든 벡터와 직교한다.

정리 4.1.9 **pythagoras의 정리**

V를 내적공간이라고 할 때, 두 벡터 $\mathbf{u}, \mathbf{v} \in V$가 서로 직교하면 다음 등식이 성립한다.

$$\|\mathbf{u} + \mathbf{v}\|^2 = \|\mathbf{u}\|^2 + \|\mathbf{v}\|^2$$

증명 $<\mathbf{u}, \mathbf{v}> = <\mathbf{v}, \mathbf{u}> = 0$ 일 때,

$$\begin{aligned}\|\mathbf{u} + \mathbf{v}\|^2 &= <\mathbf{u} + \mathbf{v}, \mathbf{u} + \mathbf{v}> \\ &= <\mathbf{u}, \mathbf{u}> + <\mathbf{u}, \mathbf{v}> + <\mathbf{v}, \mathbf{u}> + <\mathbf{v}, \mathbf{v}> \\ &= <\mathbf{u}, \mathbf{u}> + <\mathbf{v}, \mathbf{v}> \\ &= \|\mathbf{u}\|^2 + \|\mathbf{v}\|^2\end{aligned}$$

■

연습문제 4.1

1. 벡터공간 $\mathbb{R}^2$ 위의 임의의 두 벡터 $\mathbf{u}=\begin{bmatrix} x_1 \\ x_2 \end{bmatrix}$, $\mathbf{v}=\begin{bmatrix} y_1 \\ y_2 \end{bmatrix}$에 다음과 같이 정의된 함수는 내적이 되는지 밝혀라.

(1) $<\mathbf{u}, \mathbf{v}> = 2x_1y_1 + 3x_2y_2$

(2) $<\mathbf{u}, \mathbf{v}> = 4x_1y_1 + x_2y_1 + x_1y_2 + 4x_2y_2$

2. 벡터공간 $\mathrm{Mat}_2(\mathbb{R})$ 위의 임의의 두 벡터 $A=\begin{bmatrix} a_1 & a_2 \\ a_3 & a_4 \end{bmatrix}$, $B=\begin{bmatrix} b_1 & b_2 \\ b_3 & b_4 \end{bmatrix}$에 다음과 같이 정의된 함수는 내적이 아님을 보여라.

$$<A, B> = a_1b_1 + a_2b_3 + a_3b_2 + a_4b_4$$

3. 표준내적이 정의되어 있는 내적공간 $C[0,1]$의 두 벡터

$$f : [0,1] \to \mathbb{R},\ f(x) = x, \quad g : [0,1] \to \mathbb{R},\ g(x) = e^x$$

에 대하여 Cauchy-Schwartz의 부등식과 삼각부등식이 성립함을 확인하여라.

4. 내적공간 V의 임의의 벡터 $\mathbf{u}, \mathbf{v}$에 대하여 다음이 성립함을 증명하여라.

(1) $\|\mathbf{u}+\mathbf{v}\|^2 + \|\mathbf{u}-\mathbf{v}\|^2 = 2(\|\mathbf{u}\|^2 + \|\mathbf{v}\|^2)$ **(평행사변형의 법칙)**

(2) $<\mathbf{u}, \mathbf{v}> = \frac{1}{4}(\|\mathbf{u}+\mathbf{v}\|^2 - \|\mathbf{u}-\mathbf{v}\|^2)$ **(극 항등식)**

5. 벡터공간 V 위에 정의된 두 내적 $< \cdot , \cdot >_1$, $< \cdot , \cdot >_2$에 대하여 다음과 같이 정의된 함수는 V 위의 내적임을 증명하여라.

$$< \cdot , \cdot > : V \times V \to \mathbb{R},\ <\mathbf{u}, \mathbf{v}> = <\mathbf{u}, \mathbf{v}>_1 + <\mathbf{u}, \mathbf{v}>_2$$

6. 벡터공간 V에 내적 $< \cdot , \cdot > : V \times V \to \mathbb{R}$이 정의되어 있을 때, 임의의 양의 실수 $r > 0$에 대하여

$$<\mathbf{u}, \mathbf{v}>' = r <\mathbf{u}, \mathbf{v}>$$

로 정의된 함수 $< \cdot , \cdot >' : V \times V \to \mathbb{R}$ 역시 V 위의 내적임을 증명하여라.

7. $\alpha = \{\mathbf{v}_1, \cdots, \mathbf{v}_n\}$를 벡터공간 V의 기저라 할 때, V의 임의의 두 벡터

$$\mathbf{v} = x_1\mathbf{v}_1 + \cdots + x_n\mathbf{v}_n, \quad \mathbf{w} = y_1\mathbf{v}_1 + \cdots + y_n\mathbf{v}_n$$

에 대하여

$$< \mathbf{v}, \mathbf{w} >_\alpha = x_1y_1 + \cdots + x_ny_n$$

이라고 정의하면 다음이 성립함을 증명하여라.

(1) $< \cdot, \cdot >_\alpha : V \times V \to \mathbb{R}$ 은 V위의 내적이다.

(2) $< \mathbf{v}_i, \mathbf{v}_j >_\alpha = \delta_{ij} \ (1 \le i \le n, \ 1 \le j \le n)$이다. 여기서 $\delta_{ij} = \begin{cases} 1, & i = j \\ 0, & i \ne j \end{cases}$

8. $\mathbb{R}^2$ 위에 정의된 유클리드 내적 $< \cdot, \cdot > : \mathbb{R}^2 \times \mathbb{R}^2 \to \mathbb{R}$ 에 대하여

$$< \mathbf{e}_1, \mathbf{e}_1 > = a, \quad < \mathbf{e}_1, \mathbf{e}_2 > = < \mathbf{e}_2, \mathbf{e}_1 > = h, \quad < \mathbf{e}_2, \mathbf{e}_2 > = b$$

라고 할 때, 다음이 성립함을 증명하여라. 단, $\mathbf{e}_1 = \begin{bmatrix} 1 \\ 0 \end{bmatrix}$, $\mathbf{e}_2 = \begin{bmatrix} 0 \\ 1 \end{bmatrix}$이다.

$$< \begin{bmatrix} x_1 \\ x_2 \end{bmatrix}, \begin{bmatrix} y_1 \\ y_2 \end{bmatrix} > = [x_1 \ x_2] \begin{bmatrix} a & h \\ h & b \end{bmatrix} \begin{bmatrix} y_1 \\ y_2 \end{bmatrix}$$

9. 벡터공간 $V = P_2(\mathbb{R})$과 V의 기저 $\alpha = \{1, x, x^2\}$에 대하여 V의 내적 $< \cdot, \cdot >_\alpha$를 위의 문제 7과 같이 정의할 때, 다음을 구하여라.

(1) $< 1 + x, 1 + x >_\alpha$

(2) $< 1, 1 + x + x^2 >_\alpha$

(3) $< 2x - x^2, 4 + x - 3x^2 >_\alpha$

10. 벡터공간 $\mathbb{R}^2$ 위에 정의된 함수

$$< \cdot, \cdot > : V \times V \to \mathbb{R}, \quad < \begin{bmatrix} x_1 \\ x_2 \end{bmatrix}, \begin{bmatrix} y_1 \\ y_2 \end{bmatrix} > = x_1y_1 - x_2y_2$$

는 내적이 아니다. 그 이유를 말하여라.

11. 다음 명제가 참인지 거짓인지 밝히고 이유를 설명하여라.

(1) 두 벡터의 내적은 음수가 될 수 없다.

(2) $< \mathrm{u}, \mathrm{v}+\mathrm{w}> = < \mathrm{v}, \mathrm{u}> + < \mathrm{w}, \mathrm{u}>$

(3) $< k\mathrm{u}, k\mathrm{v}> = k^2 < \mathrm{u}, \mathrm{v}>$

(4) $< \mathrm{u}, \mathrm{v}> = 0$이면 $\mathrm{u}=\mathbf{0}$ 또는 $\mathrm{v}=\mathbf{0}$이다.

(5) $\|\mathrm{v}\|^2 = 0$이면 $\mathrm{v}=\mathbf{0}$이다.

12. x_0, x_1, x_2를 서로 다른 실수라고 할 때, 벡터공간 $P_2(\mathbb{R})$ 위의 임의의 두 벡터

$$p(x) = a_0 + a_1x + a_2x^2, \quad q(x) = b_0 + b_1x + b_2x^2$$

에 다음과 같이 정의된 함수는 내적임을 증명하여라.

$$< p(x),\ q(x) > = p(x_0)q(x_0) + p(x_1)q(x_1) + p(x_2)q(x_2)$$

4.2 정규직교 기저

이 절에서는 내적공간의 한 기저로부터 정규직교 기저를 구하는 방법에 대하여 논한다.

정의 4.2.1

V를 내적공간이라고 하자.

(1) V의 부분집합 $S = \{\mathrm{v}_1, \cdots, \mathrm{v}_n\}$에 속해 있는 임의의 두 벡터가 서로 직교할 때, 즉

$$< \mathrm{v}_i, \mathrm{v}_j > = 0 \quad (1 \le i \ne j \le n)$$

일 때, S를 **직교집합**(orthogonal set)이라고 한다. 더욱이, 직교집합 $S = \{\mathrm{v}_1, \cdots, \mathrm{v}_n\}$에 속하는 벡터가 모두 단위벡터일 때, 즉

$$< \mathrm{v}_i, \mathrm{v}_j > = \begin{cases} 1, & i=j \\ 0, & i \ne j \end{cases} \quad (1 \le i, j \le n)$$

일 때, S를 **정규직교 집합**(orthonormal set)이라고 한다.

(2) V의 부분집합 $\alpha = \{\mathrm{v}_1, \cdots, \mathrm{v}_n\}$이 V의 기저인 동시에 정규직교 집합일 때, α를 V의 **정규직교 기저**(orthonormal basis)라고 한다.

예제 4.2.1

유클리드 내적공간 $\mathbb{R}^n$의 표준기저 $\alpha = \{\mathbf{e}_1, \cdots, \mathbf{e}_n\}$는 정규직교 기저이다.

정리 4.2.2

내적공간 V에서 $S = \{\mathbf{v}_1, \cdots, \mathbf{v}_m\}$가 직교집합이고 $\mathbf{v}_i \neq \mathbf{0}\,(1 \leq i \leq m)$이면 $\{\mathbf{v}_1, \cdots, \mathbf{v}_m\}$은 일차독립이다.

증명 $a_1\mathbf{v}_1 + \cdots + a_m\mathbf{v}_m = \mathbf{0}$ $(a_i \in \mathbb{R})$이라고 가정하면, 각 i에 대하여

$$0 = <\mathbf{0}, \mathbf{v}_i> = <a_1\mathbf{v}_1 + \cdots + a_m\mathbf{v}_m, \mathbf{v}_i> = a_i <\mathbf{v}_i, \mathbf{v}_i>$$

이고 $<\mathbf{v}_i, \mathbf{v}_i> \neq 0$이므로, $a_i = 0$이다.

따라서 $\{\mathbf{v}_1, \cdots, \mathbf{v}_m\}$은 일차독립이다. ■

정리 4.2.3

V를 n차원 내적공간이라고 할 때, n개의 벡터로 이루어진 정규직교 집합 $\{\mathbf{v}_1, \cdots, \mathbf{v}_n\}$은 V의 정규직교 기저이다. 또, $\alpha = \{\mathbf{v}_1, \cdots, \mathbf{v}_n\}$가 V의 정규직교 기저일 때, 임의의 $\mathbf{v} \in V$에 대하여 다음 등식이 성립한다.

$$\mathbf{v} = <\mathbf{v}, \mathbf{v}_1> \mathbf{v}_1 + \cdots + <\mathbf{v}, \mathbf{v}_n> \mathbf{v}_n$$

증명 $\alpha = \{\mathbf{v}_1, \cdots, \mathbf{v}_n\}$가 정규직교 집합이면 정리 4.2.2에 의하여 $\{\mathbf{v}_1, \cdots, \mathbf{v}_n\}$은 일차독립이므로, 정리 2.4.6에 의하여 α는 V의 정규직교 기저이다.

또 α가 V의 정규직교 기저이면, 임의의 $\mathbf{v} \in V$는

$$\mathbf{v} = \sum_{i=1}^{n} a_i\mathbf{v}_i = a_1\mathbf{v}_1 + a_2\mathbf{v}_2 + \cdots + a_n\mathbf{v}_n \qquad (a_i \in \mathbb{R})$$

의 꼴로 나타내어진다. 그런데,

$$<\mathbf{v}, \mathbf{v}_j> = <\sum_{i=1}^{n} a_i\mathbf{v}_i, \mathbf{v}_j> = \sum_{i=1}^{n} a_i <\mathbf{v}_i, \mathbf{v}_j> = a_j \quad (1 \leq j \leq n)$$

이므로,

$$\mathbf{v} = <\mathbf{v}, \mathbf{v}_1> \mathbf{v}_1 + \cdots + <\mathbf{v}, \mathbf{v}_n> \mathbf{v}_n$$ ■

예제 4.2.2

유클리드 내적공간 $\mathbb{R}^3$에서 다음 집합은 $\mathbb{R}^3$의 정규직교 기저이다.

$$\alpha = \{\mathrm{v}_1, \mathrm{v}_2, \mathrm{v}_3\}, \quad \mathrm{v}_1 = \begin{bmatrix} \frac{4}{5} \\ \frac{3}{5} \\ 0 \end{bmatrix}, \quad \mathrm{v}_2 = \begin{bmatrix} -\frac{3}{5} \\ \frac{4}{5} \\ 0 \end{bmatrix}, \quad \mathrm{v}_3 = \begin{bmatrix} 0 \\ 0 \\ 1 \end{bmatrix}$$

따라서 벡터 $\mathrm{v} = \begin{bmatrix} 1 \\ 2 \\ 3 \end{bmatrix} \in \mathbb{R}^3$에 대하여

$$\mathrm{v} = <\mathrm{v}, \mathrm{v}_1> \mathrm{v}_1 + <\mathrm{v}, \mathrm{v}_2> \mathrm{v}_2 + <\mathrm{v}, \mathrm{v}_3> \mathrm{v}_3 = 2\mathrm{v}_1 + \mathrm{v}_2 + 3\mathrm{v}_3$$

$$= 2\begin{bmatrix} \frac{4}{5} \\ \frac{3}{5} \\ 0 \end{bmatrix} + \begin{bmatrix} -\frac{3}{5} \\ \frac{4}{5} \\ 0 \end{bmatrix} + 3\begin{bmatrix} 0 \\ 0 \\ 1 \end{bmatrix}$$

다음 정리를 이용하면 내적공간에 주어진 한 기저로부터 정규직교 기저를 구할 수 있다.

정리 4.2.4 Gram-Schmidt의 직교화 과정

V를 n차원 내적공간이라 하고 $\{\mathrm{v}_1, \cdots, \mathrm{v}_n\}$을 기저라 하자. 이 때,

$$\mathrm{u}_1 = \frac{\mathrm{v}_1}{\|\mathrm{v}_1\|},$$

$$\mathrm{u}_2 = \frac{\mathrm{v}_2 - <\mathrm{v}_2, \mathrm{u}_1> \mathrm{u}_1}{\|\mathrm{v}_2 - <\mathrm{v}_2, \mathrm{u}_1> \mathrm{u}_1\|},$$

$$\mathrm{u}_3 = \frac{\mathrm{v}_3 - <\mathrm{v}_3, \mathrm{u}_1> \mathrm{u}_1 - <\mathrm{v}_3, \mathrm{u}_2> \mathrm{u}_2}{\|\mathrm{v}_3 - <\mathrm{v}_3, \mathrm{u}_1> \mathrm{u}_1 - <\mathrm{v}_3, \mathrm{u}_2> \mathrm{u}_2\|},$$

$$\vdots$$

$$\mathrm{u}_k = \frac{\mathrm{v}_k - <\mathrm{v}_k, \mathrm{u}_1> \mathrm{u}_1 - <\mathrm{v}_k, \mathrm{u}_2> \mathrm{u}_2 - \cdots - <\mathrm{v}_k, \mathrm{u}_{k-1}> \mathrm{u}_{k-1}}{\|\mathrm{v}_k - <\mathrm{v}_k, \mathrm{u}_1> \mathrm{u}_1 - <\mathrm{v}_k, \mathrm{u}_2> \mathrm{u}_2 - \cdots - <\mathrm{v}_k, \mathrm{u}_{k-1}> \mathrm{u}_{k-1}\|},$$

$(k = 4, 5, \cdots, n)$

이라고 하면, $\{\mathrm{u}_1, \cdots, \mathrm{u}_n\}$은 V의 정규직교 기저이다.

증명

[1단계] $< u_1, u_1 > = < \frac{v_1}{\|v_1\|}, \frac{v_1}{\|v_1\|} > = \frac{< v_1, v_1 >}{\|v_1\|^2} = 1$

[2단계] $w_2 = v_2 - < v_2, u_1 > u_1$이라 하고 $< w_2, u_1 >$을 계산하면,

$$< w_2, u_1 > = < v_2 - < v_2, u_1 > u_1, u_1 >$$
$$= < v_2, u_1 > - < v_2, u_1 > < u_1, u_1 > = 0$$

그러므로 w_2와 u_1은 수직이다. 한편, $w_2 = 0$이라 가정하면

$$v_2 = < v_2, u_1 > u_1 = < v_2, u_1 > \frac{v_1}{\|v_1\|}$$

이 되어 $\{v_1, v_2\}$가 일차독립인 것에 모순이다. 따라서 $w_2 \neq 0$이다. 또한,

$$< u_1, u_2 > = < u_1, \frac{w_2}{\|w_2\|} >$$
$$= \frac{1}{\|w_2\|} < u_1, w_2 >$$
$$= \frac{1}{\|w_2\|} < w_2, u_1 >$$
$$= 0$$

그러므로 u_1과 u_2는 직교하고, $\{u_1, u_2\}$는 정규직교집합이다.

이제 위와 같은 방법으로 $k < n$인 k에 대하여 $\{u_1, u_2, \cdots, u_k\}$가 정규직교집합이라고 가정하자.

[3단계] $w_{k+1} = v_{k+1} - < v_{k+1}, u_1 > u_1 - < v_{k+1}, u_2 > u_2$
$$- \cdots - < v_{k+1}, u_k > u_k$$

이라고 하면 $i = 1, 2, \cdots, k$에 대하여

$$< w_{k+1}, u_i > = < v_{k+1}, u_i > - < v_{k+1}, u_1 > < u_1, u_i >$$
$$- < v_{k+1}, u_2 > < u_2, u_i > - \cdots - < v_{k+1}, u_i > < u_i, u_i >$$
$$- \cdots - < v_{k+1}, u_k > < u_k, u_i >$$

여기서 $i \neq j$ 이면 $< u_j, u_i > = 0$이고 $< u_i, u_i > = 1$이므로

$$< w_{k+1}, u_i > = < v_{k+1}, u_i > - < v_{k+1}, u_i > 1 = 0$$

그러므로 $\{u_1, u_2, \cdots, u_k, w_{k+1}\}$은 정규직교집합다. 그리고 2단계에서와 같이

$\mathbf{w}_{k+1} \neq \mathbf{0}$이다.

[4단계] 2단계와 마찬가지로

$$\mathbf{u}_{k+1} = \frac{\mathbf{w}_{k+1}}{\|\mathbf{w}_{k+1}\|}$$

이라 하면 $\|\mathbf{u}_{k+1}\| = \left\| \frac{\mathbf{w}_{k+1}}{\|\mathbf{w}_{k+1}\|} \right\| = 1$이므로 $\{\mathbf{u}_1, \mathbf{u}_2, \cdots, \mathbf{u}_k, \mathbf{u}_{k+1}\}$은 정규직교 집합이다.

위와 같은 과정을 $k+1=n$이도록 반복하면 정규직교 집합 $\{\mathbf{u}_1, \cdots, \mathbf{u}_n\}$을 얻고, 정리 4.2.2에 의하여 이 집합은 V의 정규직교 기저이다. ■

정리 4.2.4의 절차에 따라 내적공간의 기저 $\{\mathbf{v}_1, \cdots, \mathbf{v}_n\}$으로부터 정규직교 기저 $\{\mathbf{u}_1, \cdots, \mathbf{u}_n\}$을 구하는 과정을 **Gram-Schmidt의 직교화 과정**(Gram-Schmidt orthogonalization process)이라고 한다.

예제 4.2.3

$\mathbb{R}^3$의 기저 $\{\mathbf{v}_1, \mathbf{v}_2, \mathbf{v}_3\}$을 이용하여 정규직교 기저를 구하여라.

$$\mathbf{v}_1 = \begin{bmatrix} 1 \\ 1 \\ 0 \end{bmatrix}, \quad \mathbf{v}_2 = \begin{bmatrix} 0 \\ 1 \\ 1 \end{bmatrix}, \quad \mathbf{v}_3 = \begin{bmatrix} 1 \\ 0 \\ 1 \end{bmatrix}$$

풀이

1단계 : $\|\mathbf{v}_1\| = \sqrt{2}$ 이므로 $\mathbf{u}_1$은 다음과 같다.

$$\mathbf{u}_1 = \frac{\mathbf{v}_1}{\|\mathbf{v}_1\|} = \frac{1}{\sqrt{2}} \begin{bmatrix} 1 \\ 1 \\ 0 \end{bmatrix}$$

2단계 : $< \mathbf{v}_2, \mathbf{u}_1 > = \frac{1}{\sqrt{2}}$ 이므로

$$\begin{aligned} \mathbf{w}_2 &= \mathbf{v}_2 - < \mathbf{v}_2, \mathbf{u}_1 > \mathbf{u}_1 \\ &= \begin{bmatrix} 0 \\ 1 \\ 1 \end{bmatrix} - \frac{1}{\sqrt{2}} \frac{1}{\sqrt{2}} \begin{bmatrix} 1 \\ 1 \\ 0 \end{bmatrix} = \frac{1}{2} \begin{bmatrix} -1 \\ 1 \\ 2 \end{bmatrix} \end{aligned}$$

이 때, $\|\mathbf{w}_2\| = \dfrac{\sqrt{6}}{2}$이므로 $\mathbf{u}_2$는 다음과 같다.

$$\mathbf{u}_2 = \frac{\mathbf{w}_2}{\|\mathbf{w}_2\|} = \frac{1}{\sqrt{6}}\begin{bmatrix} -1 \\ 1 \\ 2 \end{bmatrix}$$

3단계 : $<\mathbf{v}_3, \mathbf{u}_1> = \dfrac{1}{\sqrt{2}}$이고 $<\mathbf{v}_3, \mathbf{u}_2> = \dfrac{1}{\sqrt{6}}$이므로

$$\begin{aligned} \mathbf{w}_3 &= \mathbf{v}_3 - <\mathbf{v}_3, \mathbf{u}_1>\mathbf{u}_1 - <\mathbf{v}_3, \mathbf{u}_2>\mathbf{u}_2 \\ &= \begin{bmatrix} 1 \\ 0 \\ 1 \end{bmatrix} - \frac{1}{\sqrt{2}}\frac{1}{\sqrt{2}}\begin{bmatrix} 1 \\ 1 \\ 0 \end{bmatrix} - \frac{1}{\sqrt{6}}\frac{1}{\sqrt{6}}\begin{bmatrix} -1 \\ 1 \\ 2 \end{bmatrix} \\ &= \frac{2}{3}\begin{bmatrix} 1 \\ -1 \\ 1 \end{bmatrix} \end{aligned}$$

이 때, $\|\mathbf{w}_3\| = \dfrac{2}{\sqrt{3}}$이므로 $\mathbf{u}_3$은 다음과 같다.

$$\mathbf{u}_3 = \frac{\mathbf{w}_3}{\|\mathbf{w}_3\|} = \frac{1}{\sqrt{3}}\begin{bmatrix} 1 \\ -1 \\ 1 \end{bmatrix}$$

위에서 구한 벡터 $\{\mathbf{u}_1, \mathbf{u}_2, \mathbf{u}_3\}$는 $\mathbb{R}^3$의 정규직교기저가 된다.

예제 4.2.4

아래 오른쪽 그림과 같은 벡터 $|\mathbf{u}|\cos\theta\dfrac{\mathbf{v}}{|\mathbf{v}|}$를 벡터 $\mathbf{u}$의 $\mathbf{v}$ 위의 정사영 벡터라 하고 이를 $\mathrm{proj}_{\mathbf{v}}\mathbf{u}$라고 나타낸다. 이 때,

$$\mathrm{proj}_{\mathbf{v}}\mathbf{u} = |\mathbf{u}|\cos\theta\frac{\mathbf{v}}{|\mathbf{v}|} = <\mathbf{u}, \frac{\mathbf{v}}{|\mathbf{v}|}>\frac{\mathbf{v}}{|\mathbf{v}|}$$

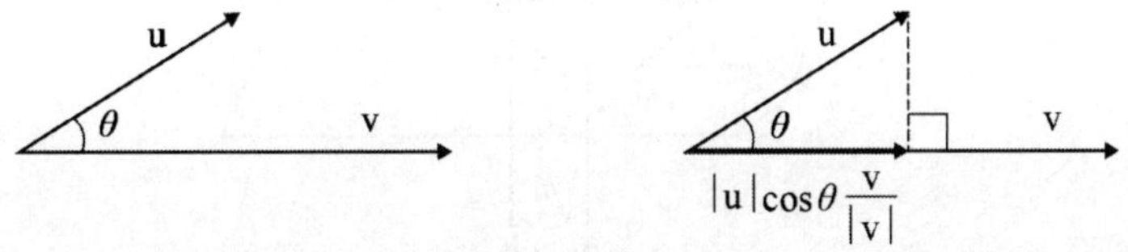

그림 4.1

즉, 벡터 $\mathbf{v}$가 생성하는 일차원 벡터공간에 있는 모든 벡터 중에서 벡터 $\mathbf{u}$에 가장 가까운 벡터가 $\text{proj}_{\mathbf{v}}\mathbf{u}$이고, 이 벡터는 $\mathbf{u}, \mathbf{v}$의 내적을 이용하여

$$\text{proj}_{\mathbf{v}}\mathbf{u} = < \mathbf{u}, \frac{\mathbf{v}}{|\mathbf{v}|} > \frac{\mathbf{v}}{|\mathbf{v}|}$$

로 나타낼 수 있다.

예제 4.2.5

평면 $W = \text{lin}\left\{\begin{bmatrix}0\\3\\0\end{bmatrix}, \begin{bmatrix}1\\0\\1\end{bmatrix}\right\}$ 내에 있는 벡터로서 벡터 $\mathbf{u} = \begin{bmatrix}2\\5\\1\end{bmatrix}$에 가장 가까운 벡터 $\mathbf{w} \in W$는

$$\mathbf{w} = \text{proj}_W\,\mathbf{u} = < \mathbf{u}, \mathbf{w}_1 > \mathbf{w}_1 + < \mathbf{u}, \mathbf{w}_2 > \mathbf{w}_2$$

$$= 5\begin{bmatrix}0\\1\\0\end{bmatrix} + \frac{3}{\sqrt{2}}\begin{bmatrix}\frac{1}{\sqrt{2}}\\0\\\frac{1}{\sqrt{2}}\end{bmatrix} = \begin{bmatrix}\frac{3}{2}\\5\\\frac{3}{2}\end{bmatrix}$$

이다. 여기서 $\left\{\mathbf{w}_1 = \begin{bmatrix}0\\1\\0\end{bmatrix}, \mathbf{w}_2 = \begin{bmatrix}\frac{1}{\sqrt{2}}\\0\\\frac{1}{\sqrt{2}}\end{bmatrix}\right\}$는 부분공간 W의 정규직교 기저이다.

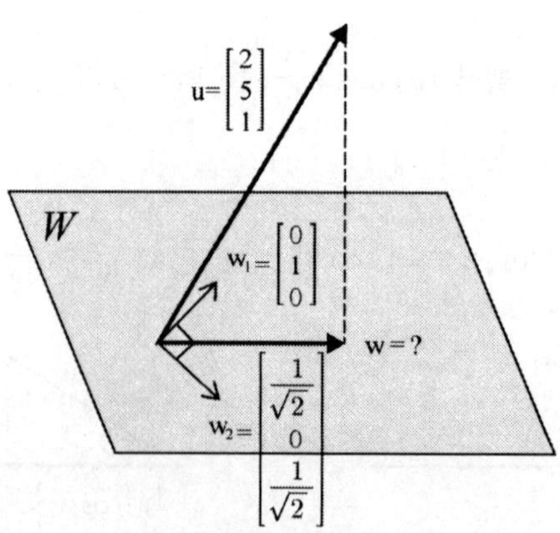

그림 4.2

예제 4.2.6

지수함수 $h(x)=e^x \in C[-1,\ 1]$을 이차다항식으로 근사시켜 보자.

먼저, $C[-1,\ 1]$ 위에 정의된 표준내적

$$< f,\ g > = \int_{-1}^{1} f(x)g(x)dx$$

를 생각하고, Gram-Schmidt 방법을 이용하여 $\{1,\ x,\ x^2\}$으로 생성된 부분공간 $P_2(\mathbb{R})$의 정규직교 기저를 구하면

$$\left\{k_1(x)=\frac{1}{\sqrt{2}},\quad k_2(x)=\sqrt{\frac{3}{2}}\,x,\quad k_3(x)=\frac{3}{2}\sqrt{\frac{5}{2}}\left(x^2-\frac{1}{3}\right)\right\}$$

이다. 따라서 $h(x)$에 가장 가까운 이차다항식 $k(x)$는

$$\begin{aligned} k(x) &= \mathrm{proj}_{P_2} h(x) = < h,\ k_1 > k_1 + < h,\ k_2 > k_2 + < h,\ k_3 > k_3 \\ &= < e^x,\ \frac{1}{\sqrt{2}} > \frac{1}{\sqrt{2}} + < e^x,\ \sqrt{\frac{3}{2}}\,x > \sqrt{\frac{3}{2}}\,x \\ &\quad + < e^x,\ \frac{3}{2}\sqrt{\frac{5}{2}}\,(x^2-\frac{1}{3}) > \frac{3}{2}\sqrt{\frac{5}{2}}\,(x^2-\frac{1}{3}) \\ &= (\frac{33}{4}e^{-1}-\frac{3}{4}e)+3e^{-1}x+\frac{15}{4}(e-7e^{-1})x^2 \end{aligned}$$

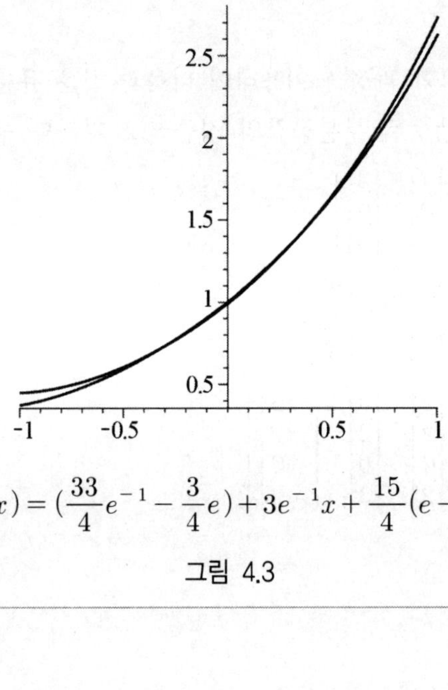

$h(x)=e^x$와 $k(x)=(\frac{33}{4}e^{-1}-\frac{3}{4}e)+3e^{-1}x+\frac{15}{4}(e-7e^{-1})x^2$의 그래프

그림 4.3

연습문제 4.2

1. 유클리드 내적공간 $\mathbb{R}^2$에서 벡터 $\mathbf{v} = \begin{bmatrix} \frac{3}{5} \\ \frac{4}{5} \end{bmatrix}$를 포함하는 정규직교 기저를 두 개만 구하여라.

2. 유클리드 내적공간 $\mathbb{R}^3$에서 다음 두 벡터는 서로 직교하는 단위벡터임을 확인하고, 이 두 벡터를 포함하는 정규직교 기저를 하나만 구하여라.

(1) $\mathbf{u}_1 = \begin{bmatrix} \frac{1}{\sqrt{2}} \\ 0 \\ -\frac{1}{\sqrt{2}} \end{bmatrix}, \quad \mathbf{u}_2 = \begin{bmatrix} 0 \\ 1 \\ 0 \end{bmatrix}$

(2) $\mathbf{u}_1 = \begin{bmatrix} \frac{2}{7} \\ \frac{3}{7} \\ \frac{6}{7} \end{bmatrix}, \quad \mathbf{u}_2 = \begin{bmatrix} \frac{6}{7} \\ \frac{2}{7} \\ -\frac{3}{7} \end{bmatrix}$

3. Gram-Schmidt의 직교화 과정을 이용하여 다음과 같은 유클리드 내적공간 V의 부분집합 S에 의하여 생성된 부분공간의 정규직교 기저를 구하여라.

(1) $V = \mathbb{R}^3, \quad S = \left\{ \begin{bmatrix} 2 \\ 0 \\ 0 \end{bmatrix}, \begin{bmatrix} 3 \\ 0 \\ 5 \end{bmatrix} \right\}$

(2) $V = \mathbb{R}^3, \quad S = \left\{ \begin{bmatrix} 1 \\ -1 \\ 1 \end{bmatrix}, \begin{bmatrix} 2 \\ 1 \\ 5 \end{bmatrix} \right\}$

(3) $V = \mathbb{R}^4, \quad S = \left\{ \begin{bmatrix} 2 \\ 2 \\ 2 \\ 2 \end{bmatrix}, \begin{bmatrix} 3 \\ 2 \\ 0 \\ 3 \end{bmatrix}, \begin{bmatrix} 0 \\ -2 \\ 0 \\ 6 \end{bmatrix} \right\}$

4. Gram-Schmidt의 직교화 과정을 이용하여, 표준내적이 정의된 내적공간 $C[0,1]$의 부분집합

$$S=\{f_1(x)=1,\ f_2(x)=x,\ f_3(x)=x^2\}$$

에 의하여 생성된 부분공간의 정규직교 기저를 구하여라.

5. $\mathbb{R}^3$의 임의의 두 벡터 $\mathbf{u}=\begin{bmatrix}x_1\\x_2\\x_3\end{bmatrix}$, $\mathbf{v}=\begin{bmatrix}y_1\\y_2\\y_3\end{bmatrix}$에 대하여 함수

$$<\mathbf{u},\mathbf{v}>\ = x_1y_1+2x_2y_2+3x_3y_3$$

는 내적이다. 이 내적공간에서 기저 $\left\{\mathbf{v}_1=\begin{bmatrix}1\\1\\1\end{bmatrix},\ \mathbf{v}_2=\begin{bmatrix}1\\1\\0\end{bmatrix},\ \mathbf{v}_3=\begin{bmatrix}1\\0\\0\end{bmatrix}\right\}$을 정규직교 기저로 변환하여라.

6. $\mathbb{R}^2$의 임의의 두 벡터 $\mathbf{u}=\begin{bmatrix}x_1\\x_2\end{bmatrix}$, $\mathbf{v}=\begin{bmatrix}y_1\\y_2\end{bmatrix}$에 대하여 함수

$$<\mathbf{u},\mathbf{v}>\ = 4x_1y_1+x_2y_2$$

는 내적이다. 이 내적공간에서 $\left\{\begin{bmatrix}1\\0\end{bmatrix},\ \begin{bmatrix}0\\1\end{bmatrix}\right\}$은 직교집합임을 보이고, 이들 벡터를 정규화하여 정규직교 집합으로 변환하여라.

7. 표준내적 $<f,g>\ = \int_0^1 f(x)g(x)dx$가 정의된 내적공간 $P_2(\mathbb{R})$에서 표준기저 $S=\{1,x,x^2\}$을 정규직교 기저로 변환하여라.

제 5 장　고윳값과 행렬의 대각화

5.1 고윳값과 고유벡터

이 절에서는 선형대수학에서 가장 중요한 문제 중의 하나로서 수학은 물론 다른 분야에서도 폭넓게 응용되는 고윳값과 고유벡터에 대하여 논한다.

정의 5.1.1

A가 $n \times n$ 행렬일 때, 적당한 실수 $\lambda \in \mathbb{R}$에 대하여

$$A\mathbf{x} = \lambda\mathbf{x}$$

를 만족하는 $\mathbf{0}$이 아닌 벡터 $\mathbf{x} \in \mathbb{R}^n$이 존재할 때, λ를 행렬 A의 **고윳값**(eigenvalue)이라 하고 벡터 $\mathbf{x}$를 고윳값 λ에 대응하는 행렬 A의 **고유벡터**(eigenvector)라고 한다.

예제 5.1.1

벡터 $\mathbf{x} = \begin{bmatrix} 1 \\ 1 \end{bmatrix}$은 $\lambda = 3$에 대응하는 행렬 $A = \begin{bmatrix} 1 & 2 \\ 2 & 1 \end{bmatrix}$의 고유벡터이다. 실제로,

$$A\mathbf{x} = \begin{bmatrix} 1 & 2 \\ 2 & 1 \end{bmatrix}\begin{bmatrix} 1 \\ 1 \end{bmatrix} = \begin{bmatrix} 3 \\ 3 \end{bmatrix} = 3\mathbf{x}$$

$n \times n$ 행렬 A의 고윳값을 구하기 위해서 먼저 조건 $A\mathbf{x} = \lambda\mathbf{x}$ 즉, $A\mathbf{x} = \lambda I\mathbf{x}$를

$$(A - \lambda I)\mathbf{x} = \mathbf{0} \qquad (*)$$

으로 다시 써 보자. 이 때 정리 1.4.5와 정리 1.6.4에 의해서 방정식 (*)가 $\mathbf{0}$이 아닌 해를 갖기 위한 필요충분조건은

$$\det(A - \lambda I) = 0$$

이다. 이로부터 고윳값을 구하는데 필요한 방정식을 다음과 같이 정의할 수 있다.

정의 5.1.2

A가 $n \times n$ 행렬일 때, 방정식

$$\det(A - \lambda I) = 0$$

을 행렬 A의 **고유방정식**(characteristic equation)이라 한다.

위 정의 5.1.2에 의하여 행렬 A의 고윳값은 A의 고유방정식의 해가 되며, A가 $n \times n$ 크기의 행렬이면 행렬 A는 최대 n개의 서로 다른 고윳값을 갖는다.

예제 5.1.2

행렬 $A = \begin{bmatrix} 1 & 1 & 2 \\ 1 & 1 & -1 \\ 3 & -3 & 0 \end{bmatrix}$의 고윳값을 구하여라.

풀이

$$\det(A - \lambda I) = \det\begin{bmatrix} 1-\lambda & 1 & 2 \\ 1 & 1-\lambda & -1 \\ 3 & -3 & 0-\lambda \end{bmatrix}$$

$$= -\lambda^3 + 2\lambda^2 + 9\lambda - 18 = -(\lambda - 2)(\lambda^2 - 9)$$

따라서 A의 고유방정식은 $-(\lambda - 2)(\lambda^2 - 9) = 0$이고, 이것을 풀어 고윳값을 구하면,

$$\lambda = 2,\ 3,\ -3$$

다음 정리는 행렬 A의 고유방정식을 이용하여 얻을 수 있는 유용한 결과인데 자세한 증명은 생략한다.

정리 5.1.3 **Kaylee-Hamilton 정리**

행렬 A의 고유방정식이 $f(\lambda) = 0$일 때, 등식

$$f(A) = O$$

이 성립한다.

예제 5.1.3

임의의 행렬 $A=\begin{bmatrix} a & b \\ c & d \end{bmatrix}$에 대해서 등식

$$A^2-(a+d)A+(ad-bc)I=O$$

이 성립한다. 실제로, 행렬 A의 고유방정식이

$$\det(A-\lambda I)=\det\begin{bmatrix} a-\lambda & b \\ c & d-\lambda \end{bmatrix}=\lambda^2-(a+d)\lambda+ad-bc=0$$

이므로 정리 5.1.3에 의하여 위 등식이 성립한다.

이제, 행렬 A의 고윳값에 대응하는 고유벡터를 구하는 방법에 대해 알아보자. 행렬 A의 고윳값 λ에 대응하는 고유벡터는 방정식 $A\mathbf{x}=\lambda\mathbf{x}$, 즉

$$(A-\lambda I)\mathbf{x}=\mathbf{0}$$

을 만족하는 $\mathbf{0}$이 아닌 벡터이다. 그러므로 행렬 A의 고윳값 λ에 대응하는 고유벡터는 방정식 $A\mathbf{x}=\lambda\mathbf{x}$의 해공간에 속하는 $\mathbf{0}$이 아닌 벡터이다. 다음 정의를 보자.

정의 5.1.4

$n\times n$ 행렬 A의 고윳값 λ에 대하여

$$\{\,\mathbf{x}\in\mathbb{R}^n \mid (A-\lambda I)\mathbf{x}=\mathbf{0}\,\}$$

을 행렬 A의 고윳값 λ에 대응하는 **고유공간**(eigenspace)이라 한다.

예제 5.1.4

행렬 $A=\begin{bmatrix} 3 & -2 & 0 \\ -2 & 3 & 0 \\ 0 & 0 & 5 \end{bmatrix}$의 고유공간의 기저를 구하여라.

풀이

행렬 A의 고유방정식

$$\det(A-\lambda I)=\det\begin{bmatrix} 3-\lambda & -2 & 0 \\ -2 & 3-\lambda & 0 \\ 0 & 0 & 5-\lambda \end{bmatrix}=-(\lambda-1)(\lambda-5)^2=0$$

의 근이 $\lambda=1, 5$이므로 행렬 A는 두 개의 고유공간을 갖는다.

한편, 고유벡터의 정의로부터,

$$\mathbf{x} = \begin{bmatrix} x_1 \\ x_2 \\ x_3 \end{bmatrix}$$

가 λ에 대응하는 A의 고유벡터이기 위한 필요충분조건은 $\mathbf{x}$가 방정식 $(A - \lambda I)\mathbf{x} = \mathbf{0}$ 즉,

$$\det\begin{bmatrix} 3-\lambda & -2 & 0 \\ -2 & 3-\lambda & 0 \\ 0 & 0 & 5-\lambda \end{bmatrix}\begin{bmatrix} x_1 \\ x_2 \\ x_3 \end{bmatrix} = \begin{bmatrix} 0 \\ 0 \\ 0 \end{bmatrix} \qquad (*)$$

의 $\mathbf{0}$이 아닌 해인 것이다.

먼저, $\lambda = 1$이면 방정식 (*)는

$$\begin{bmatrix} 2 & -2 & 0 \\ -2 & 2 & 0 \\ 0 & 0 & 4 \end{bmatrix}\begin{bmatrix} x_1 \\ x_2 \\ x_3 \end{bmatrix} = \begin{bmatrix} 0 \\ 0 \\ 0 \end{bmatrix}$$

이고, 이 방정식을 풀면

$$x_1 = t, \quad x_2 = t, \quad x_3 = 0$$

이다. 그러므로 $\lambda = 1$에 대응하는 행렬 A의 고유벡터는 $\mathbf{x} = t\begin{bmatrix} 1 \\ 1 \\ 0 \end{bmatrix}$ 꼴의 $\mathbf{0}$이 아닌 벡터이고, $\left\{\begin{bmatrix} 1 \\ 1 \\ 0 \end{bmatrix}\right\}$이 $\lambda = 1$에 대응하는 고유공간의 기저이다.

다음으로, $\lambda = 5$이면 방정식 (*)는

$$\begin{bmatrix} 2 & 2 & 0 \\ 2 & 2 & 0 \\ 0 & 0 & 0 \end{bmatrix}\begin{bmatrix} x_1 \\ x_2 \\ x_3 \end{bmatrix} = \begin{bmatrix} 0 \\ 0 \\ 0 \end{bmatrix}$$

이고, 이 방정식을 풀면

$$x_1 = -s, \quad x_2 = s, \quad x_3 = t$$

이다. 그러므로 $\lambda = 5$에 대응하는 행렬 A의 고유벡터는

$$\mathbf{x} = s\begin{bmatrix} -1 \\ 1 \\ 0 \end{bmatrix} + t\begin{bmatrix} 0 \\ 0 \\ 1 \end{bmatrix}$$

꼴의 **0**이 아닌 벡터이고, 집합 $\left\{\begin{bmatrix}-1\\1\\0\end{bmatrix}, \begin{bmatrix}0\\0\\1\end{bmatrix}\right\}$이 일차독립이므로 이 집합이 $\lambda=5$에 대응하는 고유공간의 기저이다.

연습문제 5.1

1. 다음에 주어진 벡터 $\mathbf{v}$가 행렬 A의 고유벡터임을 밝히고, $\mathbf{v}$에 대응하는 고윳값을 구하여라.

(1) $A=\begin{bmatrix}-1 & 1\\6 & 0\end{bmatrix}$, $\mathbf{v}=\begin{bmatrix}1\\-2\end{bmatrix}$ (2) $A=\begin{bmatrix}4 & -2\\5 & -7\end{bmatrix}$, $\mathbf{v}=\begin{bmatrix}4\\2\end{bmatrix}$

(3) $A=\begin{bmatrix}3 & 0 & 0\\0 & 1 & -2\\1 & 0 & 1\end{bmatrix}$, $\mathbf{v}=\begin{bmatrix}2\\-1\\1\end{bmatrix}$

2. 다음에 주어진 λ가 행렬 A의 고윳값임을 밝히고, λ에 대응하는 고유벡터를 구하여라.

(1) $A=\begin{bmatrix}2 & 2\\2 & -1\end{bmatrix}$, $\lambda=3$ (2) $A=\begin{bmatrix}0 & 4\\-1 & 5\end{bmatrix}$, $\lambda=1$

(3) $A=\begin{bmatrix}1 & 0 & 2\\-1 & 1 & 1\\2 & 0 & 1\end{bmatrix}$, $\lambda=-1$

3. 다음 행렬의 고유방정식을 구하여라.

(1) $A=\begin{bmatrix}3 & 0\\8 & -1\end{bmatrix}$ (2) $A=\begin{bmatrix}4 & 0 & 1\\-2 & 1 & 0\\-2 & 0 & 1\end{bmatrix}$ (3) $A=\begin{bmatrix}5 & 0 & 1\\1 & 1 & 0\\-7 & 1 & 0\end{bmatrix}$

4. $A=\begin{bmatrix}1 & 2\\3 & 7\end{bmatrix}$일 때, Kaylee-Hamilton 정리를 써서 행렬 $A^5+3A^3-5A+I_2$를 구하여라.

5. 다음 행렬의 고윳값을 구하여라.

(1) $A=\begin{bmatrix}-1 & 6\\ 0 & 5\end{bmatrix}$ (2) $A=\begin{bmatrix}3 & 0 & 0\\ -2 & 7 & 0\\ 4 & 8 & 1\end{bmatrix}$ (3) $A=\begin{bmatrix}3 & 1 & -1\\ 1 & 1 & 1\\ 4 & 2 & 0\end{bmatrix}$

6. 다음 행렬의 고유공간의 기저를 구하여라.

(1) $A=\begin{bmatrix}1 & 0\\ 6 & -1\end{bmatrix}$ (2) $A=\begin{bmatrix}0 & 0 & -2\\ 1 & 2 & 1\\ 1 & 0 & 3\end{bmatrix}$ (3) $A=\begin{bmatrix}-2 & 2 & 3\\ -2 & 3 & 2\\ -4 & 2 & 5\end{bmatrix}$

7. 다음 행렬의 곱을 구하여라.

$$\begin{bmatrix}0 & 1\\ 2 & 1\end{bmatrix}^{10}\begin{bmatrix}5\\ 1\end{bmatrix}$$

8. $\mathbf{v}$가 고윳값 λ에 대응하는 행렬 A의 고유벡터이고 c는 스칼라일 때, $\mathbf{v}$는 고윳값 $\lambda-c$에 대응하는 행렬 $A-cI$의 고유벡터임을 보여라.

9. 정사각행렬 A가 정칙행렬이기 위한 필요충분조건은 $\lambda=0$이 행렬 A의 고윳값이 아닌 것임을 보여라.

10. 행렬 A가 멱등원 즉, $A^2=A$이면, $\lambda=0$과 $\lambda=1$이 오직 가능한 행렬 A의 고윳값임을 보여라.

5.2 행렬의 대각화

이 절에서는 5.1절에서 다룬 고윳값과 고유벡터를 이용하여 정사각행렬을 대각행렬로 변형하는 방법에 대해 알아보자.

정의 5.2.1

정사각행렬 A에 대하여 적당한 행렬 P가 존재해서 행렬 $P^{-1}AP$가 대각행렬이 될 때, '행렬 A는 **대각화 가능**하다(diagonalizable)' 또는 '행렬 P는 행렬 A를 **대각화한다**(diagonalize)'라고 말한다.

다음 정리는 행렬의 고유벡터 문제와 대각화 문제는 서로 연관이 있음을 말해준다.

정리 5.2.2

$n\times n$ 행렬 A에 대해서 다음 두 명제는 동치이다.

(1) 행렬 A는 대각화 가능하다.

(2) 행렬 A는 n개의 일차독립인 고유벡터를 갖는다.

증명 (1) ⇒ (2) 행렬 A가 대각화 가능하다 가정하고 행렬

$$P=[\,\mathbf{p}_1 : \mathbf{p}_2 : \cdots : \mathbf{p}_n\,]$$

이 A를 대각화한다고 하자. 그러면, 적당한 실수 $\lambda_1, \lambda_2, \cdots, \lambda_n$이 존재하여

$$P^{-1}AP=\begin{bmatrix} \lambda_1 & 0 & \cdots & 0 \\ 0 & \lambda_2 & \cdots & 0 \\ \vdots & \vdots & & \vdots \\ 0 & 0 & \cdots & \lambda_n \end{bmatrix}$$

이다. 따라서

$$AP= P\begin{bmatrix} \lambda_1 & 0 & \cdots & 0 \\ 0 & \lambda_2 & \cdots & 0 \\ \vdots & \vdots & & \vdots \\ 0 & 0 & \cdots & \lambda_n \end{bmatrix}$$

그런데 각 $k=1, 2, \cdots, n$에 대하여 좌변의 k열은

$$A\,(P\text{의 } k\text{열}) = A\mathbf{p}_k$$

이고, 우변의 k열은

$$P\left(\begin{bmatrix} \lambda_1 & 0 & \cdots & 0 \\ 0 & \lambda_2 & \cdots & 0 \\ \vdots & \vdots & & \vdots \\ 0 & 0 & \cdots & \lambda_n \end{bmatrix}\text{의 } k\text{열}\right) = P\begin{bmatrix} 0 \\ 0 \\ \vdots \\ \lambda_k \\ \vdots \\ 0 \end{bmatrix} = \lambda_k\mathbf{p}_k$$

이다. 그러므로

$$A\mathbf{p}_k = \lambda_k\mathbf{p}_k$$

가 성립한다. 또한 행렬 P가 정칙이므로 $\{\mathbf{p}_1, \mathbf{p}_2, \cdots, \mathbf{p}_n\}$은 벡터공간 $\mathbb{R}^n$에서 일차독립이고, 따라서 $\mathbf{p}_k \neq \mathbf{0}$이다. 그러므로 $\{\mathbf{p}_1, \mathbf{p}_2, \cdots, \mathbf{p}_n\}$은 행렬 A의

일차독립인 고유벡터이다.

(2) ⇒ (1) $\mathbf{p}_1, \mathbf{p}_2, \cdots, \mathbf{p}_n$을 행렬 A의 일차독립인 고유벡터라고 하자. 그러면 각 $k=1, 2, \cdots, n$에 대하여

$$A\mathbf{p}_k = \lambda_k \mathbf{p}_k \ (\lambda_k \in \mathbb{R}) \qquad (*)$$

이다. 이제

$$P = [\,\mathbf{p}_1 : \mathbf{p}_2 : \cdots : \mathbf{p}_n\,], \quad D = \begin{bmatrix} \lambda_1 & 0 & \cdots & 0 \\ 0 & \lambda_2 & \cdots & 0 \\ \vdots & \vdots & & \vdots \\ 0 & 0 & \cdots & \lambda_n \end{bmatrix}$$

이라고 하면, (*)에 의하여

$$AP = PD \qquad (**)$$

가 성립한다. 그런데 $\{\mathbf{p}_1, \mathbf{p}_2, \cdots, \mathbf{p}_n\}$이 일차독립이므로 행렬 $P=[\,\mathbf{p}_1 : \mathbf{p}_2 : \cdots : \mathbf{p}_n\,]$은 정칙이다. 그러므로 (**)로부터 $P^{-1}AP = D$이고, 행렬 A는 대각화 가능하다. ■

위 정리로부터 어떤 행렬을 대각화하려면 다음과 같은 단계를 시행한다.

- 단계 1 : 행렬 A의 고윳값을 구하고, 이를 이용하여 n개의 일차독립인 고유벡터가 존재한다면 이들 고유벡터 $\mathbf{p}_1, \mathbf{p}_2, \cdots, \mathbf{p}_n$을 구한다.
- 단계 2 : $P=[\,\mathbf{p}_1 : \mathbf{p}_2 : \cdots : \mathbf{p}_n\,]$이라 한다.
- 단계 3 : $P^{-1}AP = \begin{bmatrix} \lambda_1 & 0 & \cdots & 0 \\ 0 & \lambda_2 & \cdots & 0 \\ \vdots & \vdots & & \vdots \\ 0 & 0 & \cdots & \lambda_n \end{bmatrix}$이다. 여기서 각 $k=1, 2, \cdots, n$에 대해 λ_k는 고유벡터 $\mathbf{p}_k$에 대응하는 고윳값이다.

예제 5.2.1

행렬 $A = \begin{bmatrix} 2 & -1 & 4 \\ 0 & 1 & 4 \\ -3 & 3 & -1 \end{bmatrix}$을 대각화하는 행렬 P를 구하여라.

풀이

행렬 A의 고유방정식이

$$\det(A-\lambda I)=\det\begin{bmatrix}2-\lambda & -1 & 4\\ 0 & 1-\lambda & 4\\ -3 & 3 & -1-\lambda\end{bmatrix}=(2-\lambda)(1-\lambda)(1+\lambda)=0$$

이므로 고윳값은 $\lambda=-1,\ 1,\ 2$이다.

$\lambda=-1$에 대응하는 고유벡터를 하나 구하면,

$$\begin{bmatrix}3 & -1 & 4\\ 0 & 2 & 4\\ -3 & 3 & 0\end{bmatrix}\begin{bmatrix}x_1\\ x_2\\ x_3\end{bmatrix}=\begin{bmatrix}0\\ 0\\ 0\end{bmatrix}\text{으로부터 } \mathbf{p}_1=\begin{bmatrix}2\\ 2\\ -1\end{bmatrix}$$

$\lambda=1$에 대응하는 고유벡터를 하나 구하면,

$$\begin{bmatrix}1 & -1 & 4\\ 0 & 0 & 4\\ -3 & 3 & -2\end{bmatrix}\begin{bmatrix}x_1\\ x_2\\ x_3\end{bmatrix}=\begin{bmatrix}0\\ 0\\ 0\end{bmatrix}\text{으로부터 } \mathbf{p}_2=\begin{bmatrix}1\\ 1\\ 0\end{bmatrix}$$

$\lambda=2$에 대응하는 고유벡터를 하나 구하면,

$$\begin{bmatrix}0 & -1 & 4\\ 0 & -1 & 4\\ -3 & 3 & -3\end{bmatrix}\begin{bmatrix}x_1\\ x_2\\ x_3\end{bmatrix}=\begin{bmatrix}0\\ 0\\ 0\end{bmatrix}\text{으로부터 } \mathbf{p}_3=\begin{bmatrix}3\\ 4\\ 1\end{bmatrix}$$

또한, $\{\mathbf{p}_1, \mathbf{p}_2, \mathbf{p}_3\}$은 일차독립이므로

$$P=[\mathbf{p}_1 : \mathbf{p}_2 : \mathbf{p}_3]=\begin{bmatrix}2 & 1 & 3\\ 2 & 1 & 4\\ -1 & 0 & 1\end{bmatrix}$$

이라 하면,

$$P^{-1}AP=\begin{bmatrix}-1 & 0 & 0\\ 0 & 1 & 0\\ 0 & 0 & 2\end{bmatrix}$$

이다.

위 대각화의 단계 1을 시행하려면 먼저 주어진 $n\times n$ 행렬이 n개의 일차독립인 고유벡터를 갖는가를 판단해야 하는데 다음 정리가 이 문제를 해결하는데 도움이 된다.

정리 5.2.3

$\mathbf{v}_1, \mathbf{v}_2, \cdots, \mathbf{v}_k$를 행렬 A의 서로 다른 고윳값 $\lambda_1, \lambda_2, \cdots, \lambda_k$에 대응하는 고유벡터라고 할 때, $\{\mathbf{v}_1, \mathbf{v}_2, \cdots, \mathbf{v}_k\}$는 일차독립이다.

위 정리에 의하여 다음 정리가 성립한다.

정리 5.2.4

$n\times n$ 행렬 A가 서로 다른 n개의 고윳값을 가지면 A는 대각화 가능하다.

정리 5.2.3 보다 일반적인 결과로서 다음 정리가 성립한다.

정리 5.2.5

$\lambda_1, \lambda_2, \cdots, \lambda_k$를 행렬 A의 서로 다른 고윳값이라 하고, 각 고윳값에 대응하는 고유공간에서 일차독립인 집합을 선택한다고 하자. 이 때 이들 집합을 하나의 집합으로 통합하여도 그 집합 역시 일차독립이다.

예제 5.2.2

행렬 $A=\begin{bmatrix} 3 & -2 & 0 \\ -2 & 3 & 0 \\ 0 & 0 & 5 \end{bmatrix}$를 대각화하는 행렬 P를 구하여라.

풀이

예제 5.1.4에 의하여 행렬 A의 고윳값은 $\lambda=1, 5$이고,

$\lambda=1$에 대응하는 일차독립의 고유벡터를 구하면 $\begin{bmatrix} 1 \\ 1 \\ 0 \end{bmatrix}$,

$\lambda=5$에 대응하는 일차독립인 고유벡터를 구하면 $\begin{bmatrix} -1 \\ 1 \\ 0 \end{bmatrix}, \begin{bmatrix} 0 \\ 0 \\ 1 \end{bmatrix}$

이다. 따라서 정리 5.2.5에 의하여 $\left\{ \begin{bmatrix} 1 \\ 1 \\ 0 \end{bmatrix}, \begin{bmatrix} -1 \\ 1 \\ 0 \end{bmatrix}, \begin{bmatrix} 0 \\ 0 \\ 1 \end{bmatrix} \right\}$은 일차독립이고, 행렬 A는

대각화 가능하다.

이제, $P=\begin{bmatrix}1 & -1 & 0\\ 1 & 1 & 0\\ 0 & 0 & 1\end{bmatrix}$이라 하면, $P^{-1}AP=\begin{bmatrix}1 & 0 & 0\\ 0 & 5 & 0\\ 0 & 0 & 5\end{bmatrix}$이다.

예제 5.2.3

행렬 $A=\begin{bmatrix}4 & 1 & 0\\ 0 & 4 & 0\\ 0 & 0 & 5\end{bmatrix}$는 대각화 가능하지 않다. 실제로, A의 고유방정식은

$$\det(A-\lambda I)=\det\begin{bmatrix}4-\lambda & 1 & 0\\ 0 & 4-\lambda & 0\\ 0 & 0 & 5-\lambda\end{bmatrix}=(4-\lambda)^2(5-\lambda)=0$$

이므로 고윳값은 $\lambda=4, 5$이고, $\lambda=4$와 5에 대응하는 고유공간은 각각

$$\left\{t\begin{bmatrix}1\\0\\0\end{bmatrix} \mid t\in\mathbb{R}\right\},\quad \left\{t\begin{bmatrix}0\\0\\1\end{bmatrix} \mid t\in\mathbb{R}\right\}$$

이다. 따라서 행렬 A는 3개의 일차독립인 고유벡터를 갖지 않는다. 그러므로 정리 5.2.2에 의하여 A는 대각화 가능하지 않다.

예제 5.2.4

행렬 $A=\begin{bmatrix}1 & 2\\ 3 & 2\end{bmatrix}$에 대하여 A^{100}을 구해보자.

먼저,

$$\det(A-\lambda I)=(1-\lambda)(2-\lambda)-6=\lambda^2-3\lambda-4=(\lambda-4)(\lambda+1)$$

으로부터 고윳값은 $\lambda=4,\ -1$이고, 이에 대응하는 고유벡터를 각각 하나씩 구하면

$$\mathbf{p}_1=\begin{bmatrix}2\\3\end{bmatrix},\ \mathbf{p}_2=\begin{bmatrix}-1\\1\end{bmatrix}$$

이다. 따라서 $P=\begin{bmatrix}2 & -1\\ 3 & 1\end{bmatrix}$이라 놓으면,

$$P^{-1}AP=\begin{bmatrix}4 & 0\\ 0 & -1\end{bmatrix}$$

이다. 이제 A^{100}을 구하기 위해 이 식의 양변을 100제곱하면,

$$P^{-1}A^{100}P = (P^{-1}AP)^{100} = \begin{bmatrix} 4 & 0 \\ 0 & -1 \end{bmatrix}^{100} = \begin{bmatrix} 4^{100} & 0 \\ 0 & (-1)^{100} \end{bmatrix}$$

그러므로

$$A^{100} = P\begin{bmatrix} 4^{100} & 0 \\ 0 & 1 \end{bmatrix}P^{-1} = \frac{1}{5}\begin{bmatrix} 2\cdot 4^{100}+3 & 2\cdot 4^{100}-2 \\ 3\cdot 4^{100}-3 & 3\cdot 4^{100}+2 \end{bmatrix}$$

아래의 예제는 예제 3.5.7과 유사하다.

예제 5.2.5

벡터공간 $P_2(\mathbb{R})$ 위에 선형변환 $T: P_2(\mathbb{R}) \to P_2(\mathbb{R})$가

$$T(a+bx+cx^2) = (-a+4b-2c)+(-3a+4b)x+(-3a+b+3c)x^2$$

으로 정의되었을 때, $P_2(\mathbb{R})$의 기저 β에 대한 T의 행렬 $[T]_\beta$가 대각행렬이 되는 기저 β를 구하여라.

풀이

$P_2(\mathbb{R})$의 기저 $\alpha = \{1, x, x^2\}$에 대한 선형변환 T의 행렬을 구하면

$$[T]_\alpha = \begin{bmatrix} -1 & 4 & -2 \\ -3 & 4 & 0 \\ -3 & 1 & 3 \end{bmatrix}$$

이다. 한편, $P = \begin{bmatrix} 1 & 2 & 1 \\ 1 & 3 & 3 \\ 1 & 3 & 4 \end{bmatrix}$라 놓으면, 행렬 P는 $[T]_\alpha$를 대각화하여

$$P^{-1}[T]_\alpha P = \begin{bmatrix} 1 & 0 & 0 \\ 0 & 2 & 0 \\ 0 & 0 & 3 \end{bmatrix}$$

이 성립한다. 따라서

$$\mathbf{w}_1 = 1\cdot 1 + 1\cdot x + 1\cdot x^2 = 1 + x + x^2$$

$$\mathbf{w}_2 = 2\cdot 1 + 3\cdot x + 3\cdot x^2 = 2 + 3x + 3x^2$$

$$\mathbf{w}_3 = 1\cdot 1 + 3\cdot x + 4\cdot x^2 = 1 + 3x + 4x^2$$

이라 하고 $\beta = \{\mathbf{w}_1, \mathbf{w}_2, \mathbf{w}_3\}$이라고 하면, $[T]_\beta = \begin{bmatrix} 1 & 0 & 0 \\ 0 & 2 & 0 \\ 0 & 0 & 3 \end{bmatrix}$이다.

연습문제 5.2

1. 다음 행렬에 대하여 아래 물음에 답하여라.

$$A = \begin{bmatrix} 0 & -2 \\ 1 & 3 \end{bmatrix}$$

(1) A의 고윳값과 고유공간을 구하여라.

(2) $P^{-1}AP$가 대각행렬이 되는 정칙행렬 P를 구하여라.

(3) 임의의 양의 정수 n에 대하여 A^n을 구하여라.

2. 다음 행렬이 대각화 가능한지 판단하고, 대각화 가능한 경우에 $P^{-1}AP = D$가 되는 정칙행렬 P와 대각행렬 D를 구하여라.

(1) $A = \begin{bmatrix} 0 & -2 & -3 \\ -1 & 1 & -1 \\ 2 & 2 & 5 \end{bmatrix}$ (2) $A = \begin{bmatrix} 3 & 0 & 0 \\ 0 & 2 & 0 \\ 1 & 0 & 2 \end{bmatrix}$

(3) $A = \begin{bmatrix} 1 & 0 & 0 \\ 0 & 1 & 1 \\ 0 & 1 & 1 \end{bmatrix}$ (4) $A = \begin{bmatrix} -1 & 0 & 1 \\ -1 & 3 & 0 \\ -4 & 13 & -1 \end{bmatrix}$

(5) $A = \begin{bmatrix} 2 & 0 & -2 \\ 0 & 3 & 0 \\ 0 & 0 & 3 \end{bmatrix}$ (6) $A = \begin{bmatrix} 2 & -1 & 0 & 1 \\ 0 & 2 & 1 & -1 \\ 0 & 0 & 3 & 2 \\ 0 & 0 & 0 & 3 \end{bmatrix}$

3. 행렬 $A = \begin{bmatrix} 3 & -1 & 0 \\ -1 & 2 & -1 \\ 0 & -1 & 3 \end{bmatrix}$에 대하여 A^n을 구하여라. 단 n은 자연수이다.

4. 행렬 $A = \begin{bmatrix} 1 & 0 \\ -1 & 2 \end{bmatrix}$에 대하여 $B^5 = A$가 되는 2×2 행렬 B를 구하여라.

5. 함수

$$f : \mathbb{R}^3 \to \mathbb{R}^3,\ f(x,\ y,\ z) = (-x - 2y - 2z,\ x + 2y + z,\ -x - y)$$

에 대하여 $f^{100}(x,\ y,\ z)$를 구하여라.

6. 벡터공간 $P_2(\mathbb{R})$ 위에 정의된 선형변환 $T: P_2(\mathbb{R}) \to P_2(\mathbb{R})$가

$$T(a+bx+cx^2) = (2a-b+4c)+(b+4c)x+(-3a+3b-c)x^2$$

으로 정의되었을 때, $P_2(\mathbb{R})$의 기저 β에 대한 T의 행렬 $[T]_\beta$가 대각행렬이 되는 β를 구하여라.

7. 다음 행렬 A가 대각화 가능하면 A를 대각화시키는 행렬 P를 구하여라.

$$A = \begin{bmatrix} 0 & 1 & 0 \\ 0 & 0 & 1 \\ 2 & -5 & 4 \end{bmatrix}$$

8. (1) 행렬 $A = \begin{bmatrix} 0 & 0 & -2 \\ 1 & 2 & 1 \\ 1 & 0 & 3 \end{bmatrix}$을 대각화시키는 행렬 P를 구하고, $P^{-1}AP$를 구하여라.

(2) 선형변환 $T: \mathbb{R}^3 \to \mathbb{R}^3$, $T\begin{bmatrix} x \\ y \\ z \end{bmatrix} = \begin{bmatrix} -2z \\ x+2y+z \\ x+3z \end{bmatrix}$에 대하여 행렬 $[T]_\alpha$가 대각행렬이 되는 $\mathbb{R}^3$의 기저 α를 구하여라.

9. 다음에 주어진 행렬 A가 대각화 가능하도록 하는 실수값 k를 모두 구하여라.

(1) $\begin{bmatrix} 1 & k \\ 0 & 1 \end{bmatrix}$　　(2) $\begin{bmatrix} 1 & 0 & k \\ 0 & 1 & 0 \\ 0 & 0 & 1 \end{bmatrix}$

10. $A = \begin{bmatrix} a & b \\ c & d \end{bmatrix}$ 일 때, $(a-d)^2+4bc>0$이면 행렬 A는 대각화 가능하고, $(a-d)^2+4bc<0$이면 A는 대각화 가능하지 않음을 보여라.

5.3 대칭행렬의 직교대각화

앞 절의 정리 5.2.2에서 정사각행렬이 대각화 가능하기 위한 조건을 알아보았고, 예제 5.2.3을 통하여 대각화 가능하지 않은 정사각행렬도 있음을 공부하였다. 그러나 모든 대칭행렬은 대각화 가능하고, 특히 대칭행렬을 대각화시키는 행렬 P로서 $P^{-1}=P^t$를 만족하는 행렬이 존재한다.

이 절에서는 이러한 대칭행렬의 대각화에 대하여 알아보자. 먼저 다음 정의를 보자.

정의 5.3.1

정칙행렬 P가 $P^{-1}=P^t$를 만족할 때 P를 **직교행렬**(orthogonal matrix)이라 한다.

정의 5.3.2

정사각행렬 A에 대하여 P^tAP 가 대각행렬이 되는 직교행렬 P가 존재할 때 '행렬 A는 **직교대각화 가능**하다(orthogonally diagonalizable)' 또는 '행렬 P는 행렬 A를 **직교대각화한다**(orthogonally diagonalize)'라고 말한다.

이제, 다음 정리에서 정사각행렬이 직교대각화 가능할 조건에 대해 알아보자.

정리 5.3.3

$n\times n$ 크기의 정사각행렬 A에 대하여 다음 명제는 동치이다.

(1) A는 직교대각화 가능하다.

(2) A는 유클리드 내적공간 $\mathbb{R}^n$에서 n개의 정규직교 고유벡터를 갖는다.

(3) A는 대칭행렬이다.

증명 (1)⇒(2) A가 직교대각화 가능하므로 P^tAP가 대각행렬이 되는 직교행렬 P가 존재한다. 이 때, 정리 5.2.2에 의하여 P의 n개의 열벡터는 A의 고유벡터이다. 이제, P의 열벡터는 정규직교 집합이 됨을 보이자.

$P=[\,\mathbf{p}_1 : \mathbf{p}_2 : \cdots : \mathbf{p}_n\,]$이라 하면 $P^t=\begin{bmatrix}\mathbf{p}_1^t\\ \mathbf{p}_2^t\\ \vdots\\ \mathbf{p}_n^t\end{bmatrix}$이고, P가 직교행렬이므로 $P^{-1}=P^t$

즉, $P^tP=I$를 만족한다. 따라서

$$P^tP=\begin{bmatrix}\mathbf{p}_1^t\\ \mathbf{p}_2^t\\ \vdots\\ \mathbf{p}_n^t\end{bmatrix}[\,\mathbf{p}_1 : \mathbf{p}_2 : \cdots : \mathbf{p}_n\,]=\begin{bmatrix}\mathbf{p}_1^t\mathbf{p}_1 & \mathbf{p}_1^t\mathbf{p}_2 & \cdots & \mathbf{p}_1^t\mathbf{p}_n\\ \mathbf{p}_2^t\mathbf{p}_1 & \mathbf{p}_2^t\mathbf{p}_2 & \cdots & \mathbf{p}_2^t\mathbf{p}_n\\ \vdots & \vdots & & \vdots\\ \mathbf{p}_n^t\mathbf{p}_1 & \mathbf{p}_n^t\mathbf{p}_2 & & \end{bmatrix}$$

$$= \begin{bmatrix} <\mathbf{p}_1, \mathbf{p}_1> & <\mathbf{p}_1, \mathbf{p}_2> & \cdots & <\mathbf{p}_1, \mathbf{p}_n> \\ <\mathbf{p}_2, \mathbf{p}_1> & <\mathbf{p}_2, \mathbf{p}_2> & \cdots & <\mathbf{p}_2, \mathbf{p}_n> \\ \vdots & \vdots & & \vdots \\ <\mathbf{p}_n, \mathbf{p}_1> & <\mathbf{p}_n, \mathbf{p}_2> & \cdots & <\mathbf{p}_n, \mathbf{p}_n> \end{bmatrix} = \begin{bmatrix} 1 & 0 & \cdots & 0 \\ 0 & 1 & \cdots & 0 \\ \vdots & \vdots & & \vdots \\ 0 & & & \end{bmatrix} \quad (*)$$

가 성립한다. 그러므로

$$<\mathbf{p}_i, \mathbf{p}_j> = \begin{cases} 1 & (i=j) \\ 0 & (i \neq j) \end{cases} \quad (i, j = 1, 2, \cdots, n)$$

이고, $\{\mathbf{p}_1, \mathbf{p}_2, \cdots, \mathbf{p}_n\}$은 정규직교 집합이다.

그러므로 A는 n개의 정규직교 고유벡터 $\mathbf{p}_1, \mathbf{p}_2, \cdots, \mathbf{p}_n$을 갖는다.

(2) ⇒ (1) A가 n개의 정규직교 고유벡터 $\mathbf{p}_1, \mathbf{p}_2, \cdots, \mathbf{p}_n$을 갖는다면 정리 4.2.2에 의하여 이들 벡터는 일차독립이고, 따라서 정리 5.2.2에 의하여 행렬 $P = [\mathbf{p}_1 : \mathbf{p}_2 : \cdots : \mathbf{p}_n]$에 대하여 $P^{-1}AP$가 대각행렬이다. 즉 A는 대각화 가능하다. 그런데 $\mathbf{p}_1, \mathbf{p}_2, \cdots, \mathbf{p}_n$이 정규직교이므로

$$<\mathbf{p}_i, \mathbf{p}_j> = \begin{cases} 1 & (i=j) \\ 0 & (i \neq j) \end{cases} \quad (i, j = 1, 2, \cdots, n)$$

이 성립하고 (*)에 의해서 $P^tP = I$ 즉, $P^t = P^{-1}$이 되어 P는 직교행렬이다.

(1) ⇒ (3) 직교행렬 P가 존재하여 $P^tAP = D$가 대각행렬이라고 하면

$$A = PDP^{-1} = PDP^t$$

이다. 그러므로

$$A^t = (PDP^t)^t = (P^t)^t D^t P^t = PDP^t = A$$

가 되어 A는 대칭행렬이다.

(3) ⇒ (1)의 증명은 이 책의 수준을 넘으므로 생략한다. ■

정리 5.3.4

A가 $n \times n$ 대칭행렬이면 A의 서로 다른 고윳값에 대응하는 고유벡터들은 유클리드 공간 $\mathbb{R}^n$에서 수직이다.

증명 $\mathbf{v}_1, \mathbf{v}_2$를 서로 다른 고윳값 $\lambda_1 \neq \lambda_2$에 대응하는 고유벡터라고 하자. 그러면

$$A\mathbf{v}_1 = \lambda_1 \mathbf{v}_1, \quad A\mathbf{v}_2 = \lambda_2 \mathbf{v}_2$$

이다. 또한, $A^t = A$이고 $\mathbf{x}, \mathbf{y} \in \mathbb{R}$에 대하여 $< \mathbf{x}, \mathbf{y} > = \mathbf{x}^t \mathbf{y}$이므로

$$\lambda < \mathbf{v}_1, \mathbf{v}_2 > = < \lambda_1 \mathbf{v}_1, \mathbf{v}_2 > = < A\mathbf{v}_1, \mathbf{v}_2 > = (A\mathbf{v}_1)^t \mathbf{v}_2$$
$$= (\mathbf{v}_1{}^t A^t)\mathbf{v}_2 = (\mathbf{v}_1{}^t A)\mathbf{v}_2 = \mathbf{v}_1{}^t (A\mathbf{v}_2)$$
$$= \mathbf{v}_1{}^t (\lambda_2 \mathbf{v}_2) = \lambda_2 (\mathbf{v}_1{}^t \mathbf{v}_2) = \lambda_2 < (\mathbf{v}_1, \mathbf{v}_2 >$$

이다. 그러므로 $(\lambda_1 - \lambda_2) < \mathbf{v}_1, \mathbf{v}_2 > = 0$이고 $\lambda_1 - \lambda_2 \neq 0$이므로

$$< \mathbf{v}_1, \mathbf{v}_2 > = 0$$

이다. ■

예제 5.3.1

대칭행렬 $A = \begin{bmatrix} 1 & 2 \\ 2 & -2 \end{bmatrix}$를 대각화하는 직교행렬 P와 $P^t AP$를 구하여라.

풀이

행렬 A의 고유방정식

$$\det(A - \lambda I) = \begin{vmatrix} 1-\lambda & 2 \\ 2 & -2-\lambda \end{vmatrix} = \lambda^2 + \lambda - 6 = 0$$

을 풀면 두 개의 고유근 $\lambda = -3, 2$를 얻고, 각 고유근에 대응하는 고유공간은

$$\left\{ t\begin{bmatrix} 1 \\ -2 \end{bmatrix} \mid t \in \mathbb{R} \right\}, \quad \left\{ t\begin{bmatrix} 2 \\ 1 \end{bmatrix} \mid t \in \mathbb{R} \right\}$$

임을 알 수 있다.

이제 $\mathbf{v}_1 = \begin{bmatrix} 1 \\ -2 \end{bmatrix}$, $\mathbf{v}_2 = \begin{bmatrix} 2 \\ 1 \end{bmatrix}$이라 하면 정리 5.3.4에서 이들 두 벡터는 수직이다. 이제 두 벡터를 각각 정규화하여 정규직교인 두 개의 고유벡터를 구하면

$$\mathbf{u}_1 = \frac{\mathbf{v}_1}{|\mathbf{v}_1|} = \frac{1}{\sqrt{5}}\begin{bmatrix} 1 \\ -2 \end{bmatrix} = \begin{bmatrix} \frac{1}{\sqrt{5}} \\ -\frac{2}{\sqrt{5}} \end{bmatrix}, \quad \mathbf{u}_2 = \frac{\mathbf{v}_2}{|\mathbf{v}_2|} = \frac{1}{\sqrt{5}}\begin{bmatrix} 2 \\ 1 \end{bmatrix} = \begin{bmatrix} \frac{2}{\sqrt{5}} \\ \frac{1}{\sqrt{5}} \end{bmatrix}$$

이다. 따라서

$$P = \begin{bmatrix} \frac{1}{\sqrt{5}} & \frac{2}{\sqrt{5}} \\ -\frac{2}{\sqrt{5}} & \frac{1}{\sqrt{5}} \end{bmatrix}$$

이라 하면, 정리 5.3.3 (2) ⇒ (1)의 증명에 의하여 P는 직교행렬이고

$$P^t AP = P^{-1}AP = \begin{bmatrix} -3 & 0 \\ 0 & 2 \end{bmatrix}$$

가 성립한다.

예제 5.3.2

대칭행렬 $A = \begin{bmatrix} 2 & 1 & 1 \\ 1 & 2 & 1 \\ 1 & 1 & 2 \end{bmatrix}$를 대각화하는 직교행렬 P와 $P^t AP$를 구하여라.

풀이

행렬 A의 고유방정식

$$\det(A - \lambda I) = \begin{vmatrix} 2-\lambda & 1 & 1 \\ 1 & 2-\lambda & 1 \\ 1 & 1 & 2-\lambda \end{vmatrix} = (1-\lambda)^2(4-\lambda) = 0$$

을 풀면 두 개의 고유근 $\lambda = 1, 4$를 얻고, $\lambda = 1$에 대응하는 고유공간은

$$\left\{ s\begin{bmatrix} 1 \\ 0 \\ -1 \end{bmatrix} + t\begin{bmatrix} 0 \\ 1 \\ -1 \end{bmatrix} \mid s,\ t \in \mathbb{R} \right\}$$

이며, $\lambda = 4$에 대응하는 고유공간은

$$\left\{ t\begin{bmatrix} 1 \\ 1 \\ 1 \end{bmatrix} \mid t \in \mathbb{R} \right\}$$

임을 알 수 있다. 이제

$$\mathbf{v}_1 = \begin{bmatrix} 1 \\ 0 \\ -1 \end{bmatrix},\ \mathbf{v}_2 = \begin{bmatrix} 0 \\ 1 \\ -1 \end{bmatrix},\ \mathbf{v}_3 = \begin{bmatrix} 1 \\ 1 \\ 1 \end{bmatrix}$$

이라 하고 정규직교인 세 개의 고유벡터를 구해야 한다. 먼저, $\mathbf{v}_1, \mathbf{v}_2$에 Gram-Schmidt의 직교화 과정을 적용하면,

$$\mathbf{u}_1 = \frac{\mathbf{v}_1}{|\mathbf{v}_1|} = \frac{1}{\sqrt{2}}\begin{bmatrix} 1 \\ 0 \\ -1 \end{bmatrix} = \begin{bmatrix} \frac{1}{\sqrt{2}} \\ 0 \\ -\frac{1}{\sqrt{2}} \end{bmatrix},$$

$$\mathbf{u}_2 = \frac{\mathbf{v}_2 - < \mathbf{v}_2, \mathbf{u}_1 > \mathbf{u}_1}{|\mathbf{v}_2 - < \mathbf{v}_2, \mathbf{u}_1 > \mathbf{u}_1|} = \frac{2}{\sqrt{6}} \begin{bmatrix} -\frac{1}{\sqrt{2}} \\ 1 \\ -\frac{1}{2} \end{bmatrix} = \begin{bmatrix} -\frac{1}{\sqrt{6}} \\ \frac{2}{\sqrt{6}} \\ -\frac{1}{\sqrt{6}} \end{bmatrix}$$

을 얻고, 이들 벡터는 정리 5.3.4에 의하여 $\mathbf{v}_3$에도 수직이며 $\lambda = 1$에 대응하는 고유공간에도 속한다. 이제

$$\mathbf{u}_3 = \frac{\mathbf{v}_3}{|\mathbf{v}_3|} = \frac{1}{\sqrt{3}} \begin{bmatrix} 1 \\ 1 \\ 1 \end{bmatrix} = \begin{bmatrix} \frac{1}{\sqrt{3}} \\ \frac{1}{\sqrt{3}} \\ \frac{1}{\sqrt{3}} \end{bmatrix}$$

을 구하고,

$$P = \begin{bmatrix} \frac{1}{\sqrt{2}} & -\frac{1}{\sqrt{6}} & \frac{1}{\sqrt{3}} \\ 0 & \frac{2}{\sqrt{6}} & \frac{1}{\sqrt{3}} \\ -\frac{1}{\sqrt{2}} & -\frac{1}{\sqrt{6}} & \frac{1}{\sqrt{3}} \end{bmatrix}$$

이라 하면, 정리 5.3.3 (2) ⇒ (1)의 증명에 의하여 P는 직교행렬이고

$$P^t AP = P^{-1} AP = \begin{bmatrix} 1 & 0 & 0 \\ 0 & 1 & 0 \\ 0 & 0 & 4 \end{bmatrix}$$

이다.

다음 예제에서 유클리드 내적공간 $\mathbb{R}^3$ 위에 정의된 선형변환 $T: \mathbb{R}^3 \to \mathbb{R}^3$에 대하여 행렬 $[T]_\beta$가 대각행렬이 되는 $\mathbb{R}^3$의 정규직교 기저 β를 구해보자 (예제 5.2.5 참조). 이 예제를 일반화하면 내적공간 V 위에 정의된 선형변환 $T: V \to V$에 대하여 행렬 $[T]_\beta$가 대각행렬이 되는 V의 정규직교 기저 β를 구할 수 있다.

예제 5.3.3

유클리드 내적공간 $\mathbb{R}^3$ 위에 정의된 선형변환

$$T: \mathbb{R}^3 \to \mathbb{R}^3, \qquad T\begin{bmatrix} x_1 \\ x_2 \\ x_3 \end{bmatrix} = \begin{bmatrix} 4x_1 + 2x_2 + 2x_3 \\ 2x_1 + 4x_2 + 2x_3 \\ 2x_1 + 2x_2 + 4x_3 \end{bmatrix}$$

에 대하여 $\mathbb{R}^3$의 정규직교 기저 β에 대한 T의 행렬 $[T]_\beta$가 대각행렬이 되는 β를 구하여라.

풀이

$\alpha = \{\mathbf{e}_1, \mathbf{e}_2, \mathbf{e}_3\}$를 $\mathbb{R}^3$의 표준기저라 하면

$$[T]_\alpha = \begin{bmatrix} 4 & 2 & 2 \\ 2 & 4 & 2 \\ 2 & 2 & 4 \end{bmatrix}$$

이고 이 행렬은 대칭행렬이다.

행렬 $[T]_\alpha$를 직교대각화하기 위하여 고유방정식 $\det([T]_\alpha - \lambda I) = 0$을 풀면 두 개의 고유근 $\lambda = 2, 8$을 얻고, $\lambda = 2$에 대응하는 고유공간은

$$\left\{ s\begin{bmatrix} 1 \\ 0 \\ -1 \end{bmatrix} + t\begin{bmatrix} 0 \\ 1 \\ -1 \end{bmatrix} \mid s,\ t \in \mathbb{R} \right\}$$

이며, $\lambda = 8$에 대응하는 고유공간은

$$\left\{ t\begin{bmatrix} 1 \\ 1 \\ 1 \end{bmatrix} \mid t \in \mathbb{R} \right\}$$

임을 알 수 있다. 이제

$$\mathbf{v}_1 = \begin{bmatrix} -1 \\ 1 \\ 0 \end{bmatrix},\ \mathbf{v}_2 = \begin{bmatrix} -1 \\ 0 \\ 1 \end{bmatrix},\ \mathbf{v}_3 = \begin{bmatrix} 1 \\ 1 \\ 1 \end{bmatrix}$$

이라 하고 정규직교인 세 개의 고유벡터를 구해야 한다. 먼저, $\mathbf{v}_1, \mathbf{v}_2$에 Gram-Schmidt

의 직교화 과정을 적용하면,

$$\mathbf{u}_1 = \frac{\mathbf{v}_1}{|\mathbf{v}_1|} = \begin{bmatrix} -\frac{1}{\sqrt{2}} \\ \frac{1}{\sqrt{2}} \\ 0 \end{bmatrix}, \quad \mathbf{u}_2 = \frac{\mathbf{v}_2 - <\mathbf{v}_2, \mathbf{u}_1> \mathbf{u}_1}{|\mathbf{v}_2 - <\mathbf{v}_2, \mathbf{u}_1> \mathbf{u}_1|} = \begin{bmatrix} -\frac{1}{\sqrt{6}} \\ -\frac{1}{\sqrt{6}} \\ \frac{2}{\sqrt{6}} \end{bmatrix}$$

를 얻고, 이들 벡터는 정리 5.3.4에 의하여 $\mathbf{v}_3$에도 수직이며 $\lambda = 2$에 대응하는 고유공간에도 속한다. 이제

$$\mathbf{u}_3 = \frac{\mathbf{v}_3}{|\mathbf{v}_3|} = \begin{bmatrix} \frac{1}{\sqrt{3}} \\ \frac{1}{\sqrt{3}} \\ \frac{1}{\sqrt{3}} \end{bmatrix}$$

을 구하고,

$$P = \begin{bmatrix} -\frac{1}{\sqrt{2}} & -\frac{1}{\sqrt{6}} & \frac{1}{\sqrt{3}} \\ \frac{1}{\sqrt{2}} & -\frac{1}{\sqrt{6}} & \frac{1}{\sqrt{3}} \\ 0 & \frac{2}{\sqrt{6}} & \frac{1}{\sqrt{3}} \end{bmatrix}$$

이라 하면, 정리 5.3.3 (2) ⇒ (1)의 증명에 의하여 P는 직교행렬이고

$$P^t[T]_\alpha P = P^{-1}[T]_\alpha P = \begin{bmatrix} 2 & 0 & 0 \\ 0 & 2 & 0 \\ 0 & 0 & 8 \end{bmatrix}$$

이며, $\beta = \{\mathbf{u}_1, \mathbf{u}_2, \mathbf{u}_3\}$이라고 하면 정리 3.5.3에 의하여

$$[T]_\beta = P^t[T]_\alpha P = P^{-1}[T]_\alpha P = \begin{bmatrix} 2 & 0 & 0 \\ 0 & 2 & 0 \\ 0 & 0 & 8 \end{bmatrix}$$

이다.

연습문제 5.3

1. 다음 대칭행렬을 대각화하는 직교행렬 P와 P^tAP를 구하여라.

(1) $A=\begin{bmatrix}3&1\\1&3\end{bmatrix}$ (2) $A=\begin{bmatrix}4&3\\3&-4\end{bmatrix}$ (3) $A=\begin{bmatrix}5&0&0\\0&1&3\\0&3&1\end{bmatrix}$

(4) $A=\begin{bmatrix}2&1&1\\1&2&1\\1&1&2\end{bmatrix}$ (5) $A=\begin{bmatrix}2&-1&-1\\-1&2&-1\\-1&-1&2\end{bmatrix}$ (6) $A=\begin{bmatrix}3&1&0&0\\1&3&0&0\\0&0&0&0\\0&0&0&0\end{bmatrix}$

2. 유클리드 내적공간 $\mathbb{R}^3$ 위에 정의된 선형변환

$$T:\mathbb{R}^3\to\mathbb{R}^3,\quad T\begin{bmatrix}x_1\\x_2\\x_3\end{bmatrix}=\begin{bmatrix}x_1+2x_2-x_3\\2x_1-2x_2+2x_3\\-x_1+2x_2+x_3\end{bmatrix}$$

에 대하여 $\mathbb{R}^3$의 정규직교 기저 β에 대한 T의 행렬 $[T]_\beta$가 대각행렬이 되는 β를 구하여라.

3. $b\neq 0$ 일 때 대칭행렬 $A=\begin{bmatrix}a&b\\b&a\end{bmatrix}$를 대각화하는 직교행렬 P와 P^tAP를 구하여라.

4. 내적공간

$$(P_2([-1,1]),<\ ,\ >),\ <f,g>=\int_{-1}^{1}f(x)g(x)dx$$

위에 정의된 선형변환

$$T:P_2([-1,1])\to P_2([-1,1]),\quad T(a+bx+cx^2)=(a-c)+bx+(-a+c)x^2$$

에 대하여 $P_2([-1,1])$의 정규직교 기저 β에 대한 T의 행렬 $[T]_\beta$가 대각행렬이 되는 β를 구하여라.

5. 다음 직교행렬의 역행렬을 구하여라.

(1) $\begin{bmatrix} 1 & 0 & 0 \\ 0 & -\dfrac{\sqrt{3}}{2} & -\dfrac{1}{2} \\ 0 & -\dfrac{1}{2} & \dfrac{\sqrt{3}}{2} \end{bmatrix}$ (2) $\begin{bmatrix} \cos\theta & -\sin\theta & 0 \\ \sin\theta & \cos\theta & 1 \\ 0 & 0 & -1 \end{bmatrix}$

6. 다음 행렬이 직교행렬임을 보이고 그 역행렬을 구하여라.

$$\begin{bmatrix} \dfrac{2}{3} & -\dfrac{2}{3} & -\dfrac{1}{3} \\ \dfrac{1}{3} & \dfrac{2}{3} & -\dfrac{2}{3} \\ \dfrac{2}{3} & \dfrac{1}{3} & \dfrac{2}{3} \end{bmatrix}$$

7. $b \neq 0$ 일 때 행렬 $A = \begin{bmatrix} a & b \\ c & d \end{bmatrix}$를 직교대각화 하여라.

8. 다음에 주어진 고윳값 λ_1, λ_2와 이에 대응하는 고유벡터 $\mathbf{v}_1, \mathbf{v}_2$를 갖는 2×2 대칭행렬을 구하여라.

(1) $\lambda_1 = -1,\ \lambda_2 = 2,\quad \mathbf{v}_1 = \begin{bmatrix} 1 \\ 1 \end{bmatrix},\ \mathbf{v}_2 = \begin{bmatrix} 1 \\ -1 \end{bmatrix}$

(2) $\lambda_1 = 3,\ \lambda_2 = -3,\quad \mathbf{v}_1 = \begin{bmatrix} 1 \\ 2 \end{bmatrix},\ \mathbf{v}_2 = \begin{bmatrix} -2 \\ 1 \end{bmatrix}$

9. A를 서로 다른 고윳값에 대응하는 고유벡터들이 직교하는 대각화 가능한 행렬이라 가정하자. A는 대칭행렬이어야 하는가? 설명하여라.

10. A가 대칭직교행렬일 때, 이 행렬의 고윳값은 1 또는 -1 뿐임을 증명하여라.

11. 다음 명제가 참인지 거짓인지 밝히고 이유를 설명하여라.

(1) A가 정사각행렬이면 AA^t와 A^tA는 직교대각화 가능하다.

(2) $\mathbf{v}_1$와 $\mathbf{v}_2$가 대칭행렬의 서로 다른 고유공간의 고유벡터라면 $\|\mathbf{v}_1 + \mathbf{v}_2\|^2 = \|\mathbf{v}_1\|^2 + \|\mathbf{v}_2\|^2$이다.

(3) 모든 직교행렬은 직교대각화 가능하다.

(4) 직교행렬의 모든 고윳값의 절댓값은 1이다.

(5) A가 $n \times n$ 직교대각화 가능한 행렬이면, A의 고유벡터로 구성된 $\mathbb{R}^n$의 정규직교 기저가 존재한다.

제 6 장 직교변환과 2차형식

6.1 직교변환

초등기하에서는 주로 강체운동에 대하여 불변인 기하학적 도형의 성질을 연구한다. 강체운동이란 기하학적 공간에서 두 점 사이의 거리를 보존하는 (따라서 두 직선사이의 각도 보존하는) 변환을 뜻한다. 예를 들어, 유클리드 공간 $\mathbb{R}^n$에서 고정된 한 벡터 $\mathbf{v}_0 \in \mathbb{R}^n$에 대하여 각 벡터 $\mathbf{v} \in \mathbb{R}^n$를 $\mathbf{v}+\mathbf{v}_0$로 보내는 변환은 강체운동의 한 보기로서, 이러한 변환을 **평행이동**(translation)이라 한다. 분명히 평행이동은 선형변환은 아니다. 한편, 회전운동은 거리를 보존하는 변환인 동시에 선형적이다. '거리'라는 개념은 물론 그 벡터공간 안에 정의된 내적에 따라 달라진다.

정의 6.1.1

내적공간 V 위에 정의된 선형변환 $T: V \to V$가 모든 $\mathbf{v} \in V$에 대하여

$$< T(\mathbf{v}), T(\mathbf{v}) > = < \mathbf{v}, \mathbf{v} >$$

를 만족할 때 T를 **직교변환**(orthogonal transformation)이라 한다.

정리 6.1.2

내적공간 V의 선형변환 $T: V \to V$가 직교변환이기 위한 필요충분조건은 T가 V의 노름을 보존하는 것이다.

증명 T가 직교변환이면 임의의 벡터 $\mathbf{v} \in V$에 대하여 다음이 성립한다.

$$\|T(\mathbf{v})\|^2 = < T(\mathbf{v}), T(\mathbf{v}) > = < \mathbf{v}, \mathbf{v} > = \|\mathbf{v}\|^2 \text{ 즉 } \|T(\mathbf{v})\| = \|\mathbf{v}\|$$

역으로, 내적공간 V의 임의의 벡터 $\mathbf{v} \in V$에 대하여 $\|T(\mathbf{v})\| = \|\mathbf{v}\|$ 라고 하자. 이 때, 임의의 벡터 $\mathbf{v}$, $\mathbf{w}$에 대하여

$$\|T(\mathbf{v})\|^2 = \|\mathbf{v}\|^2, \quad \|T(\mathbf{w})\|^2 = \|\mathbf{w}\|^2, \quad \|T(\mathbf{v}+\mathbf{w})\|^2 = \|\mathbf{v}+\mathbf{w}\|^2$$

이고, 또

$$\|\mathbf{v}+\mathbf{w}\|^2 = <\mathbf{v}+\mathbf{w}, \mathbf{v}+\mathbf{w}> = <\mathbf{v}, \mathbf{v}> + 2<\mathbf{v}, \mathbf{w}> + <\mathbf{w}, \mathbf{w}>$$
$$= \|\mathbf{v}\|^2 + 2<\mathbf{v}, \mathbf{w}> + \|\mathbf{w}\|^2$$
$$\|T(\mathbf{v}+\mathbf{w})\|^2 = <T(\mathbf{v})+T(\mathbf{w}), T(\mathbf{v})+T(\mathbf{w})>$$
$$= \|T(\mathbf{v})\|^2 + 2<T(\mathbf{v}), T(\mathbf{w})> + \|T(\mathbf{w})\|^2$$

이므로 $<T(\mathbf{v}), T(\mathbf{w})> = <\mathbf{v}, \mathbf{w}>$ 이다. ■

위 정리에 의하여 직교변환은 거리를 보존하는 변환이다. 일반적으로 거리를 보존하는 선형변환을 **등장변환**(isometry)이라 한다.

유한차원 내적공간 V 위에 정의된 직교변환 T에 대하여 $T(\mathbf{v})=\mathbf{0}$이면

$$0 = <T(\mathbf{v}), T(\mathbf{v})> = <\mathbf{v}, \mathbf{v}>$$

이므로 $\mathbf{v}=\mathbf{0}$이어야 한다. 이것은 T의 핵이 영벡터만으로 되어있음을 뜻하고, 따라서 T는 일대일 변환이 되어 동형변환이며 이 때 T^{-1}도 직교변환이다.

정리 6.1.3

집합 $\{\mathbf{v}_1, \mathbf{v}_2, \cdots, \mathbf{v}_n\}$을 유클리드 공간 $\mathbb{R}^n$의 정규직교 기저라 하고, 직교변환 $T: \mathbb{R}^n \to \mathbb{R}^n$의 이 기저에 대한 행렬을 A라고 하면, 다음 사실이 성립한다.

(1) 행렬 A의 n개의 열벡터는 공간 $\mathbb{R}^n$의 유클리드 내적에 관한 정규직교 기저를 이룬다.

(2) A는 직교행렬 즉, $A^{-1}=A^t$이고, 따라서 A의 행벡터는 $\mathbb{R}^n$의 유클리드 내적에 관한 정규직교 기저를 이룬다.

(3) $\det A = \pm 1$.

증명 (1) 행렬 A를 $A=[a_{ij}]$이라 하면

$$T(\mathbf{v}_i) = a_{1i}\mathbf{v}_1 + a_{2i}\mathbf{v}_2 + \cdots + a_{ni}\mathbf{v}_n, \quad i=1,2,\cdots,n$$

이므로, 다음 식을 얻는다.

$$1 = <\mathbf{v}_i, \mathbf{v}_i> = <T(\mathbf{v}_i), T(\mathbf{v}_i)>$$
$$= <a_{1i}\mathbf{v}_1 + a_{2i}\mathbf{v}_2 + \cdots + a_{ni}\mathbf{v}_n, a_{1i}\mathbf{v}_1 + a_{2i}\mathbf{v}_2 + \cdots + a_{ni}\mathbf{v}_n>$$

$$= a_{1i}^2 + a_{2i}^2 + \cdots + a_{ni}^2, \quad i = 1, 2, \cdots, n$$

따라서 A의 각 열벡터의 유클리드 내적에 관한 길이는 1이다. 더욱이, $i \neq j$일 때, 두 벡터 $\mathbf{v}_i$와 $\mathbf{v}_j$는 직교하므로 $T(\mathbf{v}_i)$와 $T(\mathbf{v}_j)$도 또한 직교한다. 따라서 $i \neq j$일 때

$$0 = < a_{1i}\mathbf{v}_1 + a_{2i}\mathbf{v}_2 + \cdots + a_{ni}\mathbf{v}_n \ , \ a_{1j}\mathbf{v}_1 + a_{2j}\mathbf{v}_2 + \cdots + a_{nj}\mathbf{v}_n >$$

$$= a_{1i}a_{1j} + a_{2i}a_{2j} + \cdots + a_{ni}a_{nj}$$

이므로, A의 n개의 열벡터는 $\mathbb{R}^n$의 서로 직교하는 벡터이다. 그러므로 (1)의 결론을 얻는다.

(2) 행렬의 곱 A^tA를 계산하면, i번째 행 j번째 열의 성분은 A의 제 i열과 제 j열의 유클리드 내적과 같다. 따라서 (1)의 결과에 의하여 $A^tA = I$이므로 $A^{-1} = A^t$이다. 한편, 직교변환 T^{-1}의 행렬은 A^{-1}이므로 행렬 A^{-1}는 (1)의 성질을 갖는다. 이 두 결과에 의하여 (2)의 성질이 성립함을 알 수 있다.

(3) 성질 (2)에 의하여 $A^{-1} = A^t$이므로

$$1 = \det I = \det(AA^t) = (\det A)(\det A^t) = (\det A)^2$$

이고 따라서 $\det A = \pm 1$. ■

직교행렬은 정리 6.1.3의 성질 (1), (2), (3)을 갖는다. 그러나 모든 직교행렬이 직교변환의 행렬이 되는 것은 아니다. 실제로 다음과 같은 정리가 성립한다.

정리 6.1.4

행렬 $A = [a_{ij}]$를 $n \times n$ 직교행렬이라 할 때, 유클리드 공간 $\mathbb{R}^n$의 정규직교 기저 $\{\mathbf{v}_1, \mathbf{v}_2, \cdots, \mathbf{v}_n\}$에 관한 행렬표시가 A인 선형변환 T는 직교변환이다.

증명 유클리드 공간 $\mathbb{R}^n$의 임의의 벡터 $\mathbf{v}$에 대하여

$$\mathbf{v} = a_1\mathbf{v}_1 + a_2\mathbf{v}_2 + \cdots + a_n\mathbf{v}_n,$$

$$T(\mathbf{v}) = b_1\mathbf{v}_1 + b_2\mathbf{v}_2 + \cdots + b_n\mathbf{v}_n$$

이라 하면

$$[b_1 b_2 \cdots b_n]^t = A[a_1 a_2 \cdots a_n]^t$$

이 성립한다. 기저 $\{\mathbf{v}_1, \mathbf{v}_2, \cdots, \mathbf{v}_n\}$은 정규직교 기저이므로

$$< T(\mathbf{v}), T(\mathbf{v}) >= b_1^2 + b_2^2 + \cdots + b_n^2 = [b_1 b_2 \cdots b_n][b_1 b_2 \cdots b_n]^t$$

이다. 이제 A가 직교행렬임을 이용하면

$$\begin{aligned} < T(\mathbf{v}), T(\mathbf{v}) > &= [b_1 b_2 \cdots b_n][b_1 b_2 \cdots b_n]^t \\ &= [a_1 a_2 \cdots a_n] A^t A [a_1 a_2 \cdots a_n]^t \\ &= [a_1 a_2 \cdots a_n][a_1 a_2 \cdots a_n]^t \\ &= a_1^2 + a_2^2 + \cdots + a_n^2 = < \mathbf{v}, \mathbf{v} > \end{aligned}$$

가 성립함을 알 수 있다. 따라서 T는 직교변환이다. ■

정리 6.1.3과 정리 6.1.4에 의하여, 유클리드 공간 $\mathbb{R}^n$에서 고정된 정규직교 기저를 택하면 직교변환과 직교행렬 사이에는 일대일 대응이 성립함을 알 수 있다. 실제로, $n \times n$ 직교행렬 전체의 집합은 n차원 유클리드 공간의 직교변환 전체로 이루어진 직교군과 동형인 군을 이룬다.

5.1절에서 정사각행렬에 대한 고윳값과 고유벡터를 정의하였다. 유사한 방법으로, 벡터공간에서의 선형변환에 대한 고윳값과 고유벡터를 다음과 같이 정의한다.

정의 6.1.5

벡터공간 V에서의 선형변환 $T: V \to V$와 $\lambda \in \mathbb{R}$에 대하여

$$T(\mathbf{v}) = \lambda \mathbf{v}, \quad \mathbf{v} \neq \mathbf{0}$$

인 벡터 $\mathbf{v} \in V$가 존재할 때, λ를 T의 **고윳값**이라 하고 벡터 $\mathbf{v}$를 고윳값 λ에 대응하는 T의 **고유벡터**라고 한다.

직교변환의 고윳값은 다음과 같은 특성을 갖고 있다.

정리 6.1.6

내적공간 V 위에서 정의된 직교변환의 고윳값은 1 또는 -1이다.

증명 내적공간 V 위에서 정의된 직교변환 T의 고윳값을 $\lambda \in \mathbb{R}$라 하고 λ에 대응하는 T의 고유벡터를 $\mathbf{v} \in V$라 하면, $T(\mathbf{v}) = \lambda \mathbf{v}$이므로

$$< \mathbf{v}, \mathbf{v} > = < T(\mathbf{v}), T(\mathbf{v}) > = < \lambda\mathbf{v}, \lambda\mathbf{v} > = \lambda^2 < \mathbf{v}, \mathbf{v} >$$

가 성립한다. 한편, $\mathbf{v} \neq \mathbf{0}$이므로 $< \mathbf{v}, \mathbf{v} > \neq 0$이다. 따라서 위 식으로부터 $\lambda^2 = 1$을 얻는다. 그러므로 $\lambda = \pm 1$이다. ■

다음 세 예제는 유클리드 내적이 정의되어 있는 공간 $\mathbb{R}$, $\mathbb{R}^2$, $\mathbb{R}^3$에서의 직교변환의 기하학적 뜻을 밝혀 주고 있다.

예제 6.1.1

1차원 유클리드 공간 $\mathbb{R}$의 임의의 선형변환을 $T: \mathbb{R} \to \mathbb{R}$이라고 하면

$$T(x) = \lambda x$$

를 만족하는 실수 λ가 존재한다. 따라서 0이 아닌 실수 a는 λ에 속하는 T의 고유벡터이다. 특히, T가 직교변환이면 정리 6.1.3에 의하여 $\lambda = 1$ 또는 $\lambda = -1$이다. 따라서 $\mathbb{R}$의 직교변환은 단 두 가지뿐이다. 즉, 모든 실수 x에 대하여 $T(x) = x$를 만족하는 항등변환과 $T(x) = -x$를 만족하는 변환뿐이다.

예제 6.1.2

T를 2차원 유클리드 공간 $\mathbb{R}^2$ 위에 정의된 직교변환이라 하고, 표준기저에 관한 T의 행렬을

$$A = \begin{bmatrix} a & c \\ b & d \end{bmatrix}$$

라 하면, 정리 6.1.3에 의하여 $\det A = 1$이거나 $\det A = -1$이다.

(1) $\det A = 1$인 경우

$ad - bc = 1$이고 $(A^{-1})^t = A$이므로

$$\begin{bmatrix} d & -c \\ -b & a \end{bmatrix} = \begin{bmatrix} a & b \\ c & d \end{bmatrix}$$

가 성립한다. 따라서 $d = a$, $c = -b$ 즉,

$$A = \begin{bmatrix} a & -b \\ b & a \end{bmatrix}, \ a^2 + b^2 = 1$$

이다. 여기서 실수 a, b는 $a^2 + b^2 = 1$을 만족하므로 임의의 실수 θ에 대하여 $a = \cos\theta$, $b = \sin\theta$로 놓으면, 이 경우 행렬 A는

$$\begin{bmatrix} \cos\theta & -\sin\theta \\ \sin\theta & \cos\theta \end{bmatrix}$$

꼴로 나타낼 수 있다. 따라서 직교변환 T에 의하여 벡터 (x, y)가 (x', y')으로 변환되었다면

$$\begin{bmatrix} \cos\theta & -\sin\theta \\ \sin\theta & \cos\theta \end{bmatrix} \begin{bmatrix} x \\ y \end{bmatrix} = \begin{bmatrix} x' \\ y' \end{bmatrix}$$

이 성립한다. 즉, 이 경우 T는 원점을 중심으로 각 θ만큼 회전시키는 운동이다.

(2) $\det A = -1$인 경우

$ad - bc = -1$이고 $A^{-1} = A^t$이므로

$$\begin{bmatrix} a & b \\ c & d \end{bmatrix} = \begin{bmatrix} -d & c \\ b & -a \end{bmatrix}$$

를 얻는다. 따라서 $d = -a$, $c = b$ 즉,

$$A = \begin{bmatrix} a & b \\ b & -a \end{bmatrix}, \ a^2 + b^2 = 1$$

이다. 이제 $a = \cos\theta$, $b = \sin\theta$를 대입하면

$$A = \begin{bmatrix} \cos\theta & \sin\theta \\ \sin\theta & -\cos\theta \end{bmatrix}$$

를 얻고, 따라서 벡터 (x, y)가 T에 의하여 (x', y')으로 변환되었다면

$$\begin{bmatrix} \cos\theta & \sin\theta \\ \sin\theta & -\cos\theta \end{bmatrix} \begin{bmatrix} x \\ y \end{bmatrix} = \begin{bmatrix} x' \\ y' \end{bmatrix}$$

이 성립한다. 이 경우 변환 T는 그림 6.1과 같이 원점을 지나고 x축과 $\frac{\theta}{2}$각을 이루는 직선에 관하여 대칭 이동시키는 운동이다. 또한, 등식

$$\begin{bmatrix} \cos\theta & \sin\theta \\ \sin\theta & -\cos\theta \end{bmatrix} = \begin{bmatrix} \cos\theta & -\sin\theta \\ \sin\theta & \cos\theta \end{bmatrix} \begin{bmatrix} 1 & 0 \\ 0 & -1 \end{bmatrix}$$

을 이용하면, 변환 T는 x축에 관하여 대칭 이동시킨 다음, 각 θ만큼 회전시키는 운동임을 알 수 있다.

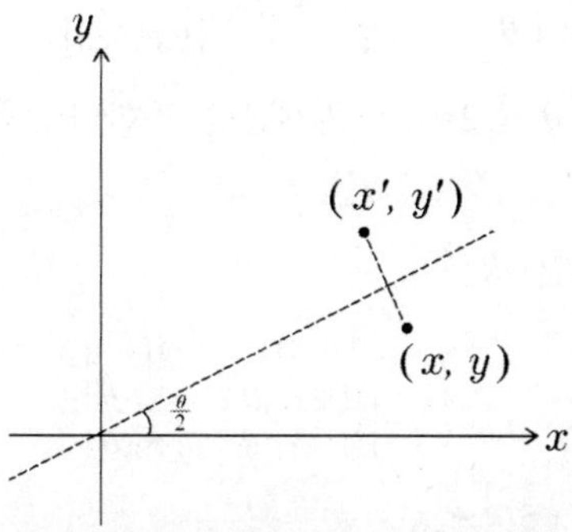

그림 6.1

예제 6.1.3

T를 3차원 유클리드 공간 $\mathbb{R}^3$ 위에 정의된 직교변환이라 하자. 이 때, $\mathbb{R}^3$의 표준기저에 대한 T의 행렬은 크기가 3×3이므로 이 행렬의 고유방정식은 3차방정식이다. 따라서 고유방정식은 적어도 하나의 실근 λ를 가지며 이 값은 T의 고윳값이다. 더욱이, 정리 6.1.3에 의하여 $\lambda=\pm1$이다.

고윳값 λ에 속하는 고유벡터 중에서 길이가 1인 것을 $\mathbf{x}_1$이라 하면, 새로 두 벡터 $\mathbf{x}_2, \mathbf{x}_3$를 택하여 $\mathbb{R}^3$의 정규직교 기저 $\{\mathbf{x}_1, \mathbf{x}_2, \mathbf{x}_3\}$를 만들 수 있다. 변환 T의 이 기저에 관한 행렬을 A라 하면.

$$A = \begin{bmatrix} \lambda & a_{12} & a_{13} \\ 0 & a_{22} & a_{23} \\ 0 & a_{32} & a_{33} \end{bmatrix}$$

이다. 여기서 A는 직교행렬이므로 $\lambda^2 + a_{12}^2 + a_{13}^2 = 1$이 성립하고, 또한 $\lambda=\pm1$이므로 $a_{12} = a_{13} = 0$이어야 한다. 더욱이, $a_{22}^2 + a_{23}^2 = a_{32}^2 + a_{33}^2 = 1$이고 $a_{22}a_{32} + a_{23}a_{33} = 0$이므로 소행렬

$$\begin{bmatrix} a_{22} & a_{23} \\ a_{32} & a_{33} \end{bmatrix}$$

은 직교행렬이다. 앞의 예제 6.1.2에 의하여, 이것은

$$\begin{bmatrix} a_{22} & a_{23} \\ a_{32} & a_{33} \end{bmatrix} = \begin{bmatrix} \cos\theta & -\sin\theta \\ \sin\theta & \cos\theta \end{bmatrix} \text{ 또는 } \begin{bmatrix} a_{22} & a_{23} \\ a_{32} & a_{33} \end{bmatrix} = \begin{bmatrix} \cos\theta & \sin\theta \\ \sin\theta & -\cos\theta \end{bmatrix}$$

를 만족하는 실수 $\theta(0 \leq \theta \leq 2\pi)$가 존재함을 뜻한다. 따라서 다음과 같은 네 가지 경우가 있다.

(1) $\det A = 1$이고 $\lambda = 1$인 경우

$$A = \begin{bmatrix} 1 & 0 & 0 \\ 0 & \cos\theta & -\sin\theta \\ 0 & \sin\theta & \cos\theta \end{bmatrix}$$

(2) $\det A = 1$이고 $\lambda = -1$인 경우

$$A = \begin{bmatrix} -1 & 0 & 0 \\ 0 & \cos\theta & \sin\theta \\ 0 & \sin\theta & -\cos\theta \end{bmatrix}$$

(3) $\det A = -1$이고 $\lambda = 1$인 경우

$$A = \begin{bmatrix} 1 & 0 & 0 \\ 0 & \cos\theta & \sin\theta \\ 0 & \sin\theta & -\cos\theta \end{bmatrix}$$

(4) $\det A = -1$이고 $\lambda = -1$인 경우

$$A = \begin{bmatrix} -1 & 0 & 0 \\ 0 & \cos\theta & -\sin\theta \\ 0 & \sin\theta & \cos\theta \end{bmatrix}$$

각 경우의 기하학적 뜻은 다음과 같다. 첫째 경우, 변환 T는 $\mathbf{x}_1$축을 고정시키고, $\mathbb{R}^3$의 모든 점 (x, y, z)를 $\mathbf{x}_1$축을 중심으로 θ만큼 회전시키는 운동이다. 둘째 경우, 행렬 A는

$$\begin{bmatrix} 1 & 0 & 0 \\ 0 & \cos\theta & -\sin\theta \\ 0 & \sin\theta & \cos\theta \end{bmatrix} \begin{bmatrix} -1 & 0 & 0 \\ 0 & 1 & 0 \\ 0 & 0 & -1 \end{bmatrix}$$

로 나타낼 수 있으므로, T는 각 점을 $\mathbf{x}_2$축에 관하여 대칭 이동시킨 다음 $\mathbf{x}_1$축을 중심으로 θ만큼 회전시키는 운동이다. 셋째 경우, A는

$$\begin{bmatrix} 1 & 0 & 0 \\ 0 & \cos\theta & -\sin\theta \\ 0 & \sin\theta & \cos\theta \end{bmatrix} \begin{bmatrix} 1 & 0 & 0 \\ 0 & 1 & 0 \\ 0 & 0 & -1 \end{bmatrix}$$

과 같이 쓸 수 있으므로, T는 각 점을 $\mathbf{x}_1\mathbf{x}_2$ 평면에 관하여 대칭 이동시킨 다음 $\mathbf{x}_1$축을 중심으로 θ만큼 회전시킨 운동이다. 넷째 경우, A는

$$\begin{bmatrix} 1 & 0 & 0 \\ 0 & \cos\theta & -\sin\theta \\ 0 & \sin\theta & \cos\theta \end{bmatrix} \begin{bmatrix} -1 & 0 & 0 \\ 0 & 1 & 0 \\ 0 & 0 & 1 \end{bmatrix}$$

과 같이 쓸 수 있고 따라서 T는 각 점을 $\mathbf{x}_2\mathbf{x}_3$ 평면에 관하여 대칭 이동시킨 다음 $\mathbf{x}_1$축을 중심으로 θ만큼 회전시킨 운동이다.

위의 결과로부터 결론을 내리면, 3차원 유클리드 공간의 직교변환은 기하학적으로 한 축을 중심으로 회전시키는 운동이거나, 또는 한 평면이나 한 축에 관하여 대칭 이동시킨 다음 한 축을 중심으로 회전시키는 운동이다.

연습문제 6.1

1. 유클리드 공간 $\mathbb{R}^3$의 직교변환 T의 기저 $\{\mathrm{e}_1, \mathrm{e}_2, \mathrm{e}_3\}$에 관한 행렬이 아래 행렬과 같을 때, T가 벡터 $\begin{bmatrix} 3 \\ 0 \\ 4 \end{bmatrix}$의 길이를 보존함을 보여라.

$$\begin{bmatrix} \frac{2}{3} & -\frac{2}{3} & -\frac{1}{3} \\ \frac{1}{3} & \frac{2}{3} & -\frac{2}{3} \\ \frac{2}{3} & \frac{1}{3} & \frac{2}{3} \end{bmatrix}$$

2. 공간 $\mathbb{R}^3$에서 다음 각만큼 회전시키는 회전운동의 기저 $\{\mathrm{e}_1, \mathrm{e}_2, \mathrm{e}_3\}$에 관한 행렬을 구하여라.

(1) $\frac{\pi}{4}$ (2) $\frac{\pi}{3}$ (3) $\frac{\pi}{2}$

3. 원점과 다음 각 점을 지나는 직선에 관한 대칭이동의 기저 $\{\mathbf{e}_1, \mathbf{e}_2\}$에 관한 행렬을 구하여라.

(1) $(1, 1)$ (2) $(2, 3)$ (3) $(-1, 3)$

4. 대칭행렬인 동시에 제 1행이 $\left[\frac{3}{5},\ 0,\ \frac{4}{5}\right]$인 직교행렬 A를 구하여라.

5. 공간 $\mathbb{R}^2$에서 원점을 중심으로 다음 값만큼 회전시키는 직교변환의 기저 $\{\mathbf{e}_1, \mathbf{e}_2\}$에 관한 행렬을 구하여라.

(1) 2 라디안 (2) $30°$ (3) $60°$

6. 공간 $\mathbb{R}^3$에서 벡터 $\begin{bmatrix} 1 \\ -1 \\ 2 \end{bmatrix}$를 이용하여 정규직교 기저를 만들고, 이로부터 직교기저를 만들어라.

7. 제 1열, 제 2열이 다음 열벡터의 스칼라배인 직교행렬을 구하여라.

$$\begin{bmatrix} 2 \\ -5 \\ 1 \end{bmatrix},\ \begin{bmatrix} 3 \\ 2 \\ 4 \end{bmatrix}$$

8. 유클리드 공간에서 직교변환은 정규직교 기저를 새로운 정규직교 기저로 변환시킴을 증명하여라.

9. 직교변환은 두 벡터 사이의 각을 보존함을 보여라.

10. 유클리드 공간 $\mathbb{R}^n$의 정규직교 기저를 $\{\mathbf{v}_1, \mathbf{v}_2, \cdots, \mathbf{v}_n\}$이라 할 때 선형변환 T가 직교변환이기 위한 조건은 $< T(\mathbf{v}_1), T(\mathbf{v}_2) >= \delta_{ij}$가 성립하는 것임을 보여라.

11. 예제 6.1.3의 각 경우에 대하여 θ와 $\mathbf{x}$가 다음과 같을 때, $A\mathbf{x}$를 구하여라.

(1) $\theta = \frac{\pi}{2}$, $\mathbf{x} = (1, 0, 0)$

(2) $\theta = \frac{\pi}{3}$, $\mathbf{x} = (0, 1, 0)$

(3) $\theta = \frac{\pi}{4}$, $\mathbf{x} = (0, 0, 1)$

12. 다음 행렬이 직교행렬이기 위한 필요충분조건을 구하여라.

$$\begin{bmatrix} x+y & y-x \\ x-y & y+x \end{bmatrix}$$

13. 유클리드 공간 $\mathbb{R}^3$의 정규직교 기저를 $\{\mathbf{v}_1, \mathbf{v}_2, \mathbf{v}_3\}$라 할 때,

벡터 $\mathbf{v}_2$를 $\frac{2}{3}\mathbf{v}_1 - \frac{1}{3}\mathbf{v}_2 + \frac{2}{3}\mathbf{v}_3$ 로 보내는 직교변환의 행렬을 구하여라.

14. 공간 $\mathbb{R}^4$에서 $T\begin{bmatrix} x \\ y \\ z \\ w \end{bmatrix} = \begin{bmatrix} -y \\ x \\ w \\ -z \end{bmatrix}$인 변환 T는 직교변환임을 보여라.

6.2 2차형식

평면 위에 x_1축, x_2축을 좌표축으로 하는 직교좌표계가 주어졌을 때, 원점을 중심으로 하는 유심 원추곡선의 일반 방정식은

$$ax_1^2 + 2hx_1x_2 + bx_2^2 = k$$

이다. 이 방정식의 좌변 $ax_1^2 + 2hx_1x_2 + bx_2^2$을 두 변수 x_1, x_2에 관한 **2차형식**(quadratic form)이라 한다. 마찬가지로, 공간에 x_1축, x_2축, x_3축을 좌표축으로 직교좌표계가 주어졌을 때, 원점을 중심으로 유심 2차곡면의 방정식은

$$ax_1^2 + bx_2^2 + cx_3^2 + 2fx_1x_2 + 2gx_1x_3 + 2hx_2x_3 = k$$

이고, 이 방정식의 좌변 $ax_1^2 + bx_2^2 + cx_3^2 + 2fx_1x_2 + 2gx_1x_3 + 2hx_2x_3$를 변수 x_1, x_2, x_3에 관한 2차형식이라 한다. 일반적으로, n개의 변수 $x_1, x_2, \cdots, x_n$의 2차 동차다항식

$$\sum_{i,j}^{n} a_{ij}x_ix_j = \sum_{i=1}^{n} a_{ii}x_i^2 + 2\sum_{i<j} a_{ij}x_ix_j, \quad a_{ji} = a_{ij}$$

를 변수 $x_1, x_2, \cdots, x_n$에 관한 2차형식이라 한다.

이 절에서는 변수가 2개 또는 3개인 2차형식에 대해서만 논하기로 한다.

해석기하에서는 다음 예제와 같이 주어진 원추곡선 또는 2차곡면의 방정식을 간단한 꼴로 만들기 위하여 변수를 바꾼다.

예제 6.2.1

2차곡면의 방정식

$$x_1^2 - 2x_1x_2 + 4x_2x_3 - 2x_2^2 + 4x_3^2 = 1$$

이 주어졌을 때, 2차형식

$$Q(x_1, x_2, x_3) = x_1^2 - 2x_1x_2 + 4x_2x_3 - 2x_2^2 + 4x_3^2$$

을 완전제곱꼴로 고치면

$$\begin{aligned} Q(x_1, x_2, x_3) &= (x_1^2 - 2x_1x_2 + x_2^2) - 4x_2^2 + (x_2^2 + 4x_2x_3 + 4x^2) \\ &= (x_1 - x_2)^2 - (2x_2)^2 + (x_2 + 2x_3)^2 \end{aligned}$$

을 얻는다. 따라서

$$\begin{aligned} y_1 &= x_1 - x_2 \\ y_2 &= 2x_2 \\ y_3 &= x_2 + 2x_3 \end{aligned}$$

라 놓으면, 2차형식 $Q(x_1, x_2, x_3)$는

$$Q'(y_1, y_2, y_3) = y_1^2 - y_2^2 + y_3^2$$

으로 변형된다. 이 때 주어진 2차곡면은 y_1축, y_2축, y_3축을 좌표축으로 하는 좌표계 (실제로, 직교좌표계가 아닌 사교좌표계이다)에서 방정식

$$y_1^2 - y_2^2 + y_3^2 = 1$$

로 표시된다.

위와 같은 계산은 행렬을 이용하면 간단하다. 먼저 2차형식을 행렬로 표시해 보자. 두 변수를 x_1, x_2이라 할 때, $X=\begin{bmatrix} x_1 \\ x_2 \end{bmatrix}$이라 하면 x_1, x_2에 관한 2차형식 $Q(X)$는

$$\begin{aligned} Q(X) &= ax_1^2 + 2hx_1x_2 + bx_2^2 \\ &= ax_1x_1 + hx_1x_2 + hx_2x_1 + bx_2x_2 \end{aligned}$$

이므로,

$$A = \begin{bmatrix} a & h \\ h & b \end{bmatrix}$$

라 놓으면

$$Q(X) = [x_1\ x_2] \begin{bmatrix} a & h \\ h & b \end{bmatrix} \begin{bmatrix} x_1 \\ x_2 \end{bmatrix} = X^t AX$$

임을 알 수 있다. 마찬가지로, $X=\begin{bmatrix} x_1 \\ x_2 \\ x_3 \end{bmatrix}$이라 하면 세 변수 x_1, x_2, x_3에 관한 2차형식 $Q(X)$는

$$\begin{aligned} Q(X) &= ax_1^2 + bx_2^2 + cx_3^2 + 2fx_1x_2 + 2gx_1x_3 + 2hx_2x_3 \\ &= ax_1x_1 + fx_1x_2 + gx_1x_3 + fx_2x_1 + bx_2x_2 + hx_2x_3 + gx_3x_1 + hx_3x_2 + cx_3x_3 \end{aligned}$$

이므로,

$$A = \begin{bmatrix} a & f & g \\ f & b & h \\ g & h & c \end{bmatrix}$$

이라 하면

$$Q(X) = [x_1\ x_2\ x_3] \begin{bmatrix} a & f & g \\ f & b & h \\ g & h & c \end{bmatrix} \begin{bmatrix} x_1 \\ x_2 \\ x_3 \end{bmatrix} = X^t AX$$

로 나타낼 수 있다. 일반적으로 n개의 변수 $x_1, x_2, \cdots, x_n$에 관한 2차형식

$Q(x_1, x_2, \cdots, x_n)$은 $X = \begin{bmatrix} x_1 \\ x_2 \\ \vdots \\ x_n \end{bmatrix}$이라 놓을 때 적당한 $n \times n$ 대칭행렬 A에 대하여

$$Q(X) = X^t A X$$

와 같은 꼴로 표시된다. 이 때, A를 주어진 **2차형식 $Q(X)$의 행렬**이라 한다.

예제 6.2.2

앞의 예제 6.2.1에서, $X = \begin{bmatrix} x_1 \\ x_2 \\ x_3 \end{bmatrix}$이라 하면 주어진 2차형식의 행렬 A는

$$A = \begin{bmatrix} 1 & -1 & 0 \\ -1 & -2 & 2 \\ 0 & 2 & 4 \end{bmatrix}$$

이고, $Q(X) = X^t A X$이다. 마찬가지로, $Y = \begin{bmatrix} y_1 \\ y_2 \\ y_3 \end{bmatrix}$이라 하면

$$Q'(Y) = y_1^2 - y_2^2 + y_3^2$$

의 행렬 B는

$$B = \begin{bmatrix} 1 & 0 & 0 \\ 0 & -1 & 0 \\ 0 & 0 & 1 \end{bmatrix}$$

이고,

$$Q'(Y) = y_1^2 - y_2^2 + y_3^2 = [y_1\, y_2\, y_3] \begin{bmatrix} 1 & 0 & 0 \\ 0 & -1 & 0 \\ 0 & 0 & 1 \end{bmatrix} \begin{bmatrix} y_1 \\ y_2 \\ y_3 \end{bmatrix} = Y^t B Y$$

이다.

다음에는 앞에서 얻은 결과를 이용하여 예제 6.2.2의 행렬 A와 B의 관계를 살펴보자. 이제 $X = \begin{bmatrix} x_1 \\ x_2 \\ x_3 \end{bmatrix}$를 좌표공간 $\mathbb{R}^3$ 위의 점이라고 생각하면 $X = \begin{bmatrix} x_1 \\ x_2 \\ x_3 \end{bmatrix}$가 $Y = \begin{bmatrix} y_1 \\ y_2 \\ y_3 \end{bmatrix}$로 바뀌

는 변수변환은 공간 $\mathbb{R}^3$의 표준기저 $\{\mathbf{e}_1, \mathbf{e}_2, \mathbf{e}_3\}$가 새로운 기저 $\{\boldsymbol{\beta}_1, \boldsymbol{\beta}_2, \boldsymbol{\beta}_3\}$로 바뀌는 변환이라고 볼 수 있다. 임의의 벡터 $\begin{bmatrix} x_1 \\ x_2 \\ x_3 \end{bmatrix}$의 표준기저 $\{\mathbf{e}_1, \mathbf{e}_2, \mathbf{e}_3\}$에 관한 좌표행렬은 $\begin{bmatrix} x_1 \\ x_2 \\ x_3 \end{bmatrix}$이다. 따라서 기저 $\{\boldsymbol{\beta}_1, \boldsymbol{\beta}_2, \boldsymbol{\beta}_3\}$로부터 기저 $\{\mathbf{e}_1, \mathbf{e}_2, \mathbf{e}_3\}$로의 추이행렬을 P라 하면, 정칙행렬 P의 각 열은 $\boldsymbol{\beta}_1, \boldsymbol{\beta}_2, \boldsymbol{\beta}_3$를 열벡터로 보아 만든 열벡터이다. 이 때, 정리 3.5.2에 의하여 관계식

$$X = PY \text{ 또는 } Y = P^{-1}X$$

가 성립하며, 이것은 좌표공간 $\mathbb{R}^3$의 동일한 점의 $\{\mathbf{e}_1, \mathbf{e}_2, \mathbf{e}_3\}$에 관한 좌표행렬 X와 기저 $\{\boldsymbol{\beta}_1, \boldsymbol{\beta}_2, \boldsymbol{\beta}_3\}$에 관한 좌표행렬 Y와의 관계를 나타낸다. 이 관계식에 의하여, X에 관한 2차형식 $Q(X)$는 다음과 같이 Y에 관한 2차형식 $Q'(Y)$로 변형된다.

$$Q(X) = X^t AX = (PY)^t A(PY) = Y^t(P^t AP)Y = Q'(Y)$$

따라서 $B = P^t AP$ 라 놓으면

$$Q(X) = X^t AX = Y^t BY = Q'(Y)$$

이므로, 좌표변환 P를 실행하면 A를 행렬로 하는 2차형식 $Q(X)$는 $P^t AP$를 행렬로 하는 2차형식 $Q'(Y)$로 변형됨을 알 수 있다.

정의 6.2.1

두 정사각행렬 A, B에 대하여 $B = P^t AP$를 만족하는 정칙행렬 P가 존재할 때, 이 두 행렬 A, B는 **합동**(congruent)이라 한다. 또 두 2차형식의 행렬이 서로 합동일 때, 이 두 형식은 **동치**(equivalent)라고 한다.

예제 6.2.3

앞의 예제 6.2.1과 예제 6.2.2에서

$$\begin{bmatrix} y_1 \\ y_2 \\ y_3 \end{bmatrix} = \begin{bmatrix} 1 & -1 & 0 \\ 0 & 2 & 0 \\ 0 & 1 & 2 \end{bmatrix}$$

이므로,

$$P^{-1} = \begin{bmatrix} 1 & -1 & 0 \\ 0 & 2 & 0 \\ 0 & 1 & 2 \end{bmatrix}$$

로 놓으면 $Y = P^{-1}X$, 즉 $X = PY$이다. 한편,

$$P = (P^{-1})^{-1} = \begin{bmatrix} 1 & \frac{1}{2} & 0 \\ 0 & \frac{1}{2} & 0 \\ 0 & -\frac{1}{4} & \frac{1}{2} \end{bmatrix}$$

이므로, 새로운 2차형식 $Q'(Y)$의 행렬을 B라 하면 $B = P^tAP$이다. 다음 계산에 의하여, 이것은 예제 6.2.2의 결과와 일치함을 알 수 있다.

$$B = \begin{bmatrix} 1 & 0 & 0 \\ \frac{1}{2} & \frac{1}{2} & -\frac{1}{4} \\ 0 & 0 & \frac{1}{2} \end{bmatrix} \begin{bmatrix} 1 & -1 & 0 \\ -1 & -2 & 2 \\ 0 & 2 & 4 \end{bmatrix} \begin{bmatrix} 1 & \frac{1}{2} & 0 \\ 0 & \frac{1}{2} & 0 \\ 0 & -\frac{1}{4} & \frac{1}{2} \end{bmatrix} \begin{bmatrix} 1 & 0 & 0 \\ 0 & -1 & 0 \\ 0 & 0 & 1 \end{bmatrix}$$

이 때, y_1축은 $(1, 0, 0)$을 지나는 직선 즉, x_1축과 일치하고 y_2축, y_3축은 각각 $(\frac{1}{2}, \frac{1}{2}, -\frac{1}{4})$, $(0, 0, \frac{1}{2})$을 지나는 직선이다.

예제 6.2.4

2차형식 $Q(X)$의 행렬 A와 변수변환 $X = PY$가 각각 다음 행렬로 주어져 있을 때, 새로운 2차형식 $Q'(Y)$를 구하여라.

$$A = \begin{bmatrix} 0 & 4 & 4 \\ 4 & 5 & -1 \\ 4 & -1 & -3 \end{bmatrix}, \quad P = \begin{bmatrix} 0 & 1 & 5 \\ 1 & 0 & -2 \\ 0 & 4 & 10 \end{bmatrix}$$

풀이 새로운 2차형식 $Q'(Y)$의 행렬을 B라 하면 $B = P^tAP$이므로

$$B = \begin{bmatrix} 0 & 1 & 0 \\ 1 & 0 & 4 \\ 5 & -2 & 10 \end{bmatrix} \begin{bmatrix} 0 & 4 & 4 \\ 4 & 5 & -1 \\ 4 & -1 & -3 \end{bmatrix} \begin{bmatrix} 0 & 1 & 5 \\ 1 & 0 & -2 \\ 0 & 4 & 10 \end{bmatrix} = \begin{bmatrix} 5 & 0 & 0 \\ 0 & -16 & 0 \\ 0 & 0 & 80 \end{bmatrix}$$

을 얻는다. 따라서 $Q'(Y) = Y^t BY = 5y_1^2 - 16y_2^2 + 80y_3^2$이다.

예제 6.2.5

다음 좌표변환식을 이용하여 원추곡선 $5x_1^2 + 4x_1x_2 + 8x_2^2 = 9$를 변형하여라.

$$x_1 = y_1 + y_2$$

$$x_2 = -y_1 + \frac{1}{2}y_2$$

풀이 $X = \begin{bmatrix} x_1 \\ x_2 \end{bmatrix}$, $Y = \begin{bmatrix} x_1 \\ y_2 \end{bmatrix}$, $P = \begin{bmatrix} 1 & 1 \\ -1 & \frac{1}{2} \end{bmatrix}$이라 하면, $X = PY$이다.

2차형식 $Q(X) = 5x_1^2 + 4x_1x_2 + 8x_2^2$의 행렬 A는

$$A = \begin{bmatrix} 5 & 2 \\ 2 & 8 \end{bmatrix}$$

이므로, 변환하여 얻은 새로운 2차형식 $Q'(Y)$의 행렬을 B라 하면

$$B = \begin{bmatrix} 1 & -1 \\ 1 & \frac{1}{2} \end{bmatrix} \begin{bmatrix} 5 & 2 \\ 2 & 8 \end{bmatrix} \begin{bmatrix} 1 & 1 \\ -1 & \frac{1}{2} \end{bmatrix} = \begin{bmatrix} 9 & 0 \\ 0 & 9 \end{bmatrix}$$

이다. 따라서 $Q'(Y) = 9y_1^2 + 9y_2^2$이므로, 주어진 원추곡선의 y_1축, y_2축에 관한 방정식은

$$9y_1^2 + 9y_2^2 = 9 \quad 즉, \quad y_1^2 + y_2^2 = 1$$

이다. 이 때, y_1축은 점 $(1, -1)$을 지나는 직선이고 y_2축은 $(1, \frac{1}{2})$을 지나는 직선으로서 그 양의 방향은 그림 6.2와 같다. 새로운 변수에 관한 방정식은 원의 방정식처럼 보이나, 실제로는 새로운 좌표계가 직교좌표계가 아니기 때문에 곡선은 원이 아니라 타원이다.

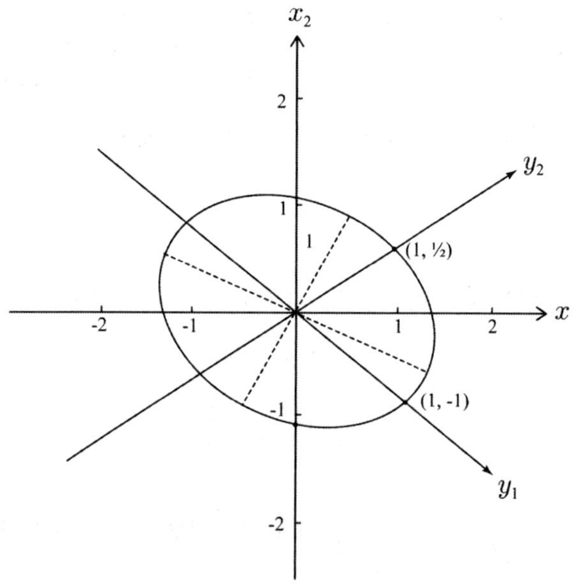

그림 6.2

연습문제 6.2

1. 행렬 P가

$$P = \begin{bmatrix} 2 & 1 & 2 \\ -1 & 1 & 1 \\ 0 & 1 & -3 \end{bmatrix}$$

일 때, 다음 A와 합동인 행렬 $P^t AP$를 구하여라.

(1) $A = \begin{bmatrix} 2 & -1 & 1 \\ 1 & 0 & -1 \\ 0 & 2 & 0 \end{bmatrix}$ (2) $A = \begin{bmatrix} 1 & 0 & 1 \\ 2 & 1 & -1 \\ 0 & 2 & 3 \end{bmatrix}$

2. 다음 2차형식을 다항식으로 나타내어라.

(1) $[x\ y\ z] \begin{bmatrix} 2 & -1 & 1 \\ -1 & 2 & 0 \\ 1 & 0 & 1 \end{bmatrix} \begin{bmatrix} x \\ y \\ z \end{bmatrix}$ (2) $[x_1\ x_2\ x_3] \begin{bmatrix} 1 & 2 & 4 \\ 2 & 2 & -2 \\ 4 & -2 & 0 \end{bmatrix} \begin{bmatrix} x_1 \\ x_2 \\ x_3 \end{bmatrix}$

3. 다음 2차형식을 대칭행렬 A를 이용하여 $X^t AX$꼴로 나타내어라.

(1) $2x^2 - 3xy + y^2 - 4yz - 4z^2$ (2) $x_1^2 + 4x_1x_2 - 3x_2^2 + x_3^2$

4. 다음 2차형식을 변수변환하여 간단한 꼴로 나타내어라.

(1) $x^2 + 6xz + 4yz + 2y^2$ (2) $2x^2 - 4xy + 6yz + 3y^2 - 4z^2$

5. 다음 2차형식을 변수변환하여 간단한 꼴로 나타내어라.

(1) $x_1^2 - x_1x_2 + 2x_2^2 + 3x_3^2 + x_3x_4$ (2) $4x_1x_2 - 2x_1x_3 - 4x_2^2 - 2x_3^2$

6. 2차형식 $2x_1^2 - 4x_1x_2 + 3x_2^2$에 변수변환 $x_1 = 2y_1 + y_2$, $x_2 = y_1 - y_2$를 행하여 동치인 형식을 구하여라. 이 결과와 행렬을 이용해서 얻은 결과를 비교해 보아라.

7. 예제 6.2.3에 주어진 2차형식의 행렬을 A라 할 때, 이 2차형식과 동치인 형식의 행렬이 B가 되게 하는 $\mathbb{R}^3$의 기저를 구하여라.

8. 2차형식 $x^2 - 4xy - 2xz + z^2$에 변수변환 $x' = x - y$, $y' = x + y$, $z' = y - z$를 실행하여 이 2차형식과 동치인 형식을 구하여라.

9. 2차형식 $3x^2 - 2xy + 4yz + y^2 + 3z^2$에 대하여 문제 8과 같은 변수변환을 실행하여 이와 동치인 2차형식을 구하여라.

10. 행렬

$$P = \begin{bmatrix} 1 & 2 & -1 \\ 1 & 1 & 2 \\ 0 & 1 & -1 \end{bmatrix}$$

을 공간 $\mathbb{R}^3$의 기저를 옮기는 변환의 행렬이라 할 때, 다음 2차형식과 동치인 형식을 구하여라.

(1) $x^2 - 3xy + yz - y^2 + 4z^2$ (2) $3x^2 - 2xz + 4yz + 2z^2$

11. 공간 $\mathbb{R}^2$의 기저 $\{\mathbf{e}_1, \mathbf{e}_2\}$에 관한 타원의 방정식이 $5x^2+4xy+8y^2=9$일 때, 기저 $\left\{\begin{bmatrix}1\\-1\end{bmatrix}, \begin{bmatrix}1\\ \frac{1}{2}\end{bmatrix}\right\}$에 관한 이 곡선의 방정식을 구하여라.

12. 공간 $\mathbb{R}^2$에서 기저 $\{\mathbf{e}_1, \mathbf{e}_2\}$에 관한 원추곡선의 방정식이 $x^2-2xy+4y^2=7$일 때, 변수변환을 실행하여 xy항을 없애라. 이 때 사용한 기저를 $\{\mathbf{e}_1, \mathbf{e}_2\}$로 나타내어라.

13. 공간 $\mathbb{R}^3$에서 기저 $\{\mathbf{e}_1, \mathbf{e}_2, \mathbf{e}_3\}$에 관한 2차곡면의 방정식이 $x^2-2xy+y^2+z^2=4$일 때, 변수변환을 실행하여 xy항을 없애라. 이 때의 새로운 기저를 구하여라.

14. 쌍곡선

$$2x^2-24xy-5y^2+x+3y+9=0$$

에 변수변환을 실행하여 $14x'^2-11y'^2-3x'-y'-9=0$으로 하여라. 주어진 쌍곡선의 중심은 원점이 아님에 주의하여라.

6.3 2차형식의 간략화

2차형식 $Q(X)$의 대칭행렬을 A라 할 때, P^tAP가 대각행렬로 되는 정칙행렬 P를 구할 수 있다면 변수변환 $X=PY$에 의하여 2차형식 $Q(X)$는 제곱항만을 갖는 2차형식 $Q'(Y)$로 변형된다. 이 때, 변환에 의하여 새로 얻은 기저가 정규직교 기저라면 방정식 $Q(X)=c$는 새로운 직교좌표계의 방정식 $Q'(Y)=c$로 변형된다.

정사각행렬 A가 대각화 가능하기 위한 조건은 A로 표시되는 선형변환 T의 고유벡터로 이루어진 기저가 존재하는 것이다. 또한, 좌표공간에서 새로운 기저 $\{\boldsymbol{\beta}_1, \boldsymbol{\beta}_2, \cdots, \boldsymbol{\beta}_n\}$으로부터 표준기저 $\{\mathbf{e}_1, \mathbf{e}_2, \cdots, \mathbf{e}_n\}$으로의 추이행렬을 P라 하면 P의 각 열은 열벡터로 본 $\boldsymbol{\beta}_i$와 일치하므로, 정리 6.1.3에 의하여 $\{\boldsymbol{\beta}_1, \boldsymbol{\beta}_2, \cdots, \boldsymbol{\beta}_n\}$가 정규직교 기저이기 위한 조건은 행렬 P가 직교행렬인 것이다. 따라서 대칭행렬 A로 표시되는 선형변환 T의 고유벡터로 이루어진 정규직교 기저가 존재한다면, 이 기저의 각 벡터를 열로 하는 행렬 P는 직교행렬이고

$$P^{-1}AP = D$$

는 대각행렬이다. 이 때, $P^{-1} = P^t$이므로 $P^{-1}AP = P^tAP$이고 따라서 대각행렬 D는 A와 닮은 행렬인 동시에 합동인 행렬이다.

이 절에서는 위와 같은 성질을 만족하는 직교행렬의 존재성 및 만드는 방법에 대하여 논하기로 한다.

먼저 대칭행렬의 고윳값에 대해서 알아보자.

정리 5.3.3에 의하여 $n \times n$ 대칭행렬 A는 (중근이 있을 경우 중복으로 세어서) n개의 고윳값을 가지며, A의 고윳값을 대각성분으로 갖는 대각행렬을 D라 할 때

$$P^{-1}AP = P^tAP = D$$

를 만족하는 직교행렬 P가 존재한다. 그러므로 이 결과를 이용하면, 임의의 2차형식은 직교변환에 의하여 제곱항만을 가진 2차형식으로 변형할 수 있으며, 임의의 원추곡선 또는 2차곡면의 방정식은 새로운 직교좌표축을 잡아 간단한 표준형으로 변형할 수 있음을 알 수 있다.

예제 6.3.1

2차형식

$$Q(X) = x_1^2 + 2x_1x_2 + 2x_1x_3 + 2x_2^2 + 2x_3^2$$

과 동치인 대각선형 2차형식을 구하여라.

풀이 주어진 2차형식의 행렬 A는

$$\begin{bmatrix} 1 & 1 & 1 \\ 1 & 2 & 0 \\ 1 & 0 & 2 \end{bmatrix}$$

이고, A의 고유방정식 $\det(A - \lambda I) = 0$을 풀면 고윳값 0, 2, 3을 얻는다. 또한 이들 고윳값에 대응하는 고유공간은 각각

$$\left\{ t\begin{bmatrix} 2 \\ -1 \\ -1 \end{bmatrix} \mid t \in \mathbb{R} \right\}, \quad \left\{ t\begin{bmatrix} 0 \\ 1 \\ -1 \end{bmatrix} \mid t \in \mathbb{R} \right\}, \quad \left\{ t\begin{bmatrix} 1 \\ 1 \\ 1 \end{bmatrix} \mid t \in \mathbb{R} \right\}$$

이다.

이제, 예제 5.3.2에서와 같이 $\mathbf{v}_1 = \begin{bmatrix} 2 \\ -1 \\ -1 \end{bmatrix}$, $\mathbf{v}_2 = \begin{bmatrix} 0 \\ 1 \\ -1 \end{bmatrix}$, $\mathbf{v}_3 = \begin{bmatrix} 1 \\ 1 \\ 1 \end{bmatrix}$이라 하고, Gram-Schmidt의 직교화 과정을 이용하여 $\mathbf{v}_1$, $\mathbf{v}_2$ 및 $\mathbf{v}_3$를 정규직교화한 다음 이들 단위벡터를 열로 하는 행렬 P를 만들면

$$\begin{bmatrix} \frac{2}{\sqrt{6}} & 0 & \frac{1}{\sqrt{3}} \\ \frac{-1}{\sqrt{6}} & \frac{1}{\sqrt{2}} & \frac{1}{\sqrt{3}} \\ \frac{-1}{\sqrt{6}} & \frac{-1}{\sqrt{2}} & \frac{1}{\sqrt{3}} \end{bmatrix}$$

이며

$$P^{-1}AP = P'AP = \begin{bmatrix} 0 & 0 & 0 \\ 0 & 2 & 0 \\ 0 & 0 & 3 \end{bmatrix}$$

이 성립한다. 행렬 P의 각 열로 만든 단위벡터

$$\left(\frac{2}{\sqrt{6}}, -\frac{1}{\sqrt{6}}, -\frac{1}{\sqrt{6}}\right),\ \left(0, \frac{1}{\sqrt{2}}, -\frac{1}{\sqrt{2}}\right),\ \left(\frac{1}{\sqrt{3}}, \frac{1}{\sqrt{3}}, \frac{1}{\sqrt{3}}\right)$$

으로 결정되는 새로운 좌표축을 각각 y_1축, y_2축, y_3축이라 하면(그림 6.3), y_1, y_2, y_3는 직교좌표축을 이루며 변수변환

$$\begin{bmatrix} x_1 \\ x_2 \\ x_3 \end{bmatrix} = P \begin{bmatrix} y_1 \\ y_2 \\ y_3 \end{bmatrix}$$

에 의하여 $Q'(Y) = 2y_2^2 + 3y_3^2$으로 변환된다.

2차곡면 $Q(X) = x_1^2 + 2x_1x_2 + 2x_1x_3 + 2x_2^2 + 2x_3^2 = 6$은 위의 변환에 의하여 $Q'(Y) = 2y_2^2 + 3y_3^2 = 6$ 즉, $\frac{y_2^2}{3} + \frac{y_3^2}{2} = 1$로 변형된다. 따라서 이 곡면은 새로운 좌표축 y_1축에 형행인 직선을 모선으로 하는 타원주면이다.

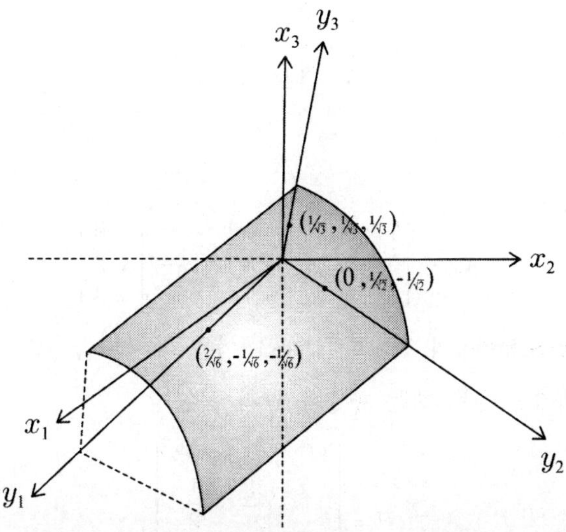

그림 6.3

예제 6.3.2

2차곡면의 방정식이

$$Q(X) = 3x_1^2 + 4x_3^2 + 2\sqrt{3}\,x_2x_3 + 6x_3^2 = 21$$

일 때, 좌변의 2차형식을 대각선형 2차형식 $Q'(Y)$로 변형하여 새로운 방정식 $Q'(Y) = 21$을 구하고 이를 이용하여 주어진 곡면의 그래프를 그려라.

풀이 주어진 2차형식 $Q(X)$의 행렬 A는

$$A = \begin{bmatrix} 3 & 0 & 0 \\ 0 & 4 & \sqrt{3} \\ 0 & \sqrt{3} & 6 \end{bmatrix}$$

이고, A의 고유방정식 $\det(A - \lambda I) = 0$을 풀면 두 개의 고윳값 $\lambda = 3, 7$을 얻고, $\lambda = 3$에 대응하는 고유공간은

$$\left\{ s\begin{bmatrix} 1 \\ 0 \\ 0 \end{bmatrix} + t\begin{bmatrix} 0 \\ \sqrt{3} \\ -1 \end{bmatrix} \mid s,\ t \in \mathbb{R} \right\}$$

이며, $\lambda = 7$에 대응하는 고유공간은

$$\left\{ t\begin{bmatrix} 0 \\ \sqrt{3} \\ 3 \end{bmatrix} \mid t \in \mathbb{R} \right\}$$

임을 알 수 있다.

이제

$$\mathbf{v}_1 = \begin{bmatrix} 1 \\ 0 \\ 0 \end{bmatrix}, \ \mathbf{v_2} = \begin{bmatrix} 0 \\ \sqrt{3} \\ -1 \end{bmatrix}, \ \mathbf{v_3} = \begin{bmatrix} 0 \\ \sqrt{3} \\ 3 \end{bmatrix}$$

이라 하고, Gram-Schmidt의 직교화 과정을 이용하여 $\mathbf{v}_1$, $\mathbf{v}_2$ 및 $\mathbf{v}_3$를 정규직교화한 다음 이들 단위벡터를 열로 하는 행렬을 P라 하면

$$P = \begin{bmatrix} 1 & 0 & 0 \\ 0 & \frac{\sqrt{3}}{2} & \frac{1}{2} \\ 0 & -\frac{1}{2} & \frac{\sqrt{3}}{2} \end{bmatrix}$$

이며, 직교행렬 P는 $P^{-1}AP = P'AP = \begin{bmatrix} 3 & 0 & 0 \\ 0 & 3 & 0 \\ 0 & 0 & 7 \end{bmatrix}$을 만족한다. 이 때 행렬 P의 각 열은 새로운 직교좌표계의 단위점을 이루고 $X = \begin{bmatrix} x_1 \\ x_2 \\ x_3 \end{bmatrix}$이 변환 P에 의하여 $Y = \begin{bmatrix} y_1 \\ y_2 \\ y_3 \end{bmatrix}$으로 옮겨졌다면, $X = PY$이고

$$Q'(Y) = 3y_1^2 + 3y_2^2 + 7y_3^2$$

이다. 따라서 새로운 직교좌표에 관한 곡면의 방정식은

$$Q'(Y) = 3y_1^2 + 3y_2^2 + 7y_3^2 = 21, \ \text{즉} \ \frac{y_1^2}{7} + \frac{y_2^2}{7} + \frac{y_3^2}{3} = 1$$

이므로, 주어진 2차곡면은 타원면이다. 이 타원면을 y_1y_2평면에 평형인 평면으로 자른 단면은 원이다. 그림 6.4는 신·구좌표계 및 곡면의 그래프를 보여주고 있다.

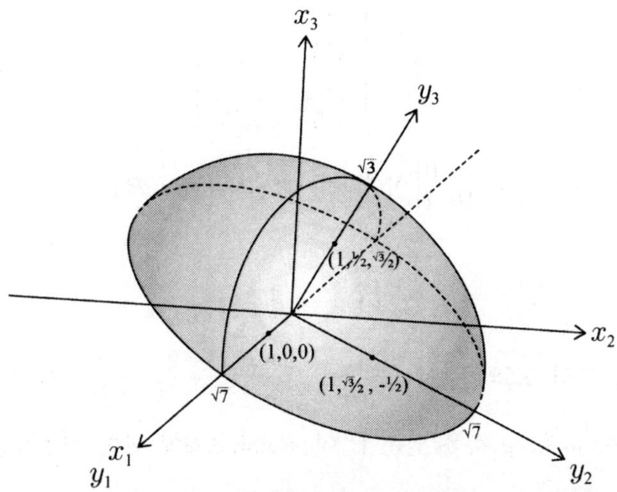

그림 6.4

예제 6.3.3

방정식 $5x_1^2 + 4x_1x^2 + 8x_2^2 = 9$를 표준형으로 변형하고 이를 이용하여 그래프를 그려라.

풀이 2차형식 $Q(X) = 5x_1^2 + 4x_1x_2 + 8x_2^2$의 행렬 A는

$$A = \begin{bmatrix} 5 & 2 \\ 2 & 8 \end{bmatrix}$$

이고, A의 고유방정식 $\det(A - \lambda I) = 0$을 풀면 두 개의 고윳값 $\lambda = 9, 4$를 얻고, $\lambda = 9$에 대응하는 고유공간은

$$\left\{ t\begin{bmatrix} 1 \\ 2 \end{bmatrix} \mid t \in \mathbb{R} \right\}$$

이며, $\lambda = 4$에 대응하는 고유공간은

$$\left\{ t\begin{bmatrix} -2 \\ 1 \end{bmatrix} \mid t \in \mathbb{R} \right\}$$

임을 알 수 있다.

이제 $\mathbf{v}_1 = \begin{bmatrix} 1 \\ 2 \end{bmatrix}$, $\mathbf{v}_2 = \begin{bmatrix} -2 \\ 1 \end{bmatrix}$이라 하고, Gram-Schmidt의 직교화 과정을 이용하여 $\mathbf{v}_1, \mathbf{v}_2$를 정규직교화한 다음 이들 단위벡터를 열로 하는 행렬을 P라 하면

$$P = \begin{bmatrix} \frac{1}{\sqrt{5}} & -\frac{2}{\sqrt{5}} \\ \frac{2}{\sqrt{5}} & \frac{1}{\sqrt{5}} \end{bmatrix}$$

이고, $P^{-1}AP = P'AP = \begin{bmatrix} 9 & 0 \\ 0 & 4 \end{bmatrix}$이다. 이 때, 변환 $X = PY$에 의하여 주어진 2차형식 $Q(X)$는

$$Q'(Y) = 9y_1^2 + 4y_2^2$$

으로 변형되고, 그림 6.5와 같이 $(\frac{1}{\sqrt{5}}, \frac{2}{\sqrt{5}}), (-\frac{2}{\sqrt{5}}, \frac{1}{\sqrt{5}})$을 단위점으로 하는 새로운 직교좌표 y_1축, y_2축을 얻는다. 이 직교좌표계에 관한 원추곡선의 방정식은

$$9y_1^2 + 4y_2^2 = 9, \text{ 즉 } \frac{y_1^2}{1} + \frac{y_2^2}{\frac{9}{4}} = 1$$

이므로 주어진 곡선은 주축의 길이가 3이고 부축의 길이가 2인 타원이다.

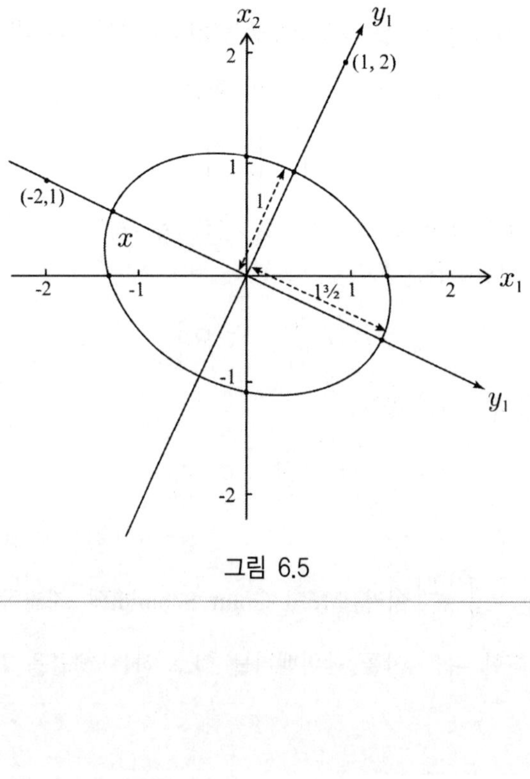

그림 6.5

원추곡선

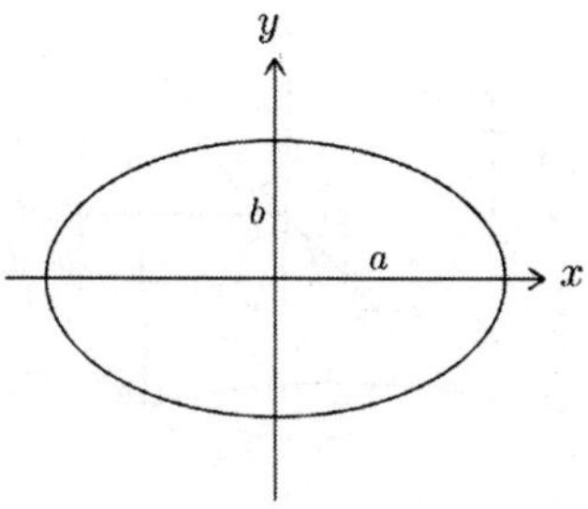

타원

$$\frac{x^2}{a^2}+\frac{y^2}{b^2}=1$$

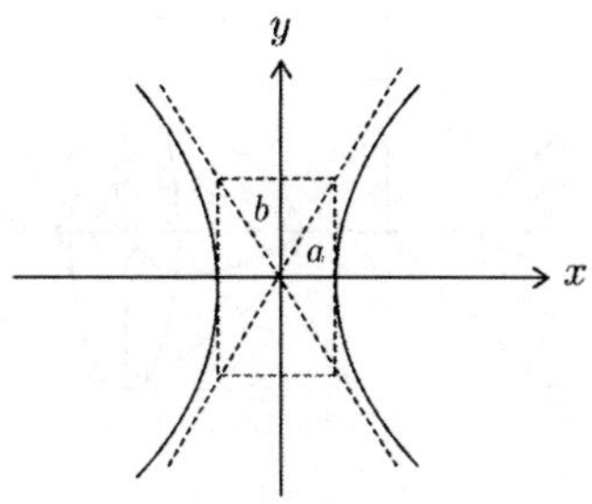

쌍곡선

$$\frac{x^2}{a^2}-\frac{y^2}{b^2}=1$$

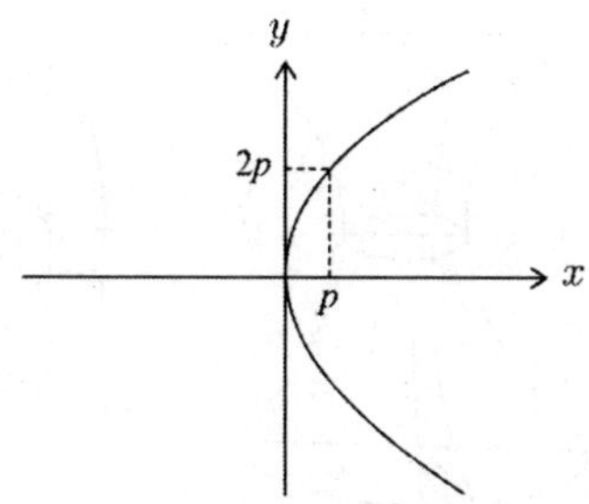

포물선

$$y^2=4px$$

2차곡면

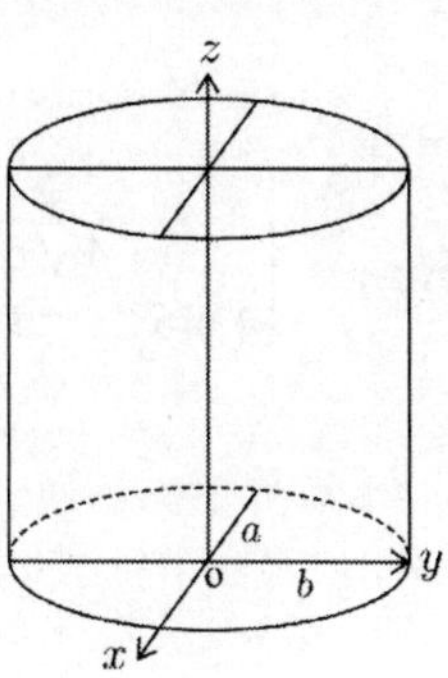

타원주면

$$\frac{x^2}{a^2}+\frac{y^2}{b^2}=1$$

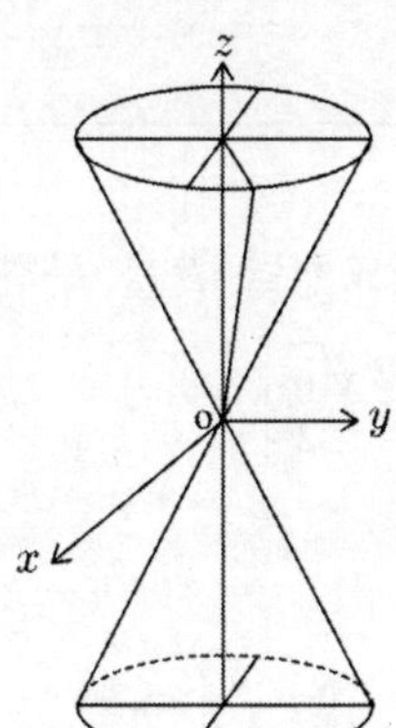

타원추면

$$\frac{x^2}{a^2}+\frac{y^2}{b^2}=z^2$$

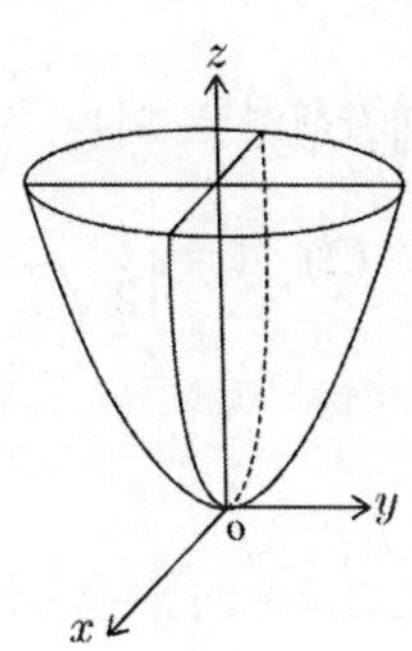

타원포물선

$$\frac{x^2}{a^2}+\frac{y^2}{b^2}=cz$$

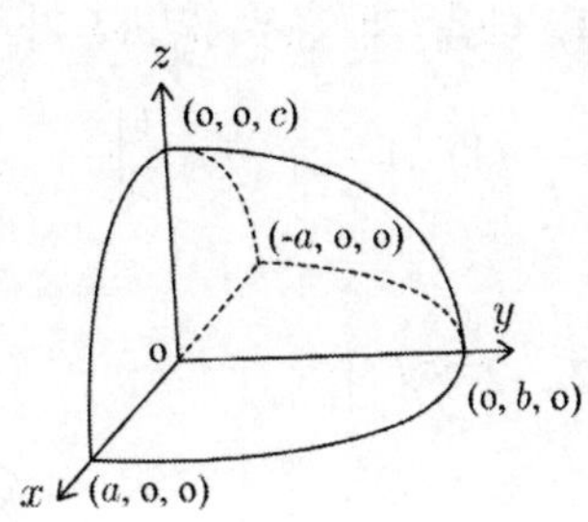

타원면

$$\frac{x^2}{a^2}+\frac{y^2}{b^2}+\frac{z^2}{c^2}=1$$

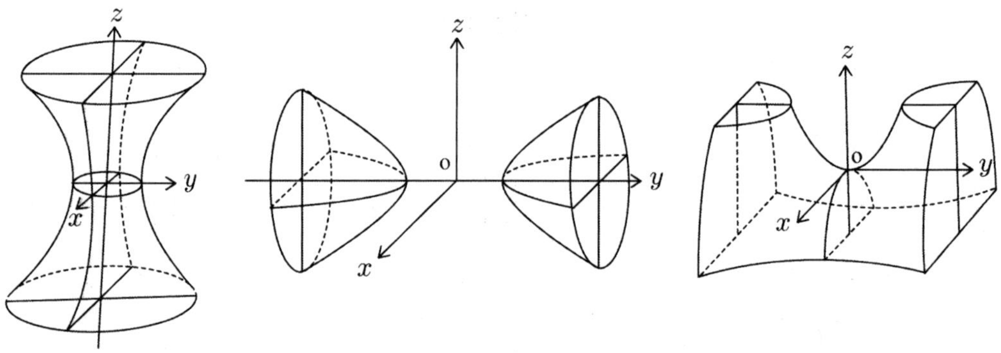

일엽쌍곡면 $\frac{x^2}{a^2}+\frac{y^2}{b^2}-\frac{z^2}{c^2}=1$

이엽쌍곡면 $\frac{y^2}{b^2}-\frac{x^2}{a^2}-\frac{z^2}{c^2}=1$

쌍곡포물면 $\frac{y^2}{b^2}-\frac{x^2}{a^2}=cz$

그림 6.6

연습문제 6.3

1. 다음 각 경우 P^tAP가 대각행렬로 되는 직교행렬 P를 구하여라.

(1) $A=\begin{bmatrix} 3 & -1 \\ -1 & 3 \end{bmatrix}$ (2) $A=\begin{bmatrix} -2 & 2\sqrt{3} \\ 2\sqrt{3} & 2 \end{bmatrix}$ (3) $A=\begin{bmatrix} 1 & 4\sqrt{5} \\ 4\sqrt{5} & -1 \end{bmatrix}$

2. 2차형식

$$Q(X)=-2x_1^2-4\sqrt{3}\,x_1x_2^2+2x_2+4x_3^2$$

과 동치인 대각선형 2차형식을 구하고 이를 이용하여 2차곡면 $Q(X)=4$의 이름을 말하여라.

3. 문제 1에서 A가 다음과 같을 때 P를 구하여라.

$$A=\begin{bmatrix} 5 & 3\sqrt{3} & 0 \\ 3\sqrt{3} & -1 & 0 \\ 0 & 0 & 4 \end{bmatrix}$$

4. 방정식이 $x^2+2xy+y^2=4$인 원추곡선의 주축으로 이루어진 좌표축에 관한 방정식을 구하여라.

5. 2차형식

$$x^2+2xy+y^2+2z^2$$

과 동치인 대각선형 2차형식을 구하여라.

6. 원추곡선 $2x^2-12xy-3y^2=42$가 있다. 이 원추곡선의 주축으로 이루어진 좌표축에 관한 방정식을 구하여라.

7. 대칭행렬은 꼭 한 개의 대각행렬과 합동인가?

8. 대칭행렬 A의 고윳값이 모두 같기 위한 조건은 A가 스칼라행렬인 것임을 보여라.

9. 행렬

$$A=\begin{bmatrix} 5 & 2 & 0 & 0 \\ 2 & 2 & 0 & 0 \\ 0 & 0 & 5 & -2 \\ 0 & 0 & -2 & 2 \end{bmatrix}$$

의 고유방정식은 중복도가 각각 2인 근 1, 6을 갖는다. 이 때, $P^tAP=\begin{bmatrix} 1 & 0 & 0 \\ 0 & 16 & 0 \\ 0 & 0 & 6 \end{bmatrix}$을 만족하는 직교행렬 P를 구하여라.

10. 2차형식 $Q(X)=2xy+2yz+2xz$를 대각선형 2차형식으로 변형하여라. $Q(X)=1$의 이름을 말하여라.

11. 원추곡선 $2x^2+4xy-y^2=12$의 주축과 좌표축이 이루는 각을 구하여라. 이 주축을 새로운 좌표축으로 할 때, 이 좌표축에 관한 원추곡선의 방정식을 구하여라.

12. 2차곡면

$$4x^2 + y^2 - 8z^2 + 4xy - 4xz + 8yz = 20$$

의 이름을 말하여라.

13. 다음 조건을 만족하는 행렬 A를 구하여라.

$$A^2 = \begin{bmatrix} 1 & 1 & 1 \\ 1 & 1 & 1 \\ 1 & 1 & 1 \end{bmatrix}$$

14. 교환가능한 두 대칭행렬 A, B에 대하여 $P^t AP$와 $P^t BP$가 동시에 대각행렬로 되는 직교행렬 P가 존재함을 보여라.

해 답

1.1 행렬과 연산

1. (1) $\begin{bmatrix} -2 & 0 & 2 \\ -3 & 0 & 3 \\ -4 & 0 & 4 \end{bmatrix}$ (2) $\begin{bmatrix} 0 & 3 & 4 & 5 & 6 \\ 1 & 0 & 1 & 2 & 3 \\ 2 & 1 & 0 & 1 & 2 \end{bmatrix}$ (3) $\begin{bmatrix} 2 & 3 & 4 & 5 & 6 \\ 3 & 4 & 5 & 6 & 7 \\ 4 & 5 & 6 & 7 & 8 \end{bmatrix}$

3. (1) 정의되지 않음 (2) 정의되지 않음 (3) $\begin{bmatrix} 4 & 5 & 6 & 7 & 8 \\ 7 & 8 & 9 & 10 & 11 \\ 10 & 11 & 12 & 13 & 14 \end{bmatrix}$

(4) 정의되지 않음

5. (1) 정의되지 않음 (2) $\begin{bmatrix} -9 \\ -1 \end{bmatrix}$ (3) 정의되지 않음

(4) $\begin{bmatrix} 1 & -11 & -9 \\ 12 & 1 & 13 \end{bmatrix}$

7. (1) $(A+B)^2 = (A+B)(A+B) = A^2 + AB + BA + B^2 = A^2 + 2AB + B^2$

(2) $(A+B)(A-B) = A^2 - AB + BA - B^2 = A^2 - B^2$

9. $\begin{bmatrix} 0 & 1 \\ 0 & 0 \end{bmatrix}$

11. 단 한개 있다. $A = \begin{bmatrix} 1 & 1 & 0 \\ 1 & -1 & 0 \\ 0 & 0 & 0 \end{bmatrix}$

13. (1) $\begin{bmatrix} 2 \\ 1 \end{bmatrix}$ (2) $\begin{bmatrix} 7 \\ 3 \end{bmatrix}$

15. (1) 거짓 (2) 참 (3) 참 (4) 거짓 (5) 참 (6) 거짓 (7) 참

1.2 연립일차방정식과 행렬

1. (1) 기약행 사다리꼴 (2) 어떤 꼴도 아님 (3) 사다리꼴

(4) 어떤 꼴도 아님 (5) 기약행 사다리꼴 (6) 사다리꼴

(7) 기약행 사다리꼴 (8) 어떤 꼴도 아님

3. $k \neq 2, -1$: 단 하나의 해
$k = 2$: 무수히 많은 해
$k = -1$: 해를 갖지 않음

5. $\begin{bmatrix} 1 & 1 & 2 & a \\ 1 & 0 & 1 & b \\ 2 & 1 & 3 & c \end{bmatrix} \rightarrow \begin{bmatrix} 1 & 1 & 2 & a \\ 0 & -1 & -1 & b-a \\ 0 & 0 & 0 & c-a-b \end{bmatrix}$이므로 $c-a-b=0$ 즉, $c=a+b$ 일 때에만 해를 갖는다.

7. 단 하나의 해를 갖는다.

9. 예를 들면, $\begin{bmatrix} 1 & 3 \\ 0 & 1 \end{bmatrix}$, $\begin{bmatrix} 1 & 0 \\ 0 & 1 \end{bmatrix}$이 답이 될 수 있다.

11. $x=\pm 1$, $y=\pm\sqrt{3}$, $z=\pm\sqrt{2}$

13. (1) ① $\begin{bmatrix} 1 & 1 & 1 \\ 0 & 1 & 1 \\ 0 & 0 & 1 \end{bmatrix}$ (2) ② $\begin{bmatrix} 1 & 0 \\ 0 & 1 \\ 0 & 0 \end{bmatrix}$ (3) ② $\begin{bmatrix} 1 & 0 & -1 \\ 0 & 1 & -1 \\ 0 & 0 & 0 \end{bmatrix}$

15. $(-2)R_1+3R_2$는 두 개의 기본 행 연산 $3R_2$와 $(-2)R_1+R_2$를 결합한 것이다.

17. 각 교차점에서 들어오는 차량의 수와 나가는 차량의 수는 같으므로 다음과 같은 연립일차방정식을 얻을 수 있다.

$$\begin{cases} x_1+x_4=300 \\ x_1+x_2=250 \\ x_2+x_3=100 \\ x_3+x_4=150 \end{cases}$$

또한, AD를 통과하는 차량의 수를 $x_4=t\,(0 \leq t \leq 150)$으로 조절하면

$$x_1=300-t, \quad x_2=t+50, \quad x_3=150-t$$

가 된다.

1.3 역행렬

1. (1) $\begin{bmatrix} \frac{7}{2} & 0 & 3 \\ -1 & 1 & 0 \\ 0 & -1 & 1 \end{bmatrix}$　　(2) $\begin{bmatrix} 3 & -5 & -5 \\ -3 & 4 & 5 \\ 2 & -2 & -3 \end{bmatrix}$

(3) $\frac{1}{2}\begin{bmatrix} 1 & 3 & 2 \\ 0 & 2 & 3 \\ 0 & 0 & 1 \end{bmatrix}$　　(4) 행렬식이 0이므로 역행렬이 없다.

(5) $\begin{bmatrix} 1 & 0 & 0 & 0 \\ -\frac{1}{3} & \frac{1}{3} & 0 & 0 \\ 0 & -\frac{1}{5} & \frac{1}{5} & 0 \\ 0 & 0 & -\frac{1}{7} & \frac{1}{7} \end{bmatrix}$　　(6) $\begin{bmatrix} -4 & 3 & 0 & -1 \\ 2 & -1 & 0 & 0 \\ -7 & 0 & -1 & 8 \\ 6 & 0 & 1 & -7 \end{bmatrix}$

3. (1) $(AB)^{-1} = \frac{1}{2}\begin{bmatrix} 19 & -11 \\ -12 & 7 \end{bmatrix} = B^{-1}A^{-1}$

(2) $(ABC)^{-1} = \frac{1}{2}\begin{bmatrix} -19 & 11 \\ -12 & 7 \end{bmatrix} = C^{-1}B^{-1}A^{-1}$

5. (1) $\begin{bmatrix} 0 \\ 0 \\ 0 \end{bmatrix}$　　(2) $t\begin{bmatrix} 1 \\ 0 \\ 1 \end{bmatrix}$ $(t \in \mathbb{R})$

7. $A^2 - 2A + I = O$이면 $A(2I - A) = A$이다. 따라서$A^{-1} = 2I - A$

9. (1) 예를 들어, $A = \begin{bmatrix} 2 & 1 \\ 0 & 1 \end{bmatrix}$, $B = \begin{bmatrix} 1 & 0 \\ 2 & 1 \end{bmatrix}$

(2) $AB = BA$

11. $A^t(A^{-1})^t = (A^{-1}A)^t = I^t = I$,　$(A^{-1})^t A^t = (AA^{-1})^t = I^t = I$

13. (1) 정사각행렬 A의 i행이 0으로만 이루어지고, 이 행렬이 역행렬 B를 갖는다고 가정하자. 그러면 $AB = I$이다. 그런데 A의 i행의 성분이 모두 0으로만 되어 있으므로 B가 어떤 행렬이더라도 AB의 $(i, i)-$성분은 항상 0이 되어 $AB \neq I$이다. 이것은 모순이다. 따라서 A는 역행렬을 갖지 않는다.

(2) 정사각행렬 B의 j열이 0으로만 이루어지고, 이 행렬이 역행렬 A를 갖는다고 가정하자. 그러면 $AB = I$이다. 그런데 B의 j열의 성분이 모두 0으로만 되어 있으므로

A가 어떤 행렬이더라도 AB의 $(j, j)-$성분은 항상 0이 되어 $AB \neq I$이다. 이것은 모순이다. 따라서 B는 역행렬을 갖지 않는다.

15. (1) 참 (2) 참 (3) 거짓 (4) 거짓

1.4 기본행렬

1. (1), (3), (4), (6), (8)

3. 행렬 B에 기본행연산을 최소 두 번 시행하여 C를 얻을 수 있다. 따라서 $EB=C$를 만족하는 기본행렬 E는 없다.

5. 행렬 $I=\begin{bmatrix}1&0&0\\0&1&0\\0&0&1\end{bmatrix}$의 1행의 상수 배 또는 2행의 상수 배를 3행에 더 하거나 또는 3행에 0이 아닌 상수 배를 함으로써 행렬 A를 얻을 수 있다. 따라서 어느 경우든 a, b 중 적어도 하나는 0이다.

7. (1) $3R_1+R_2$, $\begin{bmatrix}1&0\\3&1\end{bmatrix}$ (2) $\frac{1}{3}R_3$, $\begin{bmatrix}1&0&0\\0&1&0\\0&0&\frac{1}{3}\end{bmatrix}$

(3) $R_{1,4}$, $\begin{bmatrix}0&0&0&1\\0&1&0&0\\0&0&1&0\\1&0&0&0\end{bmatrix}$ (4) $\frac{1}{7}R_3+R_1$, $\begin{bmatrix}1&0&\frac{1}{7}&0\\0&1&0&0\\0&0&1&0\\0&0&0&1\end{bmatrix}$

9. $A=\begin{bmatrix}1&0\\-1&1\end{bmatrix}\begin{bmatrix}1&0\\0&-2\end{bmatrix}$, $A^{-1}=\begin{bmatrix}1&0\\0&-\frac{1}{2}\end{bmatrix}\begin{bmatrix}1&0\\1&1\end{bmatrix}$

1.5 LU 분해

1. $\begin{bmatrix}3&0\\-2&1\end{bmatrix}\mathbf{y}=\begin{bmatrix}0\\1\end{bmatrix}$을 풀면 $\mathbf{y}=\begin{bmatrix}0\\1\end{bmatrix}$. 따라서 $\begin{bmatrix}1&-2\\0&1\end{bmatrix}\mathbf{x}=\begin{bmatrix}0\\1\end{bmatrix}$을 풀면 $\mathbf{x}=\begin{bmatrix}2\\1\end{bmatrix}$.

3. (1) $\begin{bmatrix} -5 & -10 \\ 6 & 5 \end{bmatrix} = \begin{bmatrix} 1 & 0 \\ -\frac{6}{5} & 1 \end{bmatrix} \begin{bmatrix} -5 & -10 \\ 0 & -7 \end{bmatrix}, \quad \begin{bmatrix} x \\ y \end{bmatrix} = \begin{bmatrix} 4 \\ -1 \end{bmatrix}$

(2) $\begin{bmatrix} 2 & -2 & -2 \\ 0 & -2 & 2 \\ -1 & 5 & 2 \end{bmatrix} = \begin{bmatrix} 1 & 0 & 0 \\ 0 & 1 & 0 \\ -\frac{1}{2} & -2 & 1 \end{bmatrix} \begin{bmatrix} 2 & -2 & -2 \\ 0 & -2 & 2 \\ 0 & 0 & 5 \end{bmatrix}, \quad \begin{bmatrix} x \\ y \\ z \end{bmatrix} = \begin{bmatrix} -1 \\ 1 \\ 0 \end{bmatrix}$

(3) $\begin{bmatrix} -1 & 0 & 1 & 0 \\ 2 & 3 & -2 & 6 \\ 0 & -1 & 2 & 0 \\ 0 & 0 & 1 & 5 \end{bmatrix} = \begin{bmatrix} 1 & 0 & 0 & 0 \\ -2 & 1 & 0 & 0 \\ 0 & -\frac{1}{3} & 1 & 0 \\ 0 & 0 & \frac{1}{2} & 1 \end{bmatrix} \begin{bmatrix} -1 & 0 & 1 & 0 \\ 0 & 3 & 0 & 6 \\ 0 & 0 & 2 & 2 \\ 0 & 0 & 0 & 4 \end{bmatrix}, \quad \begin{bmatrix} x \\ y \\ z \\ w \end{bmatrix} = \begin{bmatrix} -3 \\ 1 \\ 2 \\ 1 \end{bmatrix}$

5. $\begin{bmatrix} 6 & -2 \\ 12 & 8 \end{bmatrix} = \begin{bmatrix} 1 & 0 \\ 2 & 1 \end{bmatrix} \begin{bmatrix} 6 & -2 \\ 0 & 12 \end{bmatrix} = \begin{bmatrix} 2 & 0 \\ 4 & 2 \end{bmatrix} \begin{bmatrix} 3 & -1 \\ 0 & 6 \end{bmatrix}$

7. $A = \begin{bmatrix} 1 & 0 & 0 & 0 \\ 2 & 1 & 0 & 0 \\ 1 & \frac{1}{2} & 1 & 0 \\ -3 & 4 & -1 & 1 \end{bmatrix} \begin{bmatrix} 3 & 1 & 3 & -4 \\ 0 & 2 & 2 & -2 \\ 0 & 0 & 1 & 4 \\ 0 & 0 & 0 & -4 \end{bmatrix}$

9. $\begin{bmatrix} 1 & 0 & 0 \\ 0 & 1 & 0 \\ 0 & 0 & 1 \end{bmatrix} \begin{bmatrix} 1 & 0 & 1 & -2 \\ 0 & 3 & 3 & 1 \\ 0 & 0 & 0 & 5 \end{bmatrix}$

11. (1) $A = \begin{bmatrix} 1 & 0 \\ \alpha & 1 \end{bmatrix} \begin{bmatrix} \beta & \gamma \\ 0 & \delta \end{bmatrix} = \begin{bmatrix} 1 & 0 \\ p & 1 \end{bmatrix} \begin{bmatrix} q & r \\ 0 & s \end{bmatrix}$이라고 하자. 이 때, 행렬 A의 1행 1열의 성분이 $a \neq 0$이므로, $\beta \neq 0$, $q \neq 0$이다. 한편,

$$\begin{bmatrix} 1 & 0 \\ \alpha & 1 \end{bmatrix} \begin{bmatrix} \beta & \gamma \\ 0 & \delta \end{bmatrix} = \begin{bmatrix} \beta & \gamma \\ \alpha\beta & \alpha\gamma + \delta \end{bmatrix}, \quad \begin{bmatrix} 1 & 0 \\ p & 1 \end{bmatrix} \begin{bmatrix} q & r \\ 0 & s \end{bmatrix} = \begin{bmatrix} q & r \\ pq & pr + s \end{bmatrix}$$

이고, 우변의 두 행렬이 같으므로 등식

$$\beta = q, \ \gamma = r, \ \alpha\beta = pq, \ \alpha\gamma + \delta = pr + s$$

이 성립한다. 그러므로 이들 식으로부터

$$\alpha = p, \ \beta = q, \ \gamma = r, \ \delta = s$$

를 얻는다. 그러므로 문제에서 기술된 조건을 만족하는 LU분해는 유일하다.

(2) $A = \begin{bmatrix} a & b \\ c & d \end{bmatrix} = \begin{bmatrix} 1 & 0 \\ \frac{c}{a} & 1 \end{bmatrix} \begin{bmatrix} a & b \\ 0 & \frac{ad - bc}{a} \end{bmatrix}$

1.6 행렬식

1. (1) 22 (2) 5 (3) -4 (4) 6 (5) $a^2d^2-2abcd+b^2c^2$ (6) 0

3. (1) $x=0$을 대입하면 행렬 $A=\begin{bmatrix}0&0&2\\2&1&1\\0&0&-5\end{bmatrix}$의 두 행이 비례하므로 $\det A=0$.

$x=2$를 대입하면 행렬 $B=\begin{bmatrix}4&2&2\\2&1&1\\0&0&-5\end{bmatrix}$의 두 행이 비례하므로 $\det B=0$.

(2) $$\det\begin{bmatrix}b+c&c+a&b+a\\a&b&c\\1&1&1\end{bmatrix}=\det\begin{bmatrix}a+b+c&a+b+c&a+b+c\\a&b&c\\1&1&1\end{bmatrix}$$
$$=(a+b+c)\cdot\det\begin{bmatrix}1&1&1\\a&b&c\\1&1&1\end{bmatrix}=0$$

5. $\det A=-17=\det(A^t)$

7. $$\det\begin{bmatrix}1&1&1\\a&b&c\\a^2&b^2&c^2\end{bmatrix}=\det\begin{bmatrix}0&1&1\\a-b&b&c\\a^2-b^2&b^2&c^2\end{bmatrix}=(a-b)\det\begin{bmatrix}0&1&1\\1&b&c\\a+b&b^2&c^2\end{bmatrix}$$
$$=(a-b)\det\begin{bmatrix}0&0&1\\1&b-c&c\\a+b&b^2-c^2&c^2\end{bmatrix}=(a-b)(b-c)\det\begin{bmatrix}0&0&1\\1&1&c\\a+b&b+c&c^2\end{bmatrix}$$
$$=(a-b)(b-c)\det\begin{bmatrix}1&1\\a+b&b+c\end{bmatrix}=(a-b)(b-c)(c-a)$$

9. $k\neq 0,\ 2$

11. $\sin^2\theta+\cos^2\theta=1$

13. $d_2=d_1+\lambda$

15. 구하는 직선의 방정식을 $ax+by+c=0$이라 하고 직선 위의 임의의 점을 $(x,\ y)$라고 하면, 다음 세 등식이 성립한다.

$$ax+by+c=0$$
$$aa_1+bb_1+c=0$$
$$aa_2+bb_2+c=0$$

그런데 a, b, c 중에서 적어도 하나는 0이 아니므로 다음 등식이 성립한다.

$$\det\begin{bmatrix} x & y & 1 \\ a_1 & b_1 & 1 \\ a_2 & b_2 & 1 \end{bmatrix} = 0$$

1.7 역행렬과 크래머의 법칙

1. 모두 0이다.

3. $\det A = 1$이므로 $A^{-1} = \operatorname{adj} A$이고, $\det(A^{-1}) = 1$이므로 $(A^{-1})^{-1} = \operatorname{adj}(A^{-1})$이다.

따라서 $\operatorname{adj}(\operatorname{adj} A) = \operatorname{adj}(A^{-1}) = (A^{-1})^{-1} = A$

5. (1) $\begin{bmatrix} -4 & 3 & 0 & -1 \\ 2 & -1 & 0 & 0 \\ -7 & 0 & -1 & 8 \\ 6 & 0 & 1 & -7 \end{bmatrix}$

(2) (1)의 결과와 같다.

(3) 행렬의 성분 중에 0이 많을 경우에는 수반행렬을 이용하여 역행렬을 구하는 것이 조금 더 간단하고, 문제에 주어진 행렬과 같이 1이 많을 경우에는 기본행연산을 시행하여 역행렬은 구하는 것이 조금 더 간단할 수도 있다.

그러나 일반적으로 수반행렬을 이용하여 역행렬을 구하는 것과 기본행연산을 시행하여 역행렬은 구하는 것은 행렬에 따라 서로 장단점이 있기 때문에 일률적으로 어떤 방법이 더 간단하다고 말할 수는 없다.

7. $\operatorname{adj} A = (\det A) A^{-1} \cdots (*)$이므로 $\left(\dfrac{1}{\det A} A\right)(\operatorname{adj} A) = I$이다. 따라서 $\operatorname{adj} A$는 정칙행렬이고

$$(\operatorname{adj} A)^{-1} = \frac{1}{\det A} A \cdots ①$$

이다. 또한, (*) 식의 A 대신에 A^{-1}을 대입하면

$$\operatorname{adj}(A^{-1}) = \det(A^{-1}) A = \frac{1}{\det A} A \cdots ②$$

그러므로 ①, ②에 의하여

$$(\operatorname{adj} A)^{-1} = \frac{1}{\det A} A = \operatorname{adj}(\mathrm{A}^{-1})$$

9. $\det(B^{-1}AB) = \det(B^{-1})\det A \det B = \dfrac{1}{\det B}\det A \det B = \det A$

11. $M_{ij} = \det A_{ij}$이고 $C_{ij} = (-1)^{i+j}\det A_{ij}$이므로, $M_{ij} = C_{ij}$이기 위한 필요충분조건은 $i+j$가 짝수인 것이다.

2.1 벡터공간

1. (1) $(f+\mathbf{0})(x) = f(x) + \mathbf{0}(x) = f(x)$. 따라서 $f + \mathbf{0} = f$. 같은 방법으로 $\mathbf{0} + f = f$.
또한, $(f+(-f))(x) = f(x) + (-f(x)) = 0 = \mathbf{0}(x)$. 따라서 $f + (-f) = \mathbf{0}$.
같은 방법으로 $(-f) + f = \mathbf{0}$을 증명할 수 있다.

(2) $a(f+g)(x) = a(f(x)+g(x)) = (af)(x) + (ag)(x)$. 따라서 $a(f+g) = af + ag$.
같은 방법으로 $(a+b)f = af + bf$, $(ab)f = a(bf)$, $1f = f$를 증명할 수 있다.

3. (1) $\mathbf{v} + \mathbf{w} = \mathbf{0} \Rightarrow (-\mathbf{v}) + \mathbf{v} + \mathbf{w} = -\mathbf{v}$
$\Rightarrow \mathbf{0} + \mathbf{w} = -\mathbf{v}$
$\Rightarrow \mathbf{w} = -\mathbf{v}$

(2) $\mathbf{v} + \mathbf{w} = \mathbf{v} \Rightarrow (-\mathbf{v}) + \mathbf{v} + \mathbf{w} = (-\mathbf{v}) + \mathbf{v}$
$\Rightarrow \mathbf{w} = \mathbf{0}$

(3) $a\mathbf{v} = a\mathbf{w},\ a \neq 0 \Rightarrow \dfrac{1}{a}(a\mathbf{v}) = \dfrac{1}{a}(a\mathbf{w})$
$\Rightarrow 1\mathbf{v} = 1\mathbf{w}$
$\Rightarrow \mathbf{v} = \mathbf{w}$

5. (1) 벡터공간이다.
(2) 벡터공간이 아니다. A.4, 스칼라 곱셈이 정의되지 않는다.
(3) 벡터공간이 아니다. 덧셈이 정의되지 않는다. A.3, A.4, 스칼라 곱셈이 정의되지 않는다.
(4) 벡터공간이다.
(5) 벡터공간이다.
(6) 벡터공간이다.

7. (1) 벡터공간 (2) 벡터공간이 아님 (3) 벡터공간이 아님 (4) 벡터공간이 아님

9. 벡터공간이다.

2.2 부분공간

1. (1) (i) 임의의 $a \in \mathbb{R}$ 와 $(k, 3k) \in A$에 대하여 $a(k, 3k) = (ak, 3ak) \in A$

(ii) 임의의 $(k, 3k), (s, 3s) \in A$에 대하여

$$(k, 3k) + (s, 3s) = (k+s, 3(k+s)) \in A$$

그러므로, A는 $\mathbb{R}^2$의 부분공간이다.

(2) $\frac{1}{2}(1,1) = (\frac{1}{2}, \frac{1}{2}) \notin \mathbb{Z}^2$. 따라서 $\mathbb{Z}^2$는 $\mathbb{R}^2$의 부분공간이 아니다.

(3) $\mathbf{0} = (0,0) \notin S$이므로 S는 부분공간이 아니다.

(4) (i) 임의의 $k \in \mathbb{R}$ 와 $(2a+3b, 4a+6b) \in W$에 대하여

$$k(2a+3b, 4a+6b) = (2ka+3kb, 4ka+6kb) \in W$$

(ii) 임의의 $(2a+3b, 4a+6b), (2c+3d, 4c+6d) \in W$에 대하여

$$\begin{aligned}&(2a+3b, 4a+6b) + (2c+3d, 4c+6d)\\&= (2(a+c)+3(b+d), 4(a+c)+6(b+d)) \in W\end{aligned}$$

따라서 W는 $\mathbb{R}^2$의 부분공간이다.

3. $\begin{bmatrix} 1 & 1 & -1 & 0 \\ 3 & -1 & 5 & 0 \end{bmatrix} \to \begin{bmatrix} 1 & 0 & 1 & 0 \\ 0 & 1 & -2 & 0 \end{bmatrix}$이므로 $\begin{cases} x_1 + x_3 = 0 \\ x_2 - 2x_3 = 0 \end{cases}$

$x_3 = t$로 놓으면, $x_1 = -t, x_2 = 2t$. 따라서 $W_1 \cap W_2 = \{t(-1, 2, 1) \mid t \in \mathbb{R}\}$

5. $W_1 = \{(t, 2t, 5t) \mid t \in \mathbb{R}\} = \{t(1, 2, 5) \mid t \in \mathbb{R}\}$,

$W_2 = \{(-2s, 3s, s) \mid s \in \mathbb{R}\} = \{s(-2, 3, 1) \mid s \in \mathbb{R}\}$

는 모두 직선이므로 $W_1 + W_2$는 평면이다.

구하는 평면의 방정식을 $ax + by + cz = 0$이라 하고 평면 위의 임의의 점을 (x, y, z)라고 하면,

$$\begin{cases} ax + by + cz = 0 \\ a + 2b + 5c = 0 \\ -2a + 3b + c = 0 \end{cases}$$

위 식에서 a, b, c 중 적어도 하나는 0이 아니므로

$$\det\begin{bmatrix} x & y & z \\ 1 & 2 & 5 \\ -2 & 3 & 1 \end{bmatrix} = 0$$

이 성립하고, 이 식을 간단히 하면 $17x - 11y + 7z = 0$. 따라서

$$W_1 + W_2 = \{(x, y, z) \mid 17x - 11y + 7z = 0\}$$

7. (1) 부분공간 (2) 부분공간이 아님 (3) 부분공간 (4) 부분공간
(5) 부분공간 (6) 부분공간이 아님 (7) 부분공간 (8) 부분공간이 아님

9. $(0, 0) \in \triangle$ 이므로 $\triangle$는 공집합이 아니다.
임의의 $(\mathbf{w}_1, \mathbf{w}_1), (\mathbf{w}_2, \mathbf{w}_2) \in \triangle$, $a \in \mathbb{R}$ 에 대하여

$$(\mathbf{w}_1, \mathbf{w}_1) + (\mathbf{w}_2, \mathbf{w}_2) = (\mathbf{w}_1 + \mathbf{w}_2, \mathbf{w}_1 + \mathbf{w}_2) \in \triangle, \ a(\mathbf{w}_1, \mathbf{w}_1) = (a\mathbf{w}_1, a\mathbf{w}_1) \in \triangle$$

이므로 정리 2.2.2에 의하여 $\triangle$는 $V \times V$의 부분공간이다.

11. (1) xy-평면 (2) 직선 $y = x$와 z축을 품는 평면 (3) $\mathbb{R}^3$ (4) $\mathbb{R}^3$

2.3 일차독립성과 일차종속성

1. (1), (3), (4)

3. 집합 $\{\mathbf{v} = (a, b), \ \mathbf{w} = (c, d)\}$가 일차종속이기 위한 필요충분조건은 적어도 하나는 0이 아닌 실수 $a_1, a_2 \in \mathbb{R}$ 에 대하여

$$a_1(a, b) + a_2(c, d) = (0, 0)$$

이 성립하는 것이다. 따라서 $a_1 \neq 0$이라고 가정하면,

$$a_1(a, b) + a_2(c, d) = (0, 0) \iff (a, b) = -\frac{a_2}{a_1}(c, d) \iff \det\begin{bmatrix} a & b \\ c & d \end{bmatrix} = 0$$

그러므로 $\{\mathbf{v}, \mathbf{w}\}$가 일차독립 $\iff \det\begin{bmatrix} a & b \\ c & d \end{bmatrix} \neq 0$

5. (1) 일차종속 (2) 일차종속

7. (1) $3(2, -4) + 6(1, 3) + 2(-6, -3) = (0, 0)$. 따라서 $\{\mathbf{v}_1, \mathbf{v}_2, \mathbf{v}_3\}$는 일차종속이다.
(2) $\mathbf{v}_3 \in \mathrm{lin}\{\mathbf{v}_1, \mathbf{v}_2\}$이고, $\{\mathbf{v}_1, \mathbf{v}_2\}$는 일차독립이므로 $\mathrm{lin}\{\mathbf{v}_1, \mathbf{v}_2, \mathbf{v}_3\} = \mathrm{lin}\{\mathbf{v}_1, \mathbf{v}_2\} = \mathbb{R}^2$
(3) $(5, 0) = (3 + 3t)\mathbf{v}_1 + (4 + 6t)\mathbf{v}_2 + 2t\mathbf{v}_3$, $(t \in \mathbb{R})$

9. (1) $\{\mathbf{u}, \mathbf{v}\}$가 일차독립이라 하고, $a_1\mathbf{u} + a_2(\mathbf{u} + \mathbf{v}) = \mathbf{0}$ 즉, $(a_1 + a_2)\mathbf{u} + a_2\mathbf{v} = \mathbf{0}$이라 하자.
그러면 $a_1 + a_2 = 0$, $a_2 = 0$이 되어 $a_1 = a_2 = 0$. 따라서 $\{\mathbf{u}, \mathbf{u} + \mathbf{v}\}$는 일차독립이다.
역으로 $\{\mathbf{u}, \mathbf{u} + \mathbf{v}\}$가 일차독립이라 하고, $a_1\mathbf{u} + a_2\mathbf{v} = \mathbf{0}$이라 하자.
그러면 $(a_1 - a_2)\mathbf{u} + a_2(\mathbf{u} + \mathbf{v}) = \mathbf{0}$이 되어 $a_1 - a_2 = 0, a_2 = 0$ 즉, $a_1 = a_2 = 0$이다.

그러므로 $\{\mathbf{u}, \mathbf{v}\}$는 일차독립이다.

(2) $\{\mathbf{u}, \mathbf{v}, \mathbf{w}\}$를 일차독립이라 하고, $a(\mathbf{u}+\mathbf{v})+b(\mathbf{u}+\mathbf{w})+c(\mathbf{v}+\mathbf{w})=\mathbf{0}$이라고 하자. 그러면 $(a+b)\mathbf{u}+(a+c)\mathbf{v}+(b+c)\mathbf{w}=\mathbf{0}$이므로 $a+b=0, a+c=0, b+c=0$ 즉 $a=b=c=0$이다. 따라서 $\{\mathbf{u}+\mathbf{v}, \mathbf{u}+\mathbf{w}, \mathbf{v}+\mathbf{w}\}$는 일차독립이다.

역으로, $\{\mathbf{u}+\mathbf{v}, \mathbf{u}+\mathbf{w}, \mathbf{v}+\mathbf{w}\}$가 일차독립이라 하고 $a\mathbf{u}+b\mathbf{v}+c\mathbf{w}=\mathbf{0}$이라 하자. 그러면

$$\frac{a+b-c}{2}(\mathbf{u}+\mathbf{v})+\frac{a-b+c}{2}(\mathbf{u}+\mathbf{w})+\frac{b-a+c}{2}(\mathbf{v}+\mathbf{w})=\mathbf{0}$$

이다. 따라서

$$\frac{a+b-c}{2}=0,\quad \frac{a-b+c}{2}=0,\quad \frac{b-a+c}{2}=0$$

이고, 이로부터 $a=b=c=0$이다. 그러므로 $\{\mathbf{u}, \mathbf{v}, \mathbf{w}\}$는 일차독립이다.

11. (1) 속한다. $s(x)=(3+2t)p(x)+(1+t)q(x)+tr(x),\ t\in\mathbb{R}$

(2) 속하지 않는다.

13. 다음을 만족하는 스칼라 c_1, c_2, c_2를 구해보자.

$$c_1(1+x)+c_2(x+x^2)+c_3(1+x^2)=0$$

이 식을 x의 차수별로 정리하면

$$(c_1+c_3)+(c_1+c_2)x+(c_2+c_3)x^2=0$$

이고, 양변의 x차수의 계수를 비교하여 다음의 연립방정식을 얻는다.

$$\begin{cases} c_1+c_3=0 \\ c_1+c_2=0 \\ c_2+c_3=0 \end{cases}$$

이 연립방정식의 해는 $c_1=c_2=c_3=0$이다. 따라서 $1+x, x+x^2, 1+x^2$는 일차독립이다.

15. 생성한다.

2.4 기저와 차원

1. (1) $\det\begin{bmatrix} 2 & 1 \\ -3 & 4 \end{bmatrix}=11\neq 0$이므로 S는 $\mathbb{R}^2$의 기저이다.

(2) $\det\begin{bmatrix}10 & -15\\ 6 & -9\end{bmatrix}=0$이므로 S는 $\mathbb{R}^2$의 기저가 아니다.

3. (1) 기저이다. (2) 기저가 아니다. (3) 기저가 아니다.

5. $\{(4,-7),(1,0)\}$, $\{(4,-7),(0,1)\}$

7. $a_1\mathbf{u}+a_2(\mathbf{u}+\mathbf{v})+a_3(\mathbf{u}+\mathbf{v}+\mathbf{w})=\mathbf{0}$이라고 하자. 그러면

$$(a_1+a_2+a_3)\mathbf{u}+(a_2+a_3)\mathbf{v}+a_3\mathbf{w}=\mathbf{0}$$

이 되어

$$a_1+a_2+a_3=0,\ a_2+a_3=0,\ a_3=0 \text{ 즉, } a_1=a_2=a_3=0.$$

따라서 $\beta=\{\mathbf{u},\ \mathbf{u}+\mathbf{v},\ \mathbf{u}+\mathbf{v}+\mathbf{w}\}$는 일차독립이다.
한편, V는 3차원공간이다. 그러므로 β는 V의 기저이다.

9. (1) $\{(1,0,0,1),(0,1,-1,0)\}$
(2) $\{1+x^3,\ x-x^2\}$
(3) $\left\{\begin{bmatrix}1 & 0\\ 0 & 1\end{bmatrix},\begin{bmatrix}0 & 1\\ -1 & 0\end{bmatrix}\right\}$

11. (1) 기저이다. (2) 기저가 아니다. (3) 기저이다. (4) 기저이다.

13. $\{\sin^2 x,\ \cos^2 x\}$

15. 집합 $\{1+x,1-x,x^2\}$은 $\{1+x,1-x\}$를 포함하는 $P_2(\mathbb{R})$의 한 기저이다.

2.5 행렬의 행공간과 열공간

1. (1) $1\begin{bmatrix}2\\ -1\end{bmatrix}+2\begin{bmatrix}3\\ 4\end{bmatrix}$ (2) $-2\begin{bmatrix}4\\ 3\\ 0\end{bmatrix}+3\begin{bmatrix}0\\ 6\\ -1\end{bmatrix}+5\begin{bmatrix}-1\\ 2\\ 4\end{bmatrix}$

(3) $3\begin{bmatrix}2\\ 6\end{bmatrix}+0\begin{bmatrix}1\\ 3\end{bmatrix}+(-5)\begin{bmatrix}5\\ -8\end{bmatrix}$

3. (1) $\{t(16,19,1)\mid t\in\mathbb{R}\}$ (2) $\left\{t\left(\frac{1}{2},0,1\right)\mid t\in\mathbb{R}\right\}$

5. (1) 열공간의 기저 : $\left\{\begin{bmatrix}1\\2\\0\end{bmatrix}, \begin{bmatrix}-1\\6\\-8\end{bmatrix}\right\}$, 퇴화공간의 기저 : $\{(-2, 1, 0)\}$

(2) 열공간의 기저 : $\left\{\begin{bmatrix}2\\4\\0\end{bmatrix}\right\}$, 퇴화공간의 기저 : $\left\{(0, 1, 0), (\frac{1}{2}, 0, 1)\right\}$

(3) 열공간의 기저 : $\left\{\begin{bmatrix}1\\1\\2\end{bmatrix}, \begin{bmatrix}0\\1\\0\end{bmatrix}, \begin{bmatrix}1\\2\\4\end{bmatrix}\right\}$, 퇴화공간의 기저 : $\{(-1, -1, 1, 0)\}$

7. $\{(2, -3, 1), (1, 4, -2), (3, 5, -8)\}$

9. (1) 행공간의 기저 : $\{(1, -3, 0, 0), (0, 1, 0, 0)\}$, 열공간의 기저 : $\left\{\begin{bmatrix}1\\0\\0\\0\end{bmatrix}, \begin{bmatrix}-3\\1\\0\\0\end{bmatrix}\right\}$

(2) 행공간의 기저 : $\{(1, 2, 4, 5), (0, 1, -3, 0), (0, 0, 1, -3), (0, 0, 0, 1)\}$,

열공간의 기저 : $\left\{\begin{bmatrix}1\\0\\0\\0\\0\end{bmatrix}, \begin{bmatrix}2\\1\\0\\0\\0\end{bmatrix}, \begin{bmatrix}4\\-3\\1\\0\\0\end{bmatrix}, \begin{bmatrix}5\\0\\-3\\1\\0\end{bmatrix}\right\}$

(3) 행공간의 기저 : $\{(1, 2, -1, 5), (0, 1, 4, 3), (0, 0, 1, -7), (0, 0, 0, 1)\}$,

열공간의 기저 : $\left\{\begin{bmatrix}1\\0\\0\\0\end{bmatrix}, \begin{bmatrix}2\\1\\0\\0\end{bmatrix}, \begin{bmatrix}-1\\4\\1\\0\end{bmatrix}, \begin{bmatrix}5\\3\\-7\\1\end{bmatrix}\right\}$

11. $\mathrm{v}_1 = (-3, 1, 0, 0, 0, 0)$, $\mathrm{v}_2 = (-4, 0, -2, 1, 0, 0)$, $\mathrm{v}_3 = (-2, 0, 0, 0, 1, 0)$

13. 행렬 $\begin{bmatrix}3 & 2\\6 & 4\end{bmatrix}$와 같이 두 개의 행벡터가 $(2, -3)$과 수직인 모든 2×2 행렬

2.6 행렬의 계수와 퇴화차수

1. (1) $r(A) = 2,\ n(A) = 1$

(2) $r(A) = 3,\ n(A) = 1$

(3) $r(A) = 3,\ n(A) = 2$

(4) $r(A) = 2,\ n(A) = 4$

3. $r(A) = r(A^t) = 3$

5. $A \neq O$이면 $r(A) \geq 1$이다. 따라서 $r(A) = 0$이면 $A = O$이다.

7. 2, 3, 4, 5

9. $r = 2$, $s = 1$일 때 행렬 A의 계수가 2이며, 어떤 경우에도 행렬 A의 계수가 1이 되지는 않는다.

11. A의 행공간 = $\text{lin}\{\mathbf{r}_1, \mathbf{r}_2, \cdots, \mathbf{r}_m\}$을 만족하는 A의 행벡터들을 $\mathbf{r}_1, \mathbf{r}_2, \cdots, \mathbf{r}_m$이라 하자. $\mathbf{x}$가 A의 퇴화공간에 속하는 임의의 벡터라고 하면 $A\mathbf{x} = \mathbf{0}$이므로 각 $i = 1, 2, \cdots, m$에 대하여 $\mathbf{r}_i \cdot \mathbf{x} = 0$이다. 이제 $\mathbf{r}$을 A의 행공간 속에 속하는 임의의 벡터라고 하면

$$\mathbf{r} = k_1\mathbf{r}_1 + k_2\mathbf{r}_2 + \cdots + k_m\mathbf{r}_m$$

이 성립함으로

$$\mathbf{r} \cdot \mathbf{x} = (k_1\mathbf{r}_1 + \mathrm{k}_2\mathbf{r}_2 + \cdots + \mathrm{k}_\mathrm{m}\mathbf{r}_\mathrm{m}) \cdot \mathbf{x} = k_1(\mathbf{r}_1 \cdot \mathbf{x}) + k_2(\mathbf{r}_2 \cdot \mathbf{x}) + \cdots + k_m(\mathbf{r}_\mathrm{m} \cdot \mathbf{x}) = 0$$

13. 행렬 AB의 열벡터들이 일차독립이면 대응하는 B의 열벡터들도 일차독립이다. 따라서 AB에서 일차독립인 열의 최대개수는 B에서 일차독립인 열의 최대개수를 초과할 수 없다. 그러므로 행렬 AB의 계수는 행렬 B의 계수보다 작거나 같다.

3.1 선형변환

1. (2), (3)

3. (1) y축 대칭이동 (2) x축 대칭이동 (3) 원점 대칭이동
(4) x축으로 확대 (5) k배 확대 $(k > 1)$ 또는 k배 축소 $(0 < k < 1)$

5. $(T_2 \circ T_1)\begin{bmatrix} x_1 \\ x_2 \end{bmatrix} = \begin{bmatrix} -x_1 \\ 5x_1 + 2x_2 \end{bmatrix}$

$(T_1 \circ T_2)\begin{bmatrix} x_1 \\ x_2 \end{bmatrix} = \begin{bmatrix} 3x_1 - x_2 \\ 4x_1 - 2x_2 \end{bmatrix}$

7. (1) $\begin{bmatrix} 2 & -1 \\ 1 & 1 \end{bmatrix}$, 2×2 행렬 (2) $\begin{bmatrix} 1 & 2 & 1 \\ 1 & 5 & 0 \\ 0 & 0 & 1 \end{bmatrix}$, 3×3 행렬

(3) $\begin{bmatrix} 7 & 0 & 1 \\ 0 & 1 & 0 \\ 1 & 0 & 0 \\ -1 & 2 & 0 \end{bmatrix}$, 4×3 행렬 (4) $\begin{bmatrix} 0 & 0 & 0 & 1 \\ 1 & 0 & 0 & 0 \\ 0 & 0 & 1 & 0 \\ 1 & 0 & -1 & 0 \end{bmatrix}$, 4×4 행렬

9. (1) $A=\begin{bmatrix} 1 & 0 \\ 0 & 0 \end{bmatrix}$, $B=\begin{bmatrix} 0 & 0 \\ 0 & 1 \end{bmatrix}$이라 두면 $A+B=\begin{bmatrix} 1 & 0 \\ 0 & 1 \end{bmatrix}$이다. 따라서

$$T(A+B)=\det(A+B)=\begin{vmatrix} 1 & 0 \\ 0 & 1 \end{vmatrix}=1,\quad T(A)+T(B)=0+0$$

이 되어 $T(A+B)\neq T(A)+T(B)$

(2) $x=1$, $y=2$라 두면

$$T(x+y)=T(3)=2^3=8\neq 6=2^1+2^2=T(x)+T(y)$$

(3) $x=1$, $y=2$라 두면

$$T(x+y)=T(3)=3+1=4\neq 5=(1+1)+(2+1)=T(x)+T(y)$$

3.2 선형변환의 상공간과 핵

1. (1) $\text{im }T=\text{lin}\left\{\begin{bmatrix} 1 \\ 2 \end{bmatrix}\right\}$, $\ker T=\text{lin}\left\{\begin{bmatrix} -1 \\ 1 \end{bmatrix}\right\}$

(2) $\text{im }T=\text{lin}\left\{\begin{bmatrix} 1 \\ 0 \\ 0 \end{bmatrix}, \begin{bmatrix} 4 \\ 1 \\ 0 \end{bmatrix}\right\}$, $\ker T=\text{lin}\left\{\begin{bmatrix} -1 \\ -1 \\ 1 \\ 0 \end{bmatrix}, \begin{bmatrix} 2 \\ -4 \\ 0 \\ 7 \end{bmatrix}\right\}$

3. (1) $\text{im }T=\mathbb{R}$, $\ker T=\left\{\begin{bmatrix} a & 0 \\ 0 & d \end{bmatrix} \mid a+d=0,\ a,\ d\in\mathbb{R}\right\}$

(2) $\text{im }T=\left\{\begin{bmatrix} a & 0 \\ 0 & d \end{bmatrix} \mid a, d\in\mathbb{R}\right\}$, $\ker T=\left\{\begin{bmatrix} 0 & b \\ c & 0 \end{bmatrix} \mid b, c\in\mathbb{R}\right\}$

(3) $\text{im }T=\mathbb{R}^2$, $\ker T=\{a+a-ax^2 \mid a\in\mathbb{R}\}$

(4) $\text{im }T=\{ax+bx^2 \mid a, b\in\mathbb{R}\}$, $\ker T=\{a \mid a\in\mathbb{R}\}$

5. (1) 임의의 벡터 $\begin{bmatrix} a \\ b \\ c \end{bmatrix}, \begin{bmatrix} d \\ e \\ f \end{bmatrix}\in\mathbb{R}^3$와 실수 $k\in\mathbb{R}$에 대하여

$$T\left(\begin{bmatrix} a \\ b \\ c \end{bmatrix}+\begin{bmatrix} d \\ e \\ f \end{bmatrix}\right)=(a+d)+(b+e)x+(c+f)x^2$$

$$= a + bx + cx^2 + d + ex + fx^2$$

$$= T\begin{bmatrix} a \\ b \\ c \end{bmatrix} + T\begin{bmatrix} d \\ e \\ f \end{bmatrix}$$

$$T(k\begin{bmatrix} a \\ b \\ c \end{bmatrix}) = ka + kbx + kcx^2 = kT\begin{bmatrix} a \\ b \\ c \end{bmatrix}$$

따라서 T는 선형변환이다. 또한, $\ker T = \left\{\begin{bmatrix} 0 \\ 0 \\ 0 \end{bmatrix}\right\}$이므로 T는 일대일 변환이고,

$\mathrm{im}\, T = P_2(\mathbb{R})$이므로 T는 위로의 변환이다. 그러므로 T는 동형변환이다.

(2) (1)번과 유사한 방법으로 증명할 수 있다.

7. (1) $T^{-1}\begin{bmatrix} y_1 \\ y_2 \\ y_3 \end{bmatrix} = \begin{bmatrix} 3y_1 - 5y_2 - 5y_2 \\ -3y_1 + 4y_2 + 5y_3 \\ 2y_1 - 24y_2 - 3y_3 \end{bmatrix}$

(2) 역변환을 갖지 않는다.

9. 스칼라 $c_1, c_2, \cdots, c_k$ 에 대하여

$$c_1 T(\mathbf{v}_1) + c_2 T(\mathbf{v}_2) \cdots + c_k T(\mathbf{v}_k) = \mathbf{0}$$

임을 가정하자. 그러면 $T(c_1\mathbf{v}_1 + c_2\mathbf{v}_2 \cdots + c_k\mathbf{v}_k) = \mathbf{0}$이므로 $c_1\mathbf{v}_1 + c_2\mathbf{v}_2 \cdots + c_k\mathbf{v}_k$는 $\ker(T)$에 속한다. 한편, T가 일대일변환이므로 $\ker(T) = \{\mathbf{0}\}$이다. 따라서

$$c_1\mathbf{v}_1 + c_2\mathbf{v}_2 \cdots + c_k\mathbf{v}_k = \mathbf{0}$$

이다. 가정에서 $\{\mathbf{v}_1, \mathbf{v}_2, \cdots, \mathbf{v}_k\}$가 일차독립이므로, 모든 스칼라 c_i는 0이다. 따라서 $\{T(\mathbf{v}_1), T(\mathbf{v}_2), \cdots, T(\mathbf{v}_k)\}$는 일차독립이다.

11. 임의의 $f(x), g(x) \in C(\mathbb{R})$ 와 $a \in \mathbb{R}$ 에 대하여

$$T(f(x) + g(x)) = \int_0^x (f(t) + g(t))dt$$

$$= \int_0^x f(t)dt + \int_0^x g(t)dt = T(f(x)) + T(g(x))$$

$$T(af(x)) = \int_0^x af(t)dt = a\int_0^x f(t)dt = a\,T(f(x))$$

따라서 T는 벡터공간 $C(\mathbb{R})$ 위의 선형변환이다. 또한,

$$\ker T = \{f(x) \in C(\mathbb{R} \mid T(f(x)) = 0\}$$

$$= \left\{ f(x) \in C(\mathbb{R} \mid \int_0^x f(t)dt = 0 \right\} = \{0\}$$

이므로 T는 일대일 변환이다. 그러나 $T(f(x)) = 1$ 을 만족하는 $f(x) \in C(\mathbb{R})$는 존재하지 않으므로 T는 위로의 변환은 아니다. 실제로, $T(f(x)) = 1$ 즉,

$$\int_0^x f(t)dt = 1$$

을 만족하는 $f(x) \in C(\mathbb{R})$가 존재한다면, 이 등식의 양변을 미분하여 $f(x) = 0$이 되지만, 이것은 $\int_0^x 0\,dt = 1$이 되어 모순이다.

3.3 유한차원 벡터공간 사이의 선형변환

1. $A = \begin{bmatrix} 4 & 2 \\ 3 & 2 \end{bmatrix} \begin{bmatrix} 7 & 3 \\ 5 & 2 \end{bmatrix}^{-1} = \begin{bmatrix} 4 & 2 \\ 3 & 2 \end{bmatrix} \begin{bmatrix} -2 & 3 \\ 5 & -7 \end{bmatrix} = \begin{bmatrix} 2 & -2 \\ 4 & -5 \end{bmatrix}$

따라서 $T\begin{bmatrix} x_1 \\ x_2 \end{bmatrix} = A\begin{bmatrix} x_1 \\ x_2 \end{bmatrix} = \begin{bmatrix} 2 & -2 \\ 4 & -5 \end{bmatrix}\begin{bmatrix} x_1 \\ x_2 \end{bmatrix} = \begin{bmatrix} 2x_1 - 2x_2 \\ 4x_1 - 5x_2 \end{bmatrix}$

3. (1) $n(T) = 1,\ r(T) = 2$
(2) $n(T) = 0,\ r(T) = 2$
(3) $n(T) = 0,\ r(T) = 3$
(4) $n(T) = 2,\ r(T) = 2$

5. $T(a + bx + cx^2) = a + cx + \left(\dfrac{3a - b - c}{2}\right)x^2$

7. 3차원 벡터공간 : (2), (6), 4차원 벡터공간 : (1), (3), (4), (5)

9. $\dim \mathbb{R}^n = n,\ \dim P_n(\mathbb{R}) = n + 1$이므로 정리 3.3.5에 의하여 동형이 아니다.

3.4 선형변환과 행렬

1. (1) $\begin{bmatrix} 2 \\ -5 \end{bmatrix}$ (2) $\begin{bmatrix} 2 \\ -3 \end{bmatrix}$ (3) $\begin{bmatrix} \frac{1}{2} \\ -\frac{1}{2} \end{bmatrix}$ (4) $\begin{bmatrix} \frac{1}{10} \\ -\frac{17}{20} \end{bmatrix}$

3. (1) $\begin{bmatrix} 2 & 3 & -1 \\ 1 & 0 & 1 \end{bmatrix}$ (2) $\begin{bmatrix} 2 & 0 & -1 \\ 3 & 4 & 0 \end{bmatrix}$

5. (1) $\begin{bmatrix} 1 & 1 & 1 \\ 0 & 2 & 4 \\ 0 & 0 & 4 \end{bmatrix}$ (2) $3+10x+16x^2$

7. (1) $\begin{bmatrix} 3 & 1 & 0 \\ 0 & 3 & 2 \\ 0 & 0 & 3 \end{bmatrix}$

(2) $\mathrm{im}\, T = W$, $\ker T = \{0\}$

9. $\beta = \left\{ \begin{bmatrix} 0 \\ 4 \\ 0 \end{bmatrix}, \begin{bmatrix} -2 \\ 8 \\ 2 \end{bmatrix}, \begin{bmatrix} -\frac{1}{3} \\ -\frac{7}{3} \\ \frac{1}{3} \end{bmatrix} \right\}$

11. (1) $\begin{bmatrix} 0 & 1 & 0 & 0 \\ 0 & 0 & 2 & 0 \\ 0 & 0 & 0 & 3 \end{bmatrix}$

(2) $T(5-x+2x^3) = -1+6x^2$, $T(a+bx+cx^2+dx^3) = b+2cx+3dx^2$

(3) $\begin{bmatrix} 0 & 0 & 1 & 0 \\ 0 & 2 & 0 & 0 \\ 3 & 0 & 0 & 0 \end{bmatrix}$

13. $\begin{bmatrix} 0 & -1 \\ -1 & 0 \end{bmatrix}$

15. (1) $[T]_\beta = \begin{bmatrix} 2 & 0 & 0 \\ 0 & 2 & 1 \\ 0 & -1 & 2 \end{bmatrix}$

(2) $[f(x)]_\beta = \begin{bmatrix} 3 \\ -1 \\ 1 \end{bmatrix}$이므로

$$[T]_\beta [f(x)]_\beta = \begin{bmatrix} 2 & 0 & 0 \\ 0 & 2 & 1 \\ 0 & -1 & 2 \end{bmatrix} \begin{bmatrix} 3 \\ -1 \\ 1 \end{bmatrix} = \begin{bmatrix} 6 \\ -1 \\ 3 \end{bmatrix}$$

따라서 $f'(x) = T(f(x)) = 6e^{2x} - e^{2x}\cos x + 3e^{2x}\sin x \cdots (*)$

또한, $f(x) = 3e^{2x} - e^{2x}\cos x + e^{2x}\sin x$를 직접 미분하면,

$$f'(x) = 6e^{2x} - \{2e^{2x}\cos x - e^{2x}\sin x\} + \{2e^{2x}\sin x + e^{2x}\cos x\}$$
$$= 6e^{2x} - e^{2x}\cos x + 3e^{2x}\sin x$$

가 되어 (*)에서 얻은 결과와 같다.

3.5 기저의 변환

1. (1) $P = \begin{bmatrix} -1 & 1 \\ 1 & -2 \end{bmatrix}$, $P^{-1} = \begin{bmatrix} -2 & -1 \\ -1 & -1 \end{bmatrix}$ (2) $\begin{bmatrix} -2x_1 - x_2 \\ -x_1 - x_2 \end{bmatrix}$

3. (1) $\begin{bmatrix} -\frac{7}{3}x_1 + \frac{8}{3}x_2 + 2x_3 \\ -4x_1 + 4x_2 + 3x_3 \\ x_3 \end{bmatrix}$ (2) $[\mathbf{v}]_\alpha = \begin{bmatrix} -6 \\ 11 \\ 7 \end{bmatrix}$, $[\mathbf{v}]_\beta = \begin{bmatrix} -\frac{34}{3} \\ \frac{35}{3} \\ 7 \end{bmatrix}$

5. $\left\{\begin{bmatrix} 1 \\ 1 \end{bmatrix}, \begin{bmatrix} 3 \\ -2 \end{bmatrix}\right\}$

7. $[\mathrm{T}]_\alpha = \begin{bmatrix} 1 & 0 & 0 \\ 0 & 1 & 0 \\ 0 & 0 & 0 \end{bmatrix}$, $[\mathrm{T}]_\beta = \begin{bmatrix} 1 & 0 & 0 \\ 0 & 1 & 1 \\ 0 & 0 & 0 \end{bmatrix}$

9. (1) $\beta = \left\{\begin{bmatrix} 1 \\ 1 \\ 0 \end{bmatrix}, \begin{bmatrix} 1 \\ 0 \\ 2 \end{bmatrix}, \begin{bmatrix} 0 \\ 2 \\ 1 \end{bmatrix}\right\}$

(2) $\beta = \left\{\begin{bmatrix} \frac{4}{5} \\ \frac{1}{5} \\ -\frac{2}{5} \end{bmatrix}, \begin{bmatrix} \frac{1}{5} \\ -\frac{1}{5} \\ \frac{2}{5} \end{bmatrix}, \begin{bmatrix} -\frac{2}{5} \\ \frac{2}{5} \\ \frac{1}{5} \end{bmatrix}\right\}$

4.1 내적공간

1. (1), (2) 모두 내적이다.

3. $\left(\int_0^1 xe^x dx\right)^2 = 1$, $\int_0^1 x^2 dx = \frac{1}{3}$, $\int_0^1 e^{2x} dx = \frac{e^2-1}{2}$

한편, $1 < \frac{1}{3} \cdot \frac{e^2-1}{2} = \frac{e^2-1}{6}$. 그러므로 Cauchy-Schwartz의 부등식이 성립한다. 같은 방법으로, 삼각부등식이 성립함을 증명할 수 있다.

5. (i) $\langle \mathbf{u}, \mathbf{v} \rangle = \langle \mathbf{u}, \mathbf{v} \rangle_1 + \langle \mathbf{u}, \mathbf{v} \rangle_2 = \langle \mathbf{v}, \mathbf{u} \rangle_1 + \langle \mathbf{v}, \mathbf{u} \rangle_2 = \langle \mathbf{v}, \mathbf{u} \rangle$

(ii) $\langle \mathbf{u}+\mathbf{v}, \mathbf{w} \rangle = \langle \mathbf{u}+\mathbf{v}, \mathbf{w} \rangle_1 + \langle \mathbf{u}+\mathbf{v}, \mathbf{w} \rangle_2$
$= \langle \mathbf{u}, \mathbf{w} \rangle_1 + \langle \mathbf{v}, \mathbf{w} \rangle_1 + \langle \mathbf{u}, \mathbf{w} \rangle_2 + \langle \mathbf{v}, \mathbf{w} \rangle_2$
$= \langle \mathbf{u}, \mathbf{w} \rangle + \langle \mathbf{v}, \mathbf{w} \rangle$

(iii) $\langle k\mathbf{u}, \mathbf{v} \rangle = \langle k\mathbf{u}, \mathbf{v} \rangle_1 + \langle k\mathbf{u}, \mathbf{v} \rangle_2 = k\langle \mathbf{u}, \mathbf{v} \rangle_1 + k\langle \mathbf{u}, \mathbf{v} \rangle_2 = k\langle \mathbf{u}, \mathbf{v} \rangle$

(iv) $\langle \mathbf{u}, \mathbf{u} \rangle = \langle \mathbf{u}, \mathbf{u} \rangle_1 + \langle \mathbf{u}, \mathbf{u} \rangle_2 \geq 0$

$\langle \mathbf{u}, \mathbf{u} \rangle = 0 \Leftrightarrow \mathbf{u} = \mathbf{0}$

따라서 $\langle \ , \ \rangle$는 V 위의 내적이다.

7. (1) (i) $\langle \mathbf{v}, \mathbf{w} \rangle_\alpha = x_1y_1 + \cdots + x_ny_n$
$= y_1x_1 + \cdots + y_nx_n$
$= \langle \mathbf{w}, \mathbf{v} \rangle_\alpha$

(ii) $\langle \mathbf{v}+\mathbf{w}, \mathbf{u} \rangle_\alpha = (x_1+y_1)z_1 + \cdots + (x_n+y_n)z_n$
$= (x_1z_1 + \cdots + x_nz_n) + (y_1z_1 + \cdots + y_nz_n)$
$= \langle \mathbf{v}, \mathbf{u} \rangle_\alpha + \langle \mathbf{w}, \mathbf{u} \rangle_\alpha$

(iii) $\langle k\mathbf{v}, \mathbf{u} \rangle_\alpha = kx_1y_1 + \cdots + kx_ny_n$
$= k\langle \mathbf{u}, \mathbf{v} \rangle_\alpha$

(iv) $\langle \mathbf{v}, \mathbf{v} \rangle_\alpha = x_1^2 + x_2^2 + \cdots + x_n^2 \geq 0$

$\langle \mathbf{v}, \mathbf{v} \rangle_\alpha = 0 \Leftrightarrow \mathbf{v} = \mathbf{0}$

따라서 $\langle \ , \ \rangle_\alpha$는 V 위의 내적이다.

(2) $\langle \mathbf{v}_i, \mathbf{v}_j \rangle = \begin{cases} \langle \mathbf{v}_i, \mathbf{v}_i \rangle = 1 \ ; \ i = j \\ \langle \mathbf{v}_i, \mathbf{v}_j \rangle = 0 \ ; \ i \neq j \end{cases}$

9. (1) 2 (2) 1 (3) 5

11. (1) 거짓 (2) 참 (3) 참 (4) 거짓 (5) 참

4.2 정규직교 기저

1. $\left\{\begin{bmatrix} \frac{3}{5} \\ \frac{4}{5} \end{bmatrix}, \begin{bmatrix} \frac{4}{5} \\ -\frac{3}{5} \end{bmatrix}\right\}, \left\{\begin{bmatrix} \frac{3}{5} \\ \frac{4}{5} \end{bmatrix}, \begin{bmatrix} -\frac{4}{5} \\ \frac{3}{5} \end{bmatrix}\right\}$

3. (1) $\left\{\begin{bmatrix} 1 \\ 0 \\ 0 \end{bmatrix}, \begin{bmatrix} 0 \\ 0 \\ 1 \end{bmatrix}\right\}$

(2) $\left\{\begin{bmatrix} \frac{1}{\sqrt{3}} \\ -\frac{1}{\sqrt{3}} \\ \frac{1}{\sqrt{3}} \end{bmatrix}, \begin{bmatrix} 0 \\ \frac{1}{\sqrt{2}} \\ \frac{1}{\sqrt{2}} \end{bmatrix}\right\}$

(3) $\left\{\begin{bmatrix} \frac{1}{2} \\ \frac{1}{2} \\ \frac{1}{2} \\ \frac{1}{2} \end{bmatrix}, \begin{bmatrix} \frac{1}{\sqrt{6}} \\ 0 \\ -\frac{2}{\sqrt{6}} \\ \frac{1}{\sqrt{6}} \end{bmatrix}, \begin{bmatrix} -\frac{2}{\sqrt{30}} \\ -\frac{3}{\sqrt{30}} \\ \frac{1}{\sqrt{30}} \\ \frac{4}{\sqrt{30}} \end{bmatrix}\right\}$

5. $\mathrm{u}_1 = \begin{bmatrix} \frac{1}{\sqrt{6}} \\ \frac{1}{\sqrt{6}} \\ \frac{1}{\sqrt{6}} \end{bmatrix}$, $\mathrm{u}_2 = \begin{bmatrix} \frac{1}{\sqrt{6}} \\ \frac{1}{\sqrt{6}} \\ -\frac{1}{\sqrt{6}} \end{bmatrix}$, $\mathrm{u}_3 = \begin{bmatrix} \frac{2}{\sqrt{6}} \\ -\frac{1}{\sqrt{6}} \\ 0 \end{bmatrix}$

7. $\mathrm{v}_1 = 1$, $\mathrm{v}_2 = \sqrt{3}\,(2x-1)$, $\mathrm{v}_3 = \sqrt{5}\,(6x^2 - 6x + 1)$

5.1 고윳값과 고유벡터

1. (1) 3　　(2) 3　　(3) 3

3. (1) $\lambda^2 - 2\lambda - 3 = 0$

(2) $(1-\lambda)(\lambda-2)(\lambda-3)=0$

(3) $(1-\lambda)(\lambda^2-6\lambda+13)=0$

5. (1) -1, 5 (2) 1, 3, 7 (3) 0, 2

7. $\begin{bmatrix} 2051 \\ 4093 \end{bmatrix}$

9. A를 $n\times n$행렬이라 가정하자. 먼저 $\lambda=0$이 고유방정식

$$\lambda^n + c_1\lambda^{n-1} + \cdots + c_{n-1}\lambda + c_n = 0$$

의 해이기 위한 필요충분조건은 $c_n=0$이다. 따라서 A가 정칙행렬이기 위한 필요충분조건은 $c_n \neq 0$임을 증명하면 충분하다. 그런데

$$\det(\lambda I - A) = \lambda^n + c_1\lambda^{n-1} + \cdots + c_n$$

이고, $\lambda=0$이라 놓으면

$$\det(-A) = c_n \text{ 또는 } (-1)^n \det A = c_n$$

이다. 마지막 방정식으로부터 $\det A=0$이기 위한 필요충분조건은 $c_n=0$이고, 이것은 또한 A가 정칙행렬이기 위한 필요충분조건이 $c_n \neq 0$임을 뜻한다.

5.2 행렬의 대각화

1. (1) $\lambda=1$에 대응하는 고유공간은 $\left\{ t\begin{bmatrix} -2 \\ 1 \end{bmatrix} \mid t \in \mathbb{R} \right\}$

$\lambda=2$에 대응하는 고유공간은 $\left\{ t\begin{bmatrix} -1 \\ 1 \end{bmatrix} \mid t \in \mathbb{R} \right\}$

(2) $\begin{bmatrix} -1 & -2 \\ 1 & 1 \end{bmatrix}$

(3) $\begin{bmatrix} -1+2^{n+1} & -2+2^{n+1} \\ 1-2^n & 2-2^n \end{bmatrix}$

3. $A^n = \begin{bmatrix} -1 & 1 & 1 \\ 0 & 2 & -1 \\ 1 & 1 & 1 \end{bmatrix} \begin{bmatrix} 3^n & 0 & 0 \\ 0 & 1 & 0 \\ 0 & 0 & 4^n \end{bmatrix} \begin{bmatrix} -\frac{1}{2} & 0 & \frac{1}{2} \\ \frac{1}{6} & \frac{1}{3} & \frac{1}{6} \\ \frac{1}{3} & -\frac{1}{3} & \frac{1}{3} \end{bmatrix}$

5. $f^{100}(x, y, z) = (x, y, z)$

7. 대각화 가능하지 않다.

9. (1) $k=0$ (2) $k=0$

5.3 대칭행렬의 직교대각화

1. (1) $P=\begin{bmatrix} \frac{1}{\sqrt{2}} & \frac{1}{\sqrt{2}} \\ -\frac{1}{\sqrt{2}} & \frac{1}{\sqrt{2}} \end{bmatrix}$, $P^tAP=\begin{bmatrix} 2 & 0 \\ 0 & 4 \end{bmatrix}$

(2) $P=\begin{bmatrix} \frac{1}{\sqrt{10}} & \frac{3}{\sqrt{10}} \\ -\frac{3}{\sqrt{10}} & \frac{1}{\sqrt{10}} \end{bmatrix}$, $P^tAP=\begin{bmatrix} -5 & 0 \\ 0 & 5 \end{bmatrix}$

(3) $P=\begin{bmatrix} 1 & 0 & 0 \\ 0 & \frac{1}{\sqrt{2}} & -\frac{1}{\sqrt{2}} \\ 0 & \frac{1}{\sqrt{2}} & \frac{1}{\sqrt{2}} \end{bmatrix}$, $P^tAP=\begin{bmatrix} 5 & 0 & 0 \\ 0 & 4 & 0 \\ 0 & 0 & -2 \end{bmatrix}$

(4) $P=\begin{bmatrix} \frac{1}{\sqrt{3}} & -\frac{1}{\sqrt{2}} & -\frac{1}{\sqrt{6}} \\ \frac{1}{\sqrt{3}} & 0 & \frac{2}{\sqrt{6}} \\ \frac{1}{\sqrt{3}} & \frac{1}{\sqrt{2}} & -\frac{1}{\sqrt{6}} \end{bmatrix}$, $P^tAP=\begin{bmatrix} 4 & 0 & 0 \\ 0 & 1 & 0 \\ 0 & 0 & 1 \end{bmatrix}$

(5) $P=\begin{bmatrix} \frac{1}{\sqrt{3}} & \frac{1}{\sqrt{6}} & \frac{1}{\sqrt{2}} \\ \frac{1}{\sqrt{3}} & -\frac{2}{\sqrt{6}} & 0 \\ \frac{1}{\sqrt{3}} & \frac{1}{\sqrt{6}} & -\frac{1}{\sqrt{2}} \end{bmatrix}$, $P^tAP=\begin{bmatrix} 0 & 0 & 0 \\ 0 & 3 & 0 \\ 0 & 0 & 3 \end{bmatrix}$

(6) $P=\begin{bmatrix} 0 & 0 & \frac{1}{\sqrt{2}} & \frac{1}{\sqrt{2}} \\ 0 & 0 & \frac{1}{\sqrt{2}} & -\frac{1}{\sqrt{2}} \\ 1 & 0 & 0 & 0 \\ 0 & 1 & 0 & 0 \end{bmatrix}$, $P^tAP=\begin{bmatrix} 0 & 0 & 0 & 0 \\ 0 & 0 & 0 & 0 \\ 0 & 0 & 4 & 0 \\ 0 & 0 & 0 & 2 \end{bmatrix}$

3. $P=\begin{bmatrix} \frac{1}{\sqrt{2}} & \frac{1}{\sqrt{2}} \\ \frac{1}{\sqrt{2}} & -\frac{1}{\sqrt{2}} \end{bmatrix}$, $\quad P^tAP=\begin{bmatrix} a+b & 0 \\ 0 & a-b \end{bmatrix}$

5. (1) $\begin{bmatrix} 1 & 0 & 0 \\ 0 & -\frac{\sqrt{3}}{2} & -\frac{1}{2} \\ 0 & -\frac{1}{2} & \frac{\sqrt{3}}{2} \end{bmatrix}$ (2) $\begin{bmatrix} \cos\theta & \sin\theta & 0 \\ -\sin\theta & \cos\theta & 0 \\ 0 & 1 & -1 \end{bmatrix}$

7. $P^tAP=\begin{bmatrix} \frac{1}{\sqrt{2}} & \frac{1}{\sqrt{2}} \\ \frac{1}{\sqrt{2}} & -\frac{1}{\sqrt{2}} \end{bmatrix}\begin{bmatrix} a & b \\ c & d \end{bmatrix}\begin{bmatrix} \frac{1}{\sqrt{2}} & \frac{1}{\sqrt{2}} \\ \frac{1}{\sqrt{2}} & -\frac{1}{\sqrt{2}} \end{bmatrix}=\begin{bmatrix} a+b & 0 \\ 0 & a-b \end{bmatrix}$

9. A는 대칭행렬이어야 한다.

11. (1) 참 (2) 참 (3) 거짓 (4) 참 (5) 거짓

6.1 직교변환

1. $T\begin{bmatrix} 3 \\ 0 \\ 4 \end{bmatrix}=\begin{bmatrix} \frac{2}{3} \\ -\frac{5}{3} \\ \frac{14}{3} \end{bmatrix}$. 따라서 $\|T((3,0,4))\|=\|(\frac{2}{3}, -\frac{5}{3}, \frac{14}{3})\|=5$

3. (1) $\begin{bmatrix} 0 & 1 \\ 1 & 0 \end{bmatrix}$ (2) $\begin{bmatrix} \frac{5}{13} & \frac{12}{13} \\ \frac{12}{13} & -\frac{5}{13} \end{bmatrix}$ (3) $\begin{bmatrix} -\frac{4}{5} & -\frac{3}{5} \\ -\frac{3}{5} & \frac{4}{5} \end{bmatrix}$

5. (1) $\begin{bmatrix} \cos 2 & -\sin 2 \\ \sin 2 & \cos 2 \end{bmatrix}$ (2) $\begin{bmatrix} \frac{\sqrt{3}}{2} & -\frac{1}{2} \\ \frac{1}{2} & \frac{\sqrt{3}}{2} \end{bmatrix}$ (3) $\begin{bmatrix} \frac{1}{2} & -\frac{\sqrt{3}}{2} \\ \frac{\sqrt{3}}{2} & \frac{1}{2} \end{bmatrix}$

7. $\begin{bmatrix} \frac{2}{\sqrt{30}} & \frac{3}{\sqrt{29}} & \frac{-22}{\sqrt{870}} \\ \frac{-5}{\sqrt{30}} & \frac{2}{\sqrt{29}} & \frac{-5}{\sqrt{870}} \\ \frac{1}{\sqrt{30}} & \frac{4}{\sqrt{29}} & \frac{19}{\sqrt{870}} \end{bmatrix}$

9. 내적공간 V 위에 정의된 직교변환 $T: V \rightarrow V$와 벡터 $\mathbf{v}, \mathbf{w} \in V$에 대해서

두 벡터 $\mathbf{v}, \mathbf{w}$ 사이의 각을 θ라고 하면, $\cos\theta = \frac{<\mathbf{v}, \mathbf{w}>}{\|\mathbf{v}\|\,\|\mathbf{w}\|}$

두 벡터 $T(\mathbf{v}), T(\mathbf{w})$ 사이의 각을 α라고 하면, $\cos\alpha = \frac{<T(\mathbf{v}), T(\mathbf{w})>}{\|T(\mathbf{v})\|\,\|T(\mathbf{w})\|}$

여기서, $0 \le \theta, \alpha \le \pi$. 한편, T가 직교변환이므로 길이를 보존하며, 따라서

$$\cos\alpha = \frac{<T(\mathbf{v}), T(\mathbf{w})>}{\|T(\mathbf{v})\|\,\|T(\mathbf{w})\|} = \frac{<\mathbf{v}, \mathbf{w}>}{\|\mathbf{v}\|\,\|\mathbf{w}\|}$$

그러므로 $\cos\theta = \cos\alpha$가 되어 $\theta = \alpha$, 즉 T는 두 벡터 사이의 각을 보존한다.

11. (1) $(1, 0, 0)$ (2) $(0, \frac{1}{2}, \frac{\sqrt{3}}{2})$ (3) $(0, -\frac{1}{\sqrt{2}}, \frac{1}{\sqrt{2}})$

13. $\begin{bmatrix} \frac{2}{3} & -\frac{1}{3} & \frac{2}{3} \\ \frac{1}{\sqrt{5}} & \frac{2}{\sqrt{5}} & 0 \\ \frac{-4}{3\sqrt{5}} & \frac{2}{3\sqrt{5}} & \frac{5}{3\sqrt{5}} \end{bmatrix}$

6.2 2차형식

1. (1) $\begin{bmatrix} 8 & 4 & -5 \\ 5 & 4 & 7 \\ 18 & -2 & -1 \end{bmatrix}$ (2) $\begin{bmatrix} 1 & 2 & -10 \\ 3 & 9 & 0 \\ 13 & -9 & 27 \end{bmatrix}$

3. (1) $A = \begin{bmatrix} 2 & -\frac{3}{2} & 0 \\ -\frac{3}{2} & 1 & -2 \\ 0 & -2 & -4 \end{bmatrix}$, $X = \begin{bmatrix} x \\ y \\ z \end{bmatrix}$ (2) $A = \begin{bmatrix} 1 & 2 & 0 \\ 2 & -3 & 0 \\ 0 & 0 & 1 \end{bmatrix}$, $X = \begin{bmatrix} x_1 \\ x_2 \\ x_3 \end{bmatrix}$

5. (1) $y_1^2+y_2^2+y_3^2-y_4^2$ (2) $y_1^2-y_2^2-y_3^2$

7. $\left\{\begin{bmatrix}1\\0\\0\end{bmatrix}, \begin{bmatrix}\frac{1}{2}\\ \frac{1}{2}\\ -\frac{1}{4}\end{bmatrix}, \begin{bmatrix}0\\0\\ \frac{1}{2}\end{bmatrix}\right\}$

9. $3x'^2+4x'y'+\frac{7}{2}y'^2-\frac{1}{2}y'z'-\frac{1}{4}z'^2$

11. $x'^2+y'^2=1$

13. $x'^2+z'^2=4$, 기저는 $\left\{\begin{bmatrix}1\\0\\0\end{bmatrix}, \begin{bmatrix}-1\\1\\0\end{bmatrix}, \begin{bmatrix}0\\0\\1\end{bmatrix}\right\}$

6.3 2차형식의 간략화

1. (1) $\begin{bmatrix}\frac{1}{\sqrt{2}} & \frac{1}{\sqrt{2}}\\ \frac{1}{\sqrt{2}} & -\frac{1}{\sqrt{2}}\end{bmatrix}$ (2) $\begin{bmatrix}\frac{1}{2} & -\frac{\sqrt{3}}{2}\\ \frac{\sqrt{3}}{2} & \frac{1}{2}\end{bmatrix}$ (3) $\begin{bmatrix}\frac{\sqrt{5}}{3} & \frac{2}{3}\\ \frac{2}{3} & -\frac{\sqrt{5}}{3}\end{bmatrix}$

3. $\begin{bmatrix}\frac{1}{2} & 0 & \frac{\sqrt{3}}{2}\\ -\frac{\sqrt{3}}{2} & 0 & \frac{1}{2}\\ 0 & 1 & 0\end{bmatrix}$

5. $P=\begin{bmatrix}\frac{1}{\sqrt{2}} & \frac{1}{\sqrt{2}} & 0\\ -\frac{1}{\sqrt{2}} & \frac{1}{\sqrt{2}} & 0\\ 0 & 0 & 1\end{bmatrix}$, $2y'^2+2z'^2$

7. 아니다

9. $\begin{bmatrix} \frac{1}{\sqrt{5}} & 0 & \frac{2}{\sqrt{5}} & 0 \\ -\frac{2}{\sqrt{5}} & 0 & \frac{1}{\sqrt{5}} & 0 \\ 0 & \frac{1}{\sqrt{5}} & 0 & -\frac{2}{\sqrt{5}} \\ 0 & \frac{2}{\sqrt{5}} & 0 & \frac{1}{\sqrt{5}} \end{bmatrix}$

11. $P = \begin{bmatrix} \frac{1}{\sqrt{5}} & \frac{2}{\sqrt{5}} \\ -\frac{2}{\sqrt{5}} & \frac{1}{\sqrt{5}} \end{bmatrix}$, $\quad \frac{y'^2}{4} - \frac{x'^2}{6} = 1$

13. $\begin{bmatrix} \frac{1}{\sqrt{3}} & \frac{1}{\sqrt{3}} & \frac{1}{\sqrt{3}} \\ \frac{1}{\sqrt{3}} & \frac{1}{\sqrt{3}} & \frac{1}{\sqrt{3}} \\ \frac{1}{\sqrt{3}} & \frac{1}{\sqrt{3}} & \frac{1}{\sqrt{3}} \end{bmatrix}$

기호설명

기호	뜻	기호	뜻
$p \Rightarrow q$	p이면 반드시 q이다.	$P(\mathbb{R})$	다항식의 집합
$\mathbb{R}$	실수의 집합	$P_n(\mathbb{R})$	n차 이하 다항식의 집합
$\mathbb{Q}$	유리수의 집합	$\text{lin } S$	S의 일차결합의 집합
$\mathbb{Z}$	정수의 집합	$\dim_{\mathbb{R}} V$	V의 차원
A^t	행렬 A의 전치행렬	$r(A)$	행렬 A의 계수
$[A : \mathbf{b}]$	확장된 계수행렬	$n(A)$	행렬 A의 퇴화차수
$R_{i,j}$	i행과 j행을 교환함	$r(T)$	선형변환 T의 계수
kR_i	i행의 k배	$n(T)$	선형변환 T의 퇴화차수
$kR_i + R_j$	i행의 k배를 j행에 더함	T_A	행렬 A에 의한 행렬변환
$\det A$	행렬 A의 행렬식	$\text{im } T$	선형변환 T의 상공간
C_{ij}	행렬의 (i,j)-여인수	$\ker T$	선형변환 T의 핵
$\text{adj } A$	행렬 A의 수반행렬	$[T]_\alpha^\beta$	기저 α, β에 대한 T의 행렬
$\text{Mat}_{m \times n}(\mathbb{R})$	$m \times n$ 행렬 전체의 집합	$[T]_\alpha$	기저 α, α에 대한 T 행렬
$\text{Mat}_n(\mathbb{R})$	$n \times n$ 행렬 전체의 집합	$[\mathbf{v}]_\alpha$	기저 α에 대한 $\mathbf{v}$의 좌표행렬
$\text{GL}_n(\mathbb{R})$	정칙행렬 전체의 집합	$< \cdot, \cdot >$	내적
$C(\mathbb{R})$	연속함수의 집합	$\|\mathbf{v}\|$	벡터 $\mathbf{v}$의 노름
$D(\mathbb{R})$	미분가능한 함수의 집합		

찾아보기

저자 | 유 원 석

저자약력 |

- 서강대학교 수학과 졸업, 이학사
- 서강대학교 대학원 수학과 졸업, 이학박사
- 금오공과대학교 응용수학과 교수

저서 |

- 미분적분학, 공업수학, 선형대수학(번역판), 경영·경제수학

E-mail |

- wsyoo@kumoh.ac.kr

선형대수학

1판 3쇄 2023년 6월 15일

지은이 유원석
펴낸이 오판근
펴낸곳 (주) 교우
주 소 서울시 동대문구 약령시로 8 교우빌딩 2층 (주)교우
전 화 02-925-2861 / **팩 스** 02-925-2860, **편집부** 02-925-2825
홈페이지&북스토어 www.kyowoo.co.kr / 이메일 kyowoo@kyowoo.co.kr

등 록 1994년 3월 24일 제1994-000013호
ISBN 979-11-251-0271-7 (93410)

Published by Kyowoo Co., Ltd. Printed in Korea

값 24,000원

교우미디어는 (주) 교우의 Imprint 사입니다.
수학정원·과학정원은 (주) 교우의 새로운 브랜드명입니다.